# エコロジーの歴史

Comprendre l'écologie et son histoire

パトリック・マターニュ 著

門脇 仁 訳

緑風出版

# COMPRENDRE L'ÉCOLOGIE
# ET SON HISTOIRE

by Patrick MATAGNE

Copyright © Delachaux et Niestlé SA,
Lonay-Paris, 2002

by arrangement with Delachaux et Niestlé SA
through le Bureau des Copyrights Français, Tokyo

# 目　次
## エコロジーの歴史

はじめに 9

Introduction

環境破壊とその認識・11／エコロジーの歴史をたどる・12／この本の構成と使い方・13／関連章リスト・14／年代表・地域表・15

## 第1章　生態学的な考え 17

Les idées écologiques

可能性のある領域・18／科学的な歩みへ──・20／エコロジー思想の源流・21／自然保護意識の芽生え・23

## 第2章　生態学的な動きの起源 27

Les origines des mouvements écologiques

初めての自然保護的規制・28／絶滅した生物種・30／18世紀フランスの自然管理・32／知の進展・34／森の略奪・36／動物愛護・39／博物愛好家の方法・42／景観の保護運動と意見対立・44／人と自然のかかわり・47／アングロサクソンと北米の影響・49／歩みだした自然保護・52

## 第3章　自然の摂理 55

L'économie de la nature

もうひとつのリンネ解釈・58

## 第4章　科学的エコロジーの確立者たち 63

Les fondateurs de l'écologie scientifique

ヴァーミングの狙い・64／科学の冒険・67／新たな行程・69／ド・カンドルの業績・72／学派をなした思想・74

## 第5章　博物学者と生態学　79
### Les naturalistes et l'écologie

19世紀の学術団体・80／アマチュアからプロフェッショナルへ・84／植物園を支えた人々・86／博物学の諸学派・88／フラオーの試み・90／イギリスの場合・92／自然保護主義者ではなかった博物学者・93

## 第6章　用語としてのエコロジー　97
### L'écologie par les mots

近代生態学用語の起源・98

## 第7章　人口学と生態学　103
### Démographie et écologie

マルサス主義の思想・104／マルサス主義のモデル・105／人口学とイデオロギー・108

## 第8章　進化論と生態学　111
### Les théories évolutionnistes et l'écologie

天変地異説と誤った創造説・113／ダーウィンとエコロジー・115／ラマルク学説の痕跡・118

## 第9章　ヒューマン・エコロジー　121
### L'écologie humaine

人文地理学とドイツの研究者たち・122／フランスの貢献・125／真に人間を扱った生態学の芽生え・126／人間をふたたび自然に統合・128

## 第10章　農学、植物の栄養摂取、生態学　131
### Agrochimie, nutrition végétale et écologie
循環と革新・132／未解決だった窒素の問題・134／制限要因・136

## 第11章　海洋生態学　141
### L'écologie marine
「現地」海洋学の先駆者クック・142／遅れをとったフランス・144／パイオニアたち・147／永遠の課題・149／実験所の誕生・150／プリュヴォの主な業績・154

## 第12章　土壌学と地球化学──地球規模の生態学へ　159
### Pédologie et géochimie: vers une écologie globale
地球規模化と数学モデル・162

## 第13章　ヨーロッパの生態学派　165
### Les Écoles européennes de l'écologie
地中海学派の先駆者たち・166／フラオーの闘い・167／概念の有効性が問題に・169／チューリヒ＝モンペリエ学派と近代諸学派・170

## 第14章　北米大陸の生態学　173
### L'écologie nord-américaine
遷移という概念の起源は何か・175／アメリカのアプローチ・177／ヨーロッパが早々と逆輸入・179

## 第15章　生態学における有機体論　183
### L'organicisme en écologie
論争・186／ついえた希望、新たな追究・187

## 第16章　エコシステム理論　189
### La théorie des écosystèmes
生態学における真の理論化プロセスはいつ始まったか・190／リンデマンと近代生態学・193

## 第17章　物質とエネルギーの流れ　197
### Les flux de matière et d'énergie
リンデマンのサイクル・200／地球規模の熱力学へ・201

## 第18章　共用防除、生態系管理、生態学戦争　205
### Lutte intégrée, gestion des écosystèmes et guerre écologique
自然のなかの化学物質・204／遺伝子組換え生物の場合・206／判断しにくい問題・209

## 第19章　熱帯生態学派　211
### Une École d'écologie tropicale
生態学に捧げた一生・212／統合モデル・214／実証事例・217

## 第20章　持続可能な開発　221
### Le développement durable
「切なる要望」とは・222／コスタ・リカの事例・225／生物コリドール・228／地域の問題・230

## 第21章　エコロジーの社会的ニーズ　　233
La demande sociale en matière d'écologie

用語の歴史・234／つかみにくい輪郭・235／統一される活動体制・237

## 第22章　生態学の探求は続く　　241
Une écologie qui se cherche

## 結び　　245
En guise de conclusion

## 【資料】

### 訳注　　249

### 人名注　　264

### 参考文献　　264
Sources et bibliographie

### 訳者あとがき　　302

### 索引　　307
Index

# はじめに
## Introduction

　この本をまとめた理由についてご説明します。これを読めば本書のねらいと活用法がわかります。

　**19**45年7月16日、人類は「エコロジーの時代[*1]」に入りました。

　この日、米国ニューメキシコ州の砂漠で原子爆弾が爆発しています。1942年に始まった「マンハッタン計画」の結果でした。43年からロス・アラモス研究所長を務めていた物理学者J・ロバート・オッペンハイマーは、放射性の塵とガスでできた異様なキノコ雲が立ち昇るその光景に魅入られていました。

　人類史上初めて、核爆発が取り返しのつかない大気汚染を生じ、人間の生存を脅かすほどの地球環境破壊が起ったのです。事実、1945年8月6日の広島、9日の長崎に原爆が投下された直後の軍事科学調査では、核分裂が人間と生態系に影響をとどめることが明らかになりました。現在、放射性降下物で最も危険な物質のひとつであるストロンチウム同位体[*2]のストロンチウム90[*3]は、回復不能の遺伝子損傷を引き起こすことが知られています。

Roger Ressmeyer / Corbis

**1950年代の核実験**
　人類は自らの存亡を左右する生態系汚染の脅威とともに、「エコロジーの時代」を迎えました。

### ヴェトナム戦争

戦闘機が枯葉剤「エージェント・オレンジ」を撒いているところ。目的はまずひとつの区域の植物を枯らせ、その後ヴェトコンの軍団や野営地に散布することでした。「生態系を長い年月にわたって破壊する」という狙いを初めて打ち出したのがヴェトナム戦争です。

第2次世界大戦後にも、人為の破綻を思い知らされる事件がありました。とりわけ1970年代には、生態系の危機が明らかになります。次の3つのうち、最初の例は戦争によるもの、ほかの2つは書物が警告したものです。

ヴェトナムは、のちに「最初の生態系戦争」といわれた戦闘の舞台でした。現にヴェトナム戦争はその特徴として、生態系、とくにマングローブを化学合成除草剤で継続的に破壊するというはっきりした意図をもっていました。このかつてない軍事経済戦略は、武力衝突よりもはるかに長く影響しました。ヴェトナムでは、そのためにいまも農耕に適さない区域があるほどです。

1962年に発表された書物。これも衝撃的でした。レイチェル・カーソンの『沈黙の春』です。アメリカの偉大な陸水生物学者、G・イブリン・ハッチンソンに学んだ作者は、広島・長崎の原爆とは違った地味な「爆弾」が、あらゆる生命の脅威になっているのを訴えました。農薬のことです。DDT の散布、大気中で化石炭素汚染をもたらす大量の気体（二酸化炭素、一酸化炭素、無水亜硫酸、そして酸性雨に含まれる無水硫酸）が長期に及ぼす環境影響について、新聞社も具体的なデータを報道するようになりました。

1968年には、アメリカの生物学者ポール・エーリックが「人口爆弾」[*4]の結果を告発します。エーリックは新マルサス主義[*5]の人口学者らとともに、「適切な人口抑制政策をとらなければ、世界の人口が増えすぎて資源の枯渇が避けられなくなる」と、国家や国民世論に向けて訴えました。

### 環境破壊とその認識

　70年代には、このほかにも表面化しない多くの危機があり、実際の災害もいくつか生じました。そのため、第2次世界大戦後の西欧社会が必要とした成長モデルを見直そうという議論がもちあがります。人為がもとになった生態系破壊の数は、1940年代末から明らかに増え続けました。重油流出汚染事故を引き起こしたトリー・キャニオン号[*6]（1967年）やアモコ・カディス号[*7]（1978年）の難船は、その規模の大きさから歴史的性格を帯び、いまも人々の記憶に焼きついています。

　ほかにも人々の頭から離れない生態系破壊として、1986年春のチェルノブイリ原発事故[*8]や、1989年のエクソン・バルディーズ号の座礁事故[*9]があります。ブルターニュ沖とフランス南西部で1999年冬に難破し、流出した重油の膜が海面をおおったエリカ号[*10]の惨事では、炭化水素による汚染リスクも同様に避けられないことがわかりました。2000年2月、ルーマニア鉱山で金をシアン化合物に「変質」させ、数カ国にまたがる河川を有害物質で汚染した事件[*11]は、まさしく「現代の錬金術」の結末となってしまいました。しかもこれは「汚染は越境する」ということの生態学的な論証にもなったのです。

　この時期にアラル海では、緩慢ながらも容赦ない旱魃が起こっていました。綿花栽培のために盆地から水を引いたのがもとで1960年に始まったこの旱魃は、心もとない堤防の建設が試みられたとはいえ、いまなお続いています。塩粒の雨を降らせるアラル海は、大規模な生態系破壊のすぐれて教訓的な見本となってしまいました。最も警告的な見通しでは、3千年紀（西暦2001～3000年）を生きる世代は、まだまだこうした生態系破壊に直面する恐れがあるとのことです。

　しかし、47の国際会議で署名がなされるなど、1960年代は環境保護の分野でとくに実り多き時代となりました。この一連のコミットメントが、1972年6月にストックホルムで国連機関が主催した世界初の環境国際会議につながり、その会議の成果として国連環境計画（UNEP）が誕生します。こうした動きによって、世界規模の生態系監視システムができ上がりました。1992年にリオデジャネイロで開催された国連環境開発会議でも、たびたび言及されていたのがこの監視システムです。この会議は、むしろ「地球サミット」や「リオサミット」の名で知られています。

**人口爆弾**

世界の人口増加カーブと、1965年の時点で予測された20世紀末までのカーブを合わせたグラフ。予測は誤っていませんでした。実際の数字（1999年時点で地球人口は60億人）は、増加を最大に仮定した場合と最小に仮定した場合の中間あたりに位置します（作成：A・テロン、J・ヴァラン）。

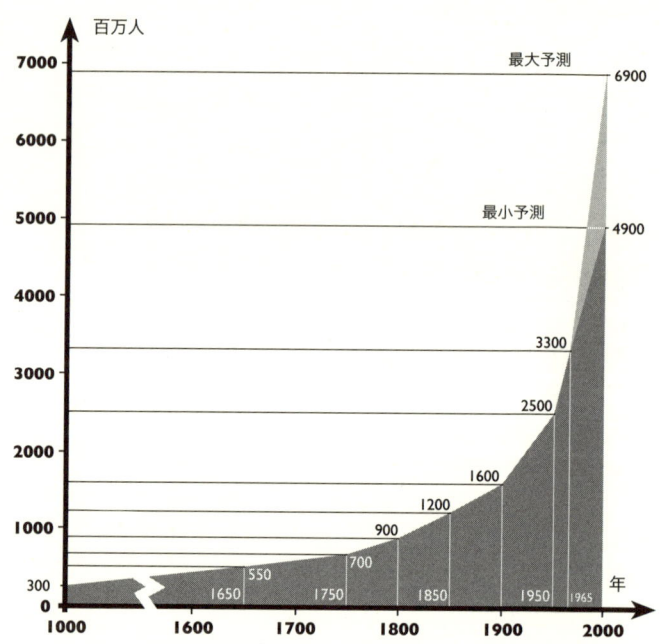

## エコロジーの歴史をたどる

　生態学史の初期の研究者たちが論文を発表し始めたのも、1960年代でした。まずアメリカで、次いでヨーロッパでのことです。このように時期が重なったのは、決して偶然ではありません。アメリカの研究者たちは生態学の時代を切り拓きましたが、ヨーロッパの研究者たちはそれより5世紀以上もまえから、はるか遠くのアメリカ大陸に痕跡をとどめていました[*12]。現在、生態学の歴史について書かれた本は、わずか二十数冊にすぎません。その大部分は英語で出版されたものです。これらの本では、科学としての生態学は生まれて100年ほどの研究分野で、その起源はヨーロッパにあるとされています。さらに環境保全活動に関する歴史研究によると、70年代の生態学者たちよりもはるか以前から、地球の状態について懸念する人々がいたことも明らかになっています。

　フランスで生態学史の最初の博士論文が書かれたのは、1984年（ジャン・マルク・ドゥルアン）と1985年（パスカル・アコ）にさかのぼります。続いてこうした生態学史研究者（パスカル・アコ、ジャン＝ポール・ドレアージュ、ジャン・

マルク・ドゥルアン）による最初の書物が1988年から1994年までに出版され、この新しい科学史の研究を促進しました。

本書では第1の目的として、こうした取り組みをさらに一歩進め、生態学の長く複雑な歴史をたどるための簡単な方法をご提案します。第2の目的は、主な問題と議論の現状を（ときには著者の意見も述べながら）考察し、生態学史研究の新しい視野を拓くことです。

### この本の構成と使い方

本書はこうした2つの目的に沿って、平易な言葉で記述しました。22の独立した章を内容的に関連させ、そのなかのいくつかの章（とくに第5章、第19章）では新しいテーマを取り上げました。読者の皆さんは、ご自分の好きな章から読み始めても「読み飛ばした」と感じることはないはずです。手さぐりで読み進まなくても済むよう、章タイトルの直後に書かれた前文が章内容を確かめるのに役立ちます。また次ページの表で「関連章」を見れば、いくつもの読み方のうち、最も自分に適した読み進み方がわかります。もちろん最初から最後まで読み通すこともできますが、年代順、テーマ順という2本の糸を手がかりにする方法もあります。ある時代、またはある地域についてくわしく知りたい場合は、15ページの年代表と地域表が役立つでしょう。

巻末には、章ごとの参考文献と主要文献がまとめてあるので、さらに知りたいと思った方は、学生でも、歴史学者でも、認識論者でも、科学者でも、一様に知識を深めることができます。総合文献目録、引用文献の著者索引、用語索引も巻末にあります。

こうした構成にしたのは、実用的なだけでなく、読者の皆さんの関心、読書ペース、読書スタイルに合わせて読んでいただけるためです。生態学がさまざまな知の分野と関わっているように、生態学の生まれた時代と場所、また生態学の発展の道筋もひとつではないということです。

ですから読者の皆さんは、どこからどんな手順で読み始めても、この生態学の物語に複数の意味を見出すことができるはずです。

関連章リスト

| 章題 | ページ | 関連する章 |
|---|---|---|
| 第1章　生態学的な考え | 17 | 2,3,4,6 |
| 第2章　生態学的な動きの起源 | 27 | 1,3,5,21 |
| 第3章　自然の摂理 | 55 | 2,4 |
| 第4章　科学的エコロジーの確立者たち | 63 | 8,13,14,16,19 |
| 第5章　博物学者と生態学 | 79 | 4,6,9,13,14 |
| 第6章　用語としてのエコロジー | 97 | 3,4,8,12,16,17,22 |
| 第7章　人口学と生態学 | 103 | 5,8,9,18,21 |
| 第8章　進化論と生態学 | 111 | 2,3,4,5,6 |
| 第9章　ヒューマン・エコロジー | 121 | 2,4,8,15,20 |
| 第10章　農学、植物の栄養摂取、生態学 | 131 | 5,12,17 |
| 第11章　海洋生態学 | 141 | 4,6,13,14,16 |
| 第12章　土壌学と地球化学——地球規模の生態学へ | 159 | 10,16,22 |
| 第13章　ヨーロッパの生態学派 | 165 | 4,14,19,22 |
| 第14章　北米大陸の生態学 | 173 | 3,4,5,13,15,18 |
| 第15章　生態学における有機体論 | 183 | 9,14,16,17,18,22 |
| 第16章　エコシステム理論 | 189 | 4,12,17,18 |
| 第17章　物質とエネルギーの流れ | 197 | 5,15,16,18,22 |
| 第18章　共用防除、生態系管理、生態学戦争 | 203 | 16,20,21 |
| 第19章　熱帯生態学派 | 211 | 4,12,13,14,20 |
| 第20章　持続可能な開発 | 221 | 7,16,19 |
| 第21章　エコロジーの社会的ニーズ | 233 | 2,5,6,20 |
| 第22章　生態学の探求は続く | 241 | 3,12,15,16,18,20,21 |

**年代表（右）**

特定の時代に関心のある読者は、その時代に関連する章がこの表から選べます。

| 章番号 | 古代・中世～17世紀 | 18世紀 | 19世紀 | 20世紀 | 21世紀 |
|---|---|---|---|---|---|
| 1 | ■ |  |  |  |  |
| 2 | ■ | ■ |  |  |  |
| 3 |  | ■ |  |  |  |
| 4 |  | ■ | ■ |  |  |
| 5 |  |  | ■ |  |  |
| 6 |  |  | ■ | ■ |  |
| 7 |  |  | ■ | ■ |  |
| 8 |  |  | ■ | ■ |  |
| 9 |  |  | ■ | ■ |  |
| 10 |  |  | ■ | ■ |  |
| 11 |  |  | ■ | ■ |  |
| 12 |  |  | ■ | ■ |  |
| 13 |  |  | ■ | ■ |  |
| 14 |  |  | ■ | ■ |  |
| 15 |  |  |  | ■ |  |
| 16 |  |  |  | ■ |  |
| 17 |  |  |  | ■ |  |
| 18 |  |  |  | ■ |  |
| 19 |  |  |  | ■ | ■ |
| 20 |  |  |  |  | ■ |
| 21 |  |  |  |  | ■ |
| 22 |  |  |  |  | ▨ |

**地域表（下）**

特定の国や地域に関心のある読者は、その国や地域に関連する章が選べます。

| 章番号 | フランス | 英国・ドイツ・スペイン | ヨーロッパ | 米国 | ラテンアメリカ |
|---|---|---|---|---|---|
| 1 |  |  | ■ |  |  |
| 2 | ■ | ■ | ■ | ■ |  |
| 3 |  |  | ■ |  |  |
| 4 |  |  | ■ |  |  |
| 5 | ■ | ■ | ■ |  |  |
| 6 |  |  | ■ |  |  |
| 7 |  |  | ■ | ■ |  |
| 8 |  |  | ■ |  |  |
| 9 |  |  | ■ |  |  |
| 10 |  |  | ■ |  |  |
| 11 |  |  | ■ | ■ |  |
| 12 |  |  | ■ |  |  |
| 13 |  |  | ■ | ■ |  |
| 14 |  |  | ■ |  |  |
| 15 |  |  | ■ |  |  |
| 16 |  |  | ■ |  |  |
| 17 |  |  | ■ |  |  |
| 18 | ■ |  | ■ |  |  |
| 19 |  |  | ■ |  | ■ |
| 20 |  |  |  |  | ■ |
| 21 |  | ■ |  |  |  |

# 第1章
# 生態学的な考え
## Les idées écologiques

　この章では、生態学の基本的な考え方の起源を探ります。この探求は落とし穴だらけです。現在から過去へさかのぼり、古代文明、とくにギリシア・ローマ時代における尊敬すべき著述家たちの書物から読み取ったことを広く一般化してしまうと、そこから生じる思い込みにとらわれてしまうからです。それを避けるには、科学知（エピステーメー）としてのはっきりした基準を定めなければなりません。[*1] 自然保護の基本的な考え方は、大探検旅行をきっかけに西ヨーロッパで生まれています。

**生態**学的な考え方は古くからあり、また広く普及しています。たとえばここに、慣れた手つきでゆったりとフライフィッシングを楽しむ釣り人がいるとしましょう。釣り人は、お目当てのマスが清流に生息し、特定の生きた餌から栄養を摂っているのを知っています。当然、このサケ科の魚の生息環境に、どんな捕食—被食関係の食物網があるかということも知っていなければなりません。このように生物どうしや生物と環境を関係づけることは、ひとまず生態学的といえるアプローチです。ただし、この21世紀の釣り人も、コロンブス到達以前の中央アメリカに暮らしていた原住民も、さらにはアフリカのピグミー族のような狩猟・採集民族も、観察したことを一般化したり、そこから普遍的な法則を引き出したり、問題についての論考をまとめようなどと思っているわけではありません。この三者はともに、観察したことを相互に関係づけ、それをごく限られた場所で、目先の利益につなげているだけです。こう指摘する

Bruno Porlier

生物群集は、生物と環境が相互に影響を及ぼし合う自然の場所に形成され、定着しています。それを研究し理解するのが、生態学という科学の役割です。

のは、何も彼らをからかうためではなく、その手段と実際の目的とがみごとに一致していることを示すためです。

べつの言い方をしましょう。釣り人にとっての問題は、生態学者やエコロジスト[*2]にとっての問題とは違っています。釣り人は何の釣果もなく家路に向かわなくてもすむように、最もうまい戦略を立てる必要があります。生態学者は、生物集団が環境との関わりでどのように構成され、またどのように動いているかがわかるように、提示すべき法則や方法論を探します。つまり規則性を探っているのです。そしてエコロジストは、自然保護や環境保護に関わる政治的・イデオロギー的な論争で効果を上げる方法を模索します。

### 可能性のある領域

もちろん、生態学のように人間と自然の科学を歴史的にとらえようと思えば、それは容易なことではありません。生態学史の研究者の数だけ、また研究中の学説の起源を知りたい生態学者の数だけ、異なった解釈が存在するからです。幸いというべきか、科学としての生態学の歴史について書かれた書物は、いまのところ20数冊しかなく、それもほとんどが1985年以降に出版されたものです。ただしエコロジストにとっての問題を扱った本や、自然環境保護運動の歴史を綴った本となると、それよりは数が多くなり、科学の枠をはるかに超えた知の領域を含むようになります。歴史学者の仕事がとりわけ厄介なのはそのためです。

では、どんなことが生態学史の研究領域をさだめる境界になるのでしょうか。「生態学は生物と環境の関わりについての科学である」という、誰もが容認できる一般定義から出発しましょう。その場合、生態学の研究体系にテオフラストスの著述を含めたり、その師であるアリストテレスを「動物生態学の父」と呼んだり、ヒポクラテス、プラトン、キケロ、ヴェルギリウス、大プリニウスを「生態学の先駆者」と見なしたりしてもよいものでしょうか。

体液の調和に関する理論にもとづいたヒポクラテスの生理学は、医学の考察を生態学的な傾向へ向かわせるきっかけになったといえるでしょう。この流れは、「個体の健康状態に環境が影響を及ぼす」とする衛生学の形態となって18世紀に復活します。プラトンの『クリティアス』には、土壌の性質や水分の有無を大樹の有無と関係づける造園学の思想が述べられています。アリスト

Mathieu Hofseth

**捕食と被食——釣り人から見た環境**
　大きな食物連鎖のもとになる生態学の法則は、どこでも同じです。人類はこのシステムを体系化し始めました。しかし生活や趣味のために漁獲・狩猟・採集をしている人たちは、研究者やエコロジストとは目的が違い、環境についての認識や解釈も異なっています。釣り人が求めているのは魚であって、理論の構築やグローバルな解釈、ローカルな観察や知識ではありません。

テレスの膨大な知の集大成としてまとめられた講義ノート『アリストテレス著作集』のなかには『動物誌』があり、生態学の起源は何かという私たちの関心テーマについて、ペリパトス学派の創始者アリストテレスが考えていたことを最もよく表現しています。アリストテレスはこの著作で、動物の食物摂取について、またそこから引き出せる法則性についての観察を重ね、動物の生活型や生息環境、移動や気候影響について述べました。このような研究は、生態学の定義にあてはまります。

　ハボウキガイとカクレガニの関係を見出したのはキケロです。ハボウキガイは、フランスでは一般に「ジャンボノー」(すね肉のハム) といわれる2枚の貝殻をもった軟体動物で、カクレガニはハボウキガイの片利共生動物にあたる小さなカニです。キケロもこうした関係性の学問を創始した人といえるでしょう。ヴェルギリウスは、『農耕詩』のなかで人間と自然を向き合わせ、それぞれの土地 (たとえばインド、メディア王国、イタリア) にはその特性に応じたさまざまな樹種が栽培されていると述べました。古代ローマの博物学者、大プリ

ピエール・ブロン
　オリエント研究の博物学者。未知の生物種について科学的に記述しました。（フランス国立自然史博物館中央図書館、パリ）

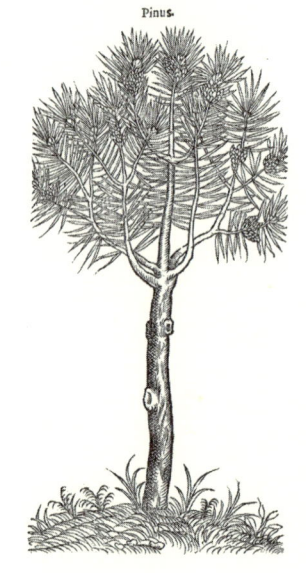

松（ラテン名 Pinus）
　1533年にピエール・ブロンが「発見」。（フランス国立自然史博物館中央図書館、パリ）

ニウスは『博物誌』をアリストテレスの『動物誌』よりも充実したものにし、その後数世紀間は西ヨーロッパにその知を伝播しました。

### 科学的な歩みへ――

　ただし、こうした著述家たちの一見生態学的な考え方は、あまりに目的因論的[*5]で、近代生態学との正当な親子関係がここに始まったと見ることはできません。実際、古代の人々にとって生命の表現がいくつも存在したことは、「絶対的因果論」（西洋科学の思考基盤となる原理）に由来するものではありませんでした。アリストテレスの場合、まったく偶然も必然もなく、彼の動物学の業績を補完したテオフラストスの『植物誌』にも見られるように、知を綜合するという意図があります。同様に、プリニウスが感嘆を込めて書き記した調和ある自然のしくみは、プリニウス作品に永続する魅力的な部分も含め、近代科学の機械論者[*6]や唯物論者[*7]が展開したような考え方とはほとんど比較にならない生命認識になっています。

　古代に獲得された自然科学の知見が、中世にほとんど合理化されなかったことは明らかです。中世の植物誌や動物誌は、プリニウスの著作に着想を得てはいるものの、善良な世界と邪悪な世界について述べるなど、あれこれと入り混じっています。ユニコーンやドラゴンが、馬や犬と同じように描写されたこともありました。さらにこの時代、人々は生体の解剖学的な特徴を確かめるときでさえ、生きた見本を観察せず、古代の文献と首っ引きだったのです。

　以上のことを考え合わせると、真に生態学的と呼べる思想を見つけ出すうえで最もふさわしい科学知の基準と思われるのは、フランスにおける生態学史

の先駆者、パスカル・アコが提起したものでしょう。世界についての機械論的、物質主義的な認識をルネサンス以降のヨーロッパに生まれた科学思想の唯一の継承と見て、それがどのように出現したかを跡づけていくものです。偉大な博物学者ビュフォンをして、「生物界の知と理解に貢献した」と讃嘆せしめたアリストテレス動物学の到達点は十分に認めるとしても、古代ギリシア・ローマ、あるいは中世の著述家たちと同様、アリストテレスを生態学の先駆者と見ることはできません。ただし歴史的な文脈を度外視すれば、彼らの観察が、現代の科学者たちから有効なものとして見直される可能性はあります。たとえそれでも、科学的な「真実」と「間違い」を同一の部類に入れてしまうことは、科学史の領域にはあり得ないことです。

神父アンドレ・テヴェ
宇宙形状誌学者・旅行家・収集家だったテベは、熱帯地域をみごとな表現で記述し、後世に残しました。（A・プロヴォ、人類博物館）

### エコロジー思想の源流

エコロジー思想となると、その起源はますます見つけにくくなります。もっとも何らかの手がかりを引き出すことは可能で、なかでも期待できるのが大探検旅行です。ルネサンス期以降へ継承された中世の世界観は、この大旅行によって覆され、後世ならエコロジスト思想と呼べそうな数々の思想が生まれました。16世紀のピエール・ブロンとアンドレ・テヴェは、最初の偉大なフランス人大旅行家たちです。ブロンはギリシア、トルコ、小アジア、エジプト、パレスチナといった地中海周辺の大旅行をもとに記録をまとめます。彼はそのなかで、いくつかの未知の植物種について書き記し、それらへの商業的な関心に火をつけました。テヴェはブラジルから熱帯林を代表するみごとな木材、野生動植物、そして原住民が育てた動植物をヨーロッパにもたらしました。

テオフラストスとアリストテレスが記したものも含む動植物のリストは、博物学者たちによる初めての探検旅行の結果として、急速に中身を充実させていきました。当時の強大なヨーロッパ諸国（オランダ、イギリス、フランス、スペイン、ポルトガル、ロシア）が組織した発見・征服旅行は、主たる目的がべつにあったとはいえ、あらゆる自然科学の飛躍を促すことになりました。船に乗り込んでいった博物学者たちは、異国の自然を発見し、驚嘆をもって記述した

『ル・ペチュン』(タバコ)
　アンドレ・テヴェの『宇宙形状誌』に掲載されたこの版画は、アンティル諸島の原住民の喫煙習慣を描いた最初のものです。(リュイリエ、ショーディエール作、パリ、1575年)

り、描写したりしています。熱帯の楽園と未開の自然は、彼らを通じて世間の話題になりました。
　ところが、こうして博物学者が夢のような時を過ごしているあいだに、植民地主義国家が熱帯の自然を略奪し始め、今日でいう「生物多様性の減少」を招いていました。無尽蔵に存在すると思われていた天然資源がまたたく間に採掘され、初めての生態系破壊が見る見る拡がっていきます。森林破壊、農地拡大、鉱物資源（金、銀、銅）の採掘、肉・羽毛・毛皮が取れる動物の乱獲が原因で、動植物種は減少していきました。

（左から）フィリベール・コメルソン、ベルナルダン・ド・サン＝ピエール、ピエール・ポワーヴル
　この3人は、ユートピア思想のモデルとなるモーリシャス島の環境保護政策に先鞭をつけました。

### 自然保護意識の芽生え

　モーリシャス島[*8]のケースは、その意味でまさに好例でしょう。この島はポルトガル（1505年）、オランダ（1598年）、フランス（1715）が順に占領し、1721年にフランスが領有権を得ました。その後「フランス島」と呼ばれたこの島は、香辛料戦争の舞台になりました。そしてこの地域におけるオランダの独占を打ち破るため、ピエール・ポワーヴルが胡椒の栽培を導入し、胡椒（フランス語でpoivre）に自分の名を残しました。

　ところが入植したフランス人は、海岸線のほぼすべての森林が失われていることに気づきます。ロマン主義や重農主義（土地や農業を富の主要な源泉と考えた当時の新しい経済哲学）の影響のもと、モーリシャス島は失楽園思想のひとつのモデルになりました。そこでジャン＝ジャック・ルソーの後継者たちは、美観やモラルや経済的ニーズのために環境を優先させます。そうした考えをもった人々としては、航海者ブーガンヴィルの探検に参加したモーリシャス島の公式植物学者フィリベール・コメルソン、モーリシャス島総督で植物学者・林学者のピエール・ポワーヴル、『ポールとヴィルジニー』（1787年）を著した有名な作家で、ついに自分は人間と自然が調和している実例に出会ったと考えて

いたベルナルダン・ド・サン＝ピエールらがいます。サン＝ピエールは『フランス島への旅』(1773年)のなかで、失った楽園へのノスタルジーを表現しました。

この時代の科学思想で目新しかったのは、「森林伐採が気象変化を引き起こす」というものでした。1769年のある政令では、モーリシャス島の土地所有者に対し、所有地の25％の森林を維持することが義務づけられました。とくに山の斜面では、土壌浸食を防ぐ必要があったためです。のちの法制度で、河川や湖から200メートル以内の場所の森林は保護されました。1791年には、インディゴや砂糖の製造によって河川や湖に汚染物質が流出するのを規制する法律ができ、1798年にはべつの法律で漁業が規制されました。1803年には森林監視局が設けられ、伐採が規制されます。こうしてモーリシャス島に、ひととおりの法体制が整いました。このような動きは、のちにカリブ海のアンティル諸島で、さらにはインドで、イギリス人たちの環境行動を促すことになります。ドイツの偉大な博物学者で「アメリカ大陸の2番目の発見者」といわれるアレクサンダー・フォン・フンボルトも、この分野で重要な役割を果たしました。フンボルトの思想は、イギリス東インド会社の環境保護政策に影響を与えています。

いわば植民地主義国家は、原住民が昔から知っていたこと、つまり天然資源は守るべきだということに気づいたのです。事実、植民地以前の風習では、土壌を保護することによって崖崩れが食い止められていました。アフリカや中国やインドでは、森林の自然な世代交代が見られる範囲でのみ樹木の伐採が行われていました。同様に、古代ペルシアのようなインド・ヨーロッパの大征服国家にも貴重な事例を見ることができます。紀元前465年から西暦424年までペルシアを支配した国王アルタクセルクセス1世(「長い手」の異名をもつ王)は、レバノン杉の成木を伐採制限するという命令を発したことで知られています。

だからといって、自然と古代人との結びつきを理想化して見ることはできません。これらの土地が植民地になる以前、絶滅させられた生物種がいます。北米に入植者たちが到達する以前、アメリカインディアンが大量に殺したビーバーはその一例です。またニュージーランドの巨鳥モアも、1700年以前にマオリ族の手で大量殺戮されました。

キリスト教についても同じです。一神教論者であり、人間中心主義者である「ホモ・オッキデンターリス」(西方の人)は、自然を利用し、支配するこ

とを覚えました。カトリック教会が作り上げた人間中心主義というテーマのもつ影響力や性格（連帯、ヒューマニズム、慈愛、隣人愛など）は、それ自体としては賛美に値するものです。しかしそれが（神の創造物である人間の尊厳という名のもとに）環境危機も招くことになってしまったのです。

　15世紀から18世紀までにエコロジー活動が組織されたことはまずありません。けれども自然保護への認識は、哲学・文学・西洋経済学といった知の分野で同時に現れ、熱帯地域で具体化されていきました。近代科学が生まれる以前から、初期の生態学的な考えはすでに芽生えていたのです。

# 第2章
## 生態学的な動きの起源
## Les origines des mouvements écologiques

　19世紀に組織された最初の生態学的活動は、「啓蒙の世紀」と呼ばれる18世紀に科学・哲学・経済学・文学の分野で芽生えた考え方が、地理学・林学・博物学の分野で発展したものです。こうした活動は、あとに述べる1960年代以降の大衆的活動とは異なるものの、その主な要素をすでに表していました。ヨーロッパではフランス、イギリス、ドイツ、スペインで、景観がある種の拘束を受ける状況となります。新興国家アメリカ合衆国という特例についても、同様のとらえ方ができるでしょう。

「人類はむやみに利己的なあまり、真の利益がわからず、手に入るものは何もかもほしいままにする。一言でいえば先が読めず、ともに生きる仲間への配慮もない。それゆえ種を保全する手立てもなく、同じ人間にさえ破壊的な行為を繰り返している。土壌の保護に役立つ森林を滅ぼして束の間の欲求を満たし、生活できる土地をだんだんと不毛にしたうえ、資源を枯渇させ、何とか生き残った動物たちさえも遠くへ追いやっている。かつて肥沃で見わたすかぎり緑をなした大地も、いまや剥き出しで不毛の地、住むこともかなわぬ砂漠の地となった。先人の教えから目をそらして突き進み、同胞とのあいだで永遠の闘争を繰り広げ、あらゆる土地を台なしにする。『増えすぎた人口を徐々に減らしているのだ』などと、身もふたもない詭弁を弄しながら――。大地を生活不能なものにしたあげく、たがいに殺戮し合うべく運命づけられた存在、それが人類なのだろうか」。

Bruno Porlier

人間活動は、つねに何らかの環境影響をもたらしてきました。はたして取り返しのつかない環境破壊を招くのでしょうか。これはいまに始まったことではなく、人類の歴史に長いことつきまとってきた問いです。

エコロジストとして、平和主義者としての堂に入った声明です。しかしこれは現代に書かれたものではありません。1820 年、偉大な博物学者だったジャン=バティスト・ド・ラマルクが、『人間の実証的知識の分析体系』という作品のなかで述べたものです。ラマルクの精神は、タルヌ県のある博物学愛好家が 1888 年から翌年にかけて、自分の所属する植民地学会の学会誌に寄せた次のような一文にも見ることができます。「これまで文明国（？）の人々は、どこかの国の原住民が住んでいる土地、あるいは住んでもいない土地を植民地化するたび、自分たちの欲求をそそるもの、そして自分たちの領土拡大の妨げとなるものを、すべて血眼になって奪ってきたのである」(Revue littéraire et scientifique du département du Tarn, 1888-89, p.8)。

### 初めての自然保護的規制

じつをいえば、景観・動物相・植物相を保護しようという意志が最初にはっきりと打ち出されたのは、こうした征服がきっかけでした。というのも、占領した土地の資源を際限もなく利用してきた結果が、17 世紀半ばから一気に出てきたからです。植民地政府に任命されて現地の動植物や地理に関する標本づくりにあたっていた学者たちは、森林破壊、農業開発、鉱山開発、絶滅動物への危機感を強め、にわかに結束を固めます。アカデミーや学会がヨーロッパの外で設立され、植民地主義の影響に関する出版活動や意見交換の場が広がりました。いわばオブザーバーや専門家の本格的なネットワークができたのです。彼らはたがいに警鐘を鳴らし、すでに強い懸念が生じていた多くの事例について、当局の取り組みを促しました。たとえばモーリシャス島の森林破壊、セント=ヘレナ島[*1]でのセコイア伐採、トバゴ島[*2]（カリブ海南東部）・セント=ヴィンセント島（アンティル諸島）・インドでの森林破壊についてです。

18 世紀末からは、現代から見てもエコロジーの闘士と呼べそうな学者たちが、「行きすぎた森林破壊は地域の気候を変動させ、土壌浸食を早め、農耕や牧畜のために必要な土壌を台なしにする」ことを実証しました。

ヨーロッパの学会で起こった反応や行動は、その後まもなく成果が出ます。英国の植物生理学者スティーヴン・ヘイルズは、トバゴ島で林業規制区域を最初に創設しました (1765 年)。セント=ヴィンセント島の植物園管理員をしてい

たアレクサンダー・アンダーソンは、「国王の森林法」という法律により、フォレスト・ヒルの大規模な林地保護を実現しました。植物学者でモーリシャス島統治官のピエール・ポワーヴルは、フィリベール・コメルソンや、作家にして橋梁技師・狩猟技師のベルナルダン・ド・サン＝ピエールの助言をもとに緊急対策を取りました。その結果、1760年から1800年までに森林保護が法制化されます。この法制度は森林の開発を規制し、工業や漁業による影響を排除するものでした。ただ、こういったタイプの植民地生態学は、18世紀になるといくぶん限界が見え始め、エコロジー運動が実際に組織化されるには到りませんでした。この意味で、19世紀の環境保護活動は一時的に途絶えたといえます。

オーロックス（原牛）は、ウシ化のいろいろな動物の祖先にあたります。1551年、ゲスナーはこの動物が狩猟家たちに攻撃されていることを発表し、現状を報告します。オーロックスは中世に王室の獲物とされ、貴族たちは節度もわきまえずにこれを追い回していました。こうした狩猟と、修道士たちが9世紀から11世紀までにおこなった「大開墾」とが原因で、すでに当時、この野牛の消滅はヨーロッパ全土に広がる問題となっていました。最後の保護が行なわれたのはプロシアのヤクトローフカ禁猟区ですが、こうした生き残りが、地方公爵たちによってオーロックス保護措置の対象となったのは興味を惹きます。しかし最後の1頭となったメスが1627年に死ぬと、この動物種はついに絶えました。（フランス国立自然史博物館中央図書館、パリ）

インドでは19世紀半ばから、イギリス東インド会社に勤めていた科学者たちの圧力で、森林に関する規制がとくに厳しくなりました。彼らはアレクサンダー・フォン・フンボルトの著書に影響を受けていたのです。ヨーロッパで名声を博したフンボルトは、森林破壊、降水量、気候の変化、飢饉の恐れに相互の関連性があることを科学的に論証しました。森林破壊によってインド南西部、マラバル海岸が砂州になり、港が利用できなくなるということがわかったとき、この種の脅威で東インド会社が路頭に迷う可能性も出てきました。19世紀にインドや南アフリカで記録された異常乾燥は、森林破壊で大規模な環境破壊が必ず起こるとしていた「乾燥学派」の説を確証することになりました。

人間の活動が原因で気候変動が起こるという説の支持者は、博物学者のジェイムズ・フォックス・ウィルソンや、ダーウィンの従兄弟で生理学者のフランシス・ゴルトンらでした。彼らは有名な探検家、デイヴィッド・リヴィングストンのような自然周期説を擁護する人々には反対でした。スポッツウッド・ウィルソンは、英国学術協会に対し、「大地と大気が全体的に少しずつ乾燥して行くのは、地球そのものの現象に起因する」と公式に声明したほどです。大気の組成が変わることで、現在のいわゆる温室効果が生じるとしたのです。

### 絶滅した生物種

こうした問題は、やがて人類の終焉を見通すところにまで行き着きます。結局、多くの生物種が絶滅しました。ポーランドでオーロックスが[*4]（1627年）、モーリシャス島でドードーが[*5]（1670年頃）、エピオルニスとディノルニス[*6][*7]（ジャイアント・モア）が、ジュゴンやマナティーの親戚にあたるステラーカイギュウが[*8]（1768年）、オオウミガラスが[*9]（1844年）、地上から永久に姿を消しました。サイ、キリン、サル、ネコ科の猛獣、クマ、大蛇、トカゲらの種にも、すでに絶滅が危ぶまれているものがあります。

このような絶滅を理由づける法則性が地質学的に知られるようになったのは、ほんの少し前のことです。近代地質学を確立したチャールズ・ライエルの著書『地質学の原理』（*Principles of Geology*）では、絶滅の定義が確立され、チャールズ・ダーウィンの『種の起原』では自然淘汰の原理にもとづく絶滅のメカニズムが論証されました。こうしたイギリスの学者たちは、それならば人類がなぜ絶滅を免れることがあろうかと自問します。そしてダーウィン学派の

### 絶滅した動物たち

　3世紀前から、100種以上の哺乳類、約150種の鳥類が絶滅しています。現在では1週間に1種が消えていくといわれ、おそらくその頻度は16世紀の100倍程度にはねあがっています。

### モア

　かつてニュージーランドに生息していたエミューの仲間です。翼のなごりをとどめる約20種類の巨鳥に名づけられた総称がモアです。最大のモア（ディノルニスの最大のもの）は体長3メートル、体重220キロを超え、最小のモアの背丈は七面鳥ぐらいです。マオリ族の貴重な栄養源として利用され、19世紀初めまでに全種類が絶滅しました。

### ドードー

モーリシャス島の森に住んでいた鳥。デンマークの入植者が1598年に初めて記した報告書でヨーロッパ人の知るところとなりました。卵黄をブタに食べられたり、人間が食糧としてドードーを獲りすぎたことが原因で、17世紀末までに絶滅しました。

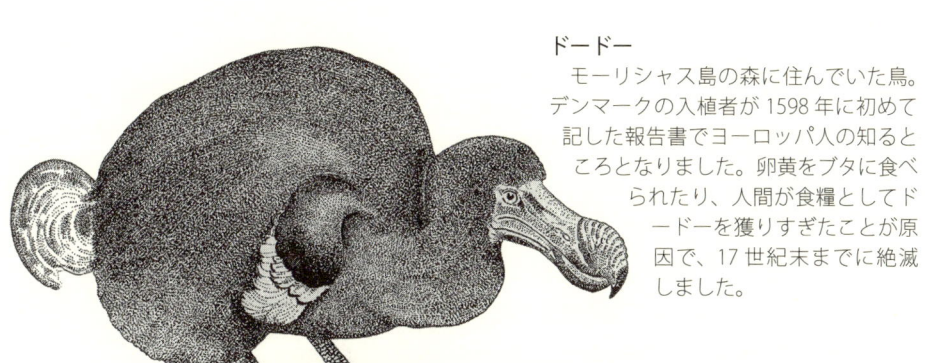

ニホンオオカミの最後の1頭
　1905年に殺されました。その毛皮はイギリスの旅行者たちに売り渡されました。

カリブモンクアザラシ*10
　アンティル諸島で、毛皮や肉を取るため人間に狩り尽くされました。最後の1頭は、1954年に死にました。他の種類のモンクアザラシも、やはり頭数が減り続けています。

Franck Faucheux

　ロビー活動によって、1860年代にはベーリング海のアザラシなど、絶滅の危機にある生物種を保護する一連の法律が成立しました。

### 18世紀フランスの自然管理

　まだダーウィン学派の目ぼしい動きがなかったフランスでも、植民地を生態学的に懸念する声がなかったわけではありません。それどころか、モーリシャス島はイギリスにとって植民地の見本にまでなり、アンティル諸島、カリブ海、インドの植民地ではモーリシャス島の自然管理が模倣されたほどです。
　フランス本国の土地でも、やはり18世紀末には、森林破壊を食い止めようという意図がはっきりと打ち出されました。すでに大規模な増水で知られていたロワール川の岸辺についてはとくにそうです。この河の氾濫を食い止めようと、1788年2月24日の議会布告では、セイヨウサンザシやニレやニワトコの生垣を自費で植え込むことが沿岸の住民に対して義務づけられます。土地所有

者たちはこうした生態系への奉仕と引き換えに、生垣よりも低いところにある土手の植物を利用することができました。ところがこのような予防措置も、ロワール川の橋や堤防周辺部が壊れると、ほとんど徒労にすぎなかったことがわかりました。1815年にトゥールでサン゠ソヴール橋の3つの橋脚が崩れ、1822年と1846年には堤防が大きな被害を受けました。それによって水車が止まったために、深刻な食糧不足も起こりました。ナポレオン3世は、1856年の歴史的な大洪水が引き起こした壊滅的な状況に動かされ、堤防の工事、河岸の補強と嵩上げに着手しました。当時まだ流れが荒かったガロンヌ川とローヌ川もそうした事例です。洪水で山々が大損害を受けていることもわかってきました。森林が伐採されたのに続いて、牧畜で草が食べ尽くされたことが原因の一部として知られるようになったためです。旧体制(アンシャン・レジーム)の時代には、ブタをはじめとする家畜をしばしば森に放し、草を食(は)ませていました。家畜が樹木を傷つけたり、若い木の芽を食べたりしていたその頃の方が、被害はまだしも少なかったのです。

ロワール川の土手と堤防
河川増水に何度も洗われています。

　ベルナール・パリシーが16世紀に定義した「有効利用の経済」という原則や、森林伐採にあたって林業行政に届出を出すよう事業者に義務づけるコルベールの施行した法制度は、フランス革命時には一時破綻したといわざるを得ません。木を伐るための許可を取る人など、あったとしてもごくわずかなものでした。紆余曲折があったのも事実ですが、この制限があったおかげで現存している森林もあるのです。

　デュアメル・デュ・モンソーが1755年から1769年までに著した膨大な書物からは、フランス革命直前の森林管理方法を正確に知ることができます。海事総監だった彼は、ロアレ県ピティヴィエに広大な地所を有し、森林管理の実践に役立てていました。モンソーはその土地で、中林[*11]の技術や木材利用の方法などについて、19世紀まで用いられることになる林業技術を開発しました。モンバール[*12]の私有林を経営していたビュフォンも、森林管理についての適確な助言を後世に遺しました。オルレアン公爵の土木長をしていたプランゲは、やはり革命以前、オルレアンの森林状態は被害が甚大であるとの調査結果を報告し

ます。ブランゲは、規制を無視した伐採、過放牧、山火事などが、ロージュの美しい森の入口までにわかに迫っていると警告しました。

### 知の進展

　旧体制下にあった森林経営体は、フランス革命をきっかけに統領政府（1799年〜1804年）に引き継がれ、新しい国家体制に従うことになります。これにともない、ナンシー国立林業専門学校（1824年設立）で、新世代の森林官吏、森林監察官、営林署員が養成されることになりました。この人々は、1827年森林法を適用する役目を担い、さらに1860年からは、山岳の森林再生に従事し

「黒い国にて」
　コンスタンタン・ムーニエ作（パリ、オルセー美術館蔵）。産業革命によって景観は一変しました。

ました。1838年から1880年までは、まずオーギュスト・マシュー、次いでポール・フリッシュの主導により、ナンシー国立林業専門学校の教育課程が編成されました。

　この時期にエドモンド・ヘンリー教授は、森林が水循環に果たす役割を正確に定義しています。「森林は富を生む力であり、調整者であり、管理人である。森のおかげで雨水は穏やかに流れ、規則正しく運動する。水を原動力として、栄養源として、灌漑用水として最大限に利用できるよう、森林は水の恐ろしい破壊力と浸食力を鎮め、コントロールしてくれている」。フランスの森林地域（ムルテ=モーゼル県、オワーズ県、アリエ県）や、ドイツ、オーストリア、ロシア、インドで行われた調査研究によると、同じ気候の土地でも、森林の降水量は樹木のない土地に比べて平均15〜20％高く、気温は低いことがわかっています。他の研究では、蒸発散の現象が証明され、土壌から蒸発する水分と植物の蒸散する水分とが数量化されています。この生気候学[*15]のパラメーターは、土壌と大気のあいだを移動する水分の量を測定するうえで重要なものです。こうしたことから、ヘンリーは水を制御したり、風の威力を分散させたりする目的で、平地の造林を提案しました。

　アルデンヌ県、ロワレ県、アン県、オート=ザルプ県、オード県、タルン県といった森林地域の学術協会は、会報を通じて懸念を表明していました。カストル[*16]の学会が出していた『科学紀要』では、森林伐採の動きが強まってからというもの、強風やにわか雨などの日数が増え、土地の気候が乱れてきたことが強調されました。林業家たちは、こうしたことが国の取り組みに値することを知らせるため、学会誌を論壇として活用します。しかし特別貧困な地域だったアリエージュ県で、県議会が農民たちの森林伐採を禁止しない特例を要請したとき、ほかにどんな手立てがあったでしょう。フランス革命中、あるいは普仏戦争中の略奪は、どうすれば避けられたでしょうか。革命そのもの、あるいは戦争そのものが避けられなかった時代のことです。しばしば指摘されることですが、困難な時代というものは、生態系管理においてもとくに大きな被害が生じます。ヴェトナム戦争のような生態系戦争の動きとは異なりますが、1870年にはトロシュ将軍によってオルレアンの森の焼き討ちが決定されました。これは戦時に敵の退路を断つための手始めの策でした。歴史の記述によると、将軍は硫黄、ベンゼン、硝酸塩、水酸化カリウム、タールを使いましたが、実験

場とされたムードンの森に火を放つことができなかったといいます。森林保護を大いに提唱していたヴィクトル・ユゴーは、トロシュ将軍を「ぶざまな権威失墜*17」と嘲笑しました。なおスペインでは、大征服の初めから、戦時の船舶需要に対応するために森林破壊が進んでいたことが知られています。

### 森の略奪

　長期的に見ると、イギリスやドイツと同様、フランスでも森林破壊が進んだ主な理由は、じつは別のところにありました。それは13世紀から少しずつ拡がっていた動きで、建築用、家庭暖房用、のちには大規模な鉄工所の建設用に材木が使われだしたことです。機関車、蒸気機関、レールなどは、鉄を造るために多くの木材消費が必要です。フランス革命以前、フランスには500〜600カ所の溶鉱炉があったといいます。その後イギリスに遅れてフランスでも、木材を使った炉からコークス炉への転換が全国的に進みましたが、1864年の時点で溶鉱炉もさらに200カ所増えました。その結果、産業界でも学会と同様、材木不足が心配されるようになりました。科学者たちはそれまで、より確実で持続可能な経済成長を確保しながら森林を保全する手段として、炭の利用を考えていました。

　天然資源の乱開発にともなうこうした不安は、"Raubwirtschaft"——字義どおりに訳すなら「略奪経済」——の問題と絡んで、1840年代のドイツに始まった動きにも関係します。これは生物地理学の源流となった文化地理学（人文地理学）で提起された問題です。カール・リッターによって創始され、動物学者で地理学者のフリードリヒ・ラッツェルなどによって継承された学問が人文地理学です。ラッツェルの根本思想は、人間は必要な栄養分の点から見ても、居住環境の点から見ても、生息地の土壌と強く結びついているというものです。この考えに敬意を表したモンペリエ大学のシャルル・フラオー教授に、ラッツェルは「自然秩序という名のもとの略奪経済と闘争すること」が差し迫った必要事項だと訴えました。ここでいう自然秩序とは、貪欲な開発によって曲げられた秩序であり、それを修復するには土壌の3つの基本的な役割、つまり牧畜、農業、林業の働きを重視する必要がありました。フラオーはセヴェンヌ地方のジョルジュ・オーギュスト・ファーブルという林業家の手を借りて、エグアル*18山のオール・ド・デューに樹木園と植物園を作り、この原理を応用し

ました。標高1567メートルに達するこの山は、モンペリエから北へ100キロメートル足らずのところに位置します。植物の美しさから、かつては「神の庭園」(Hortus Dei) と呼ばれましたが、その後、過放牧によって侵食が起こりました。生態系が破壊されたうえに荒廃が重なります。農地は放棄され、残った住民たちはやせた土地を好き放題に利用しました。プロテスタントのフラオーとカトリックのG・A・ファーブルによるエコロジー運動は、20年後にようやく実ります。1909年、245種の木がオール・ド・デューに生い茂り、これはその後、世界的に有名なモデルケースとなります。第2次世界大戦後、フラオーはオール・ド・デューを林業学校に預け、自らは再造林に取り組むようになりました。

　この2人のエコロジストは、再造林と植樹を明確に区別していましたが、今日では残念ながら2つを混同する傾向があまりにも多く見られます。再造林というのは、森林の種類を多様化することも含んでいます。事実、広葉樹林を針葉樹の単一樹種に植え替えてしまうと、緑地面積は元に戻るものの、それまでの生物多様性は決して回復されません。それどころか、大面積で針葉樹を植樹すると、土壌が物理的・化学的な影響を受け、森を吹き抜ける風の速度が上がり、山火事を起こしやすくなります。

　第1次大戦前には、学界にも稀に見る活動家が何人か現れました。たとえばポワティエの学者は、当時すでに森林を地球の肺に見立てており、森林破壊を行うことはまったくの自殺行為にひとしいと考えました。ロシュシュアール[19]のように数百年を経たクリ林を崇める土地がある一方で、リムザン[20]地方では砂漠化を懸念しています。この地域のある薬剤師がいったことには、森林伐採は「アルコール中毒、軍隊の士気喪失、税金の値上げと同じく大問題」でした。

　それでも私たちは、ここに見られる旧時代感覚に注意しなければなりません。このような活動家たちの言論や行動は、今日のそれとは違っています。1870年から第1次世界大戦までに書かれたものは、現在とまったく違う意味をもっています。たとえばここでいう「士気喪失」なる言葉が連想させる意味は、普仏戦争における「敗北」でした。この時期のフランスには、復讐心[21]が確固としたものになりつつあり、それが1914年の大戦勃発まで続いたのです。樹木を、森を愛するということは、すなわち愛国心を誓うようなものでした。山地の再造林は、緑を取り戻すとともにフランス経済を建て直すことで

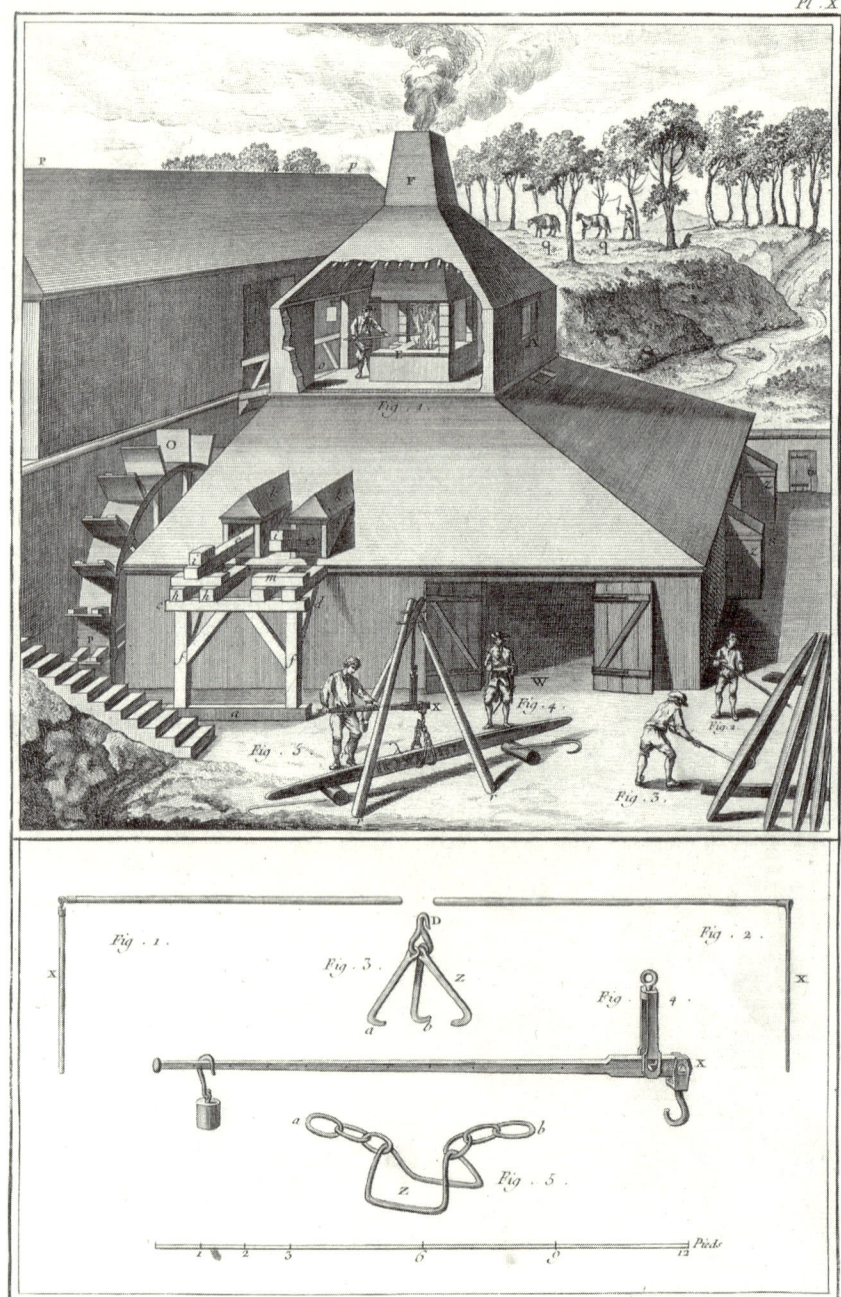

**木炭高炉**

　森林保護の観点から、19世紀にはエコロジカル・ソリューションでした。版画はディドロ、ダランベールの百科全書（パリ、ブリッソン、1762〜63）より抜粋。

もあり、それはフラオーの描いた「農・牧・林のバランス」という幻想にもとづくものでした。そうすればフランスは、力と富と健全さを取り戻し、ひいては歴史的復讐を果たせると信じられていたのです。結果的に自然保護に役立ったとはいえ、この取り組みは生態系への懸念から発したものではありません。

　もっとも、森林保護の取り組みが産業界の支援を得て、自然科学、林業、地理といった分野の学者たちのあいだで1840年代に組織されたことに変わりはありません。これらの動きの特徴は、その動機にあります。科学、倫理、道徳、経済、哲学といった動機です。その結果、ロマン主義の文学は、森林の保護や聖域化という思想を培うことになります。ユゴー、ベルナルダン・ド・サン=ピエール、スタンダール、ミシュレ、モンタランベールらは、そうした文学の旗手たちでした。

**大規模な針葉樹林化**
　今後はもうやってはいけないことの例です。

### 動物愛護

　これと並行して、虐待されていた動物たちに情を寄せるかたちで、動物種保護問題が浮上してきました。これは工業化にともなう動きであるとともに、経済の主導権を握る新興富裕市民層の台頭によるものでした。

　その頃からエンジンの「馬力」が登場したために、動物の力を借りる必要がなくなってきたのです。しかも新しい支配階級が自らの存在をアピールし、貴族階級との違いをきわだたせるために、狩猟を上流階級のたしなみと見なさくなるなど、新しい文化・市民倫理・社会の様式を生み出しました。これと同様の考え方として、市民階級のモラルでは、動物を犠牲にする残酷なスポーツや見せ物に熱を上げる人々をたしなめる傾向も出てきました。牛を殺すことで決着がつけられ、しばしば牛の内臓が飛び出るまで続くスペイン闘牛「コリーダ」、犬に重荷を引かせる作業、馬を力強く鞭打つ馬具、屠畜場へ搬送される動物への手荒い扱いなども、もはや青少年には見せられない痛ましい光景とされるようになりました。ただし、こうした同情心や立派な教育原理のなかには、それ以上に経済利潤の追求が見え隠れしている場合もありました。結局、死ぬまえの数時間のあいだに虐待された動物や、ストレスを与えられた動物

は、食肉としての味が落ちるということがわかっていたのです。

ただし、1850年7月2日に公布されたグラモン法[*22]（デルマ＝グラモン将軍の名にちなんだ法律）は、賞賛に値する考え方にもとづいており、その後も手本とされました。実際この法律は、より厳しい条文に改正される1959年まで施行されました。グラモン法では、「家畜に対して公然と、みだりに虐待行為を行う者」に対して罰金を科し、場合によってはこれを禁固刑に処すとしています。1857年と1858年の破棄院の判決では、故意による殺傷、過剰な荷役や作業、食糧・空気・日光・移動の剥奪、公道への放置、過密状態での飼育、四肢の切断、死にいたる残虐行為といったものを有罪に処すとされました。またロット＝エ＝ガロンヌ県のグラモン碑を見ると、スペイン式の闘牛についての激しい論争が続いていたこともわかります。そこには「気晴らし、慰み、余興といった目的でこれを行うことは、自由なる文明人にふさわしくない」とあります。

それでもコリーダ愛好家の数は多く、このショーを見物するために皇帝夫妻もビアリッツ[*24]の街を訪れるようになります。ただし暴力的なエキゾティズムを好まないテオフィル・ゴーチェのようなパリ市民は、南仏へ赴きました。ピレネー＝ザトランティック県、ブーシュ＝デュ＝ローヌ県、ガール県、ランド県、ジロンド県など、競技が普及した地域では、自由主義者たちがこの競技をひどく嫌いました。とくに2月革命（1848年）で注目された人々は、こうした動きが大衆の暴力的デモに移行することを恐れました。

1845年に設立された動物愛護協会は、グラモン法を施行するうえで重要な役割を果たしました。また、英国（1824年）とドイツ（1838年）にその先例があることも忘れてはなりません。以後、動物愛護協会は「動物たちが過剰に使役されるのを目撃したら直ちにやめさせる」という目的で会員を募ります。リヨン（1853年）、ポー（1858年）、カンヌとニース（1877年）、ル・アーブル（1880年）、ダンケルクとマントン（1882年）、ルーアン（1886年）、ビアリッツ（1890年）などの地方に設立された愛護協会の協力により、監視網、情報網、告発網が確立されました。

しかしこうした最初の動物愛護者たちは、すでに強い反対を受けていました。それに応じて彼らの声のトーンも高まります。19世紀末、愛護協会は「市長たちがスペイン風の闘牛を許可しているため、文明と権利と正義は侵害されている」と宣言しました。犬の荷役作業を廃止する方が、闘牛撲滅よりは容

易だったと見えます。カルバドス県1852年7月5日の県条例では、犬に車や犂(すき)をつなぐことが禁止され、1895年には215の県で同様に禁止されています。結局、1897年に法廷へもちこまれた80件の公共家畜虐待訴訟のうち、12件が処罰を受けることになりました。牛をめった打ちにして屠蓄場へ連れて行ったリモージュの精肉店員事件などは、いまも知られる事例のひとつです。

　一方、経済的な不安が先に立った法律もあります。野生動物種の保護をめざして淡水・海水の漁業が制限され（1829年法、1835年7月10日命令）、1835年以降には農学者たちが、虫を食べる鳥類の保護を唱えました。彼らは訴えます。作物被害のもとになる大量の毛虫を食べてくれる「野良の助っ人」の方が、化学的な処理よりも効果があって安上がりなのに、こともあろうにそれを捕まえる人々がいると——。アンドル゠エ゠ロワール県農業組合の年報に農学者たちが寄せた次のような詩の一節にも、そのことは表れていました。

　　小麦ついばむスズメにも
　　思えば三分の道理があるさ
　　毛虫退治の見返りに
　　せめておこぼれ狙ってる

　カール・フォークトが1822年に著した『有用動物・有害動物講義』では、虫を食べるすべての動物がすでに汚名を返上していました。1897年11月9日から11日までエクス゠アン゠プロヴァンスで開催された「ヨーロッパ農業から見た益鳥国際保護のための鳥類会議」では、この経済学的・生態学的な重大問題が緊急議題とされました。

　ただし、害虫の定義は変遷しています。これは農民と狩猟家のあいだでも、また農民と生態学者のあいだでも、いまだ論争の火種になっています。19世紀には、マムシを殺してくれるハリネズミを有用動物として保護したほうがよいとわかりました。しかし1892年、オード県の科学研究団体に参加していた爬虫類愛好家が、おそらくはフォークトの影響でしょう、爬虫類もまた有用だと悟り

**フランスのオオカミ**
人間の憎悪の的であり続け、しまいにはほとんどいなくなりました。

ます。タルン県の博物学者は、ビーバー、ヘラジカ、アカジカ、アイベックス、シャモアの狩猟反対運動に向けて学会を動かそうとし、リムザンの植物学会理事長は動物保護の学者団体を創設して、子供たちへの新しい躾(しつけ)を取り入れようとします。ただし闘争的な活動、またこの種の教育活動にたずさわる博物学者は稀でした。なぜそうだったのかは後章でお話します。

　さらにはある動物が絶滅寸前になることが、手放しで歓迎されたこともありました。オオカミがその例です。1797年から1839年のあいだに、フランス国内だけで400人の人々がオオカミに食べられたり、噛みつかれたり、狂犬病を移されたりしました。1800年には、牧場全体で飼われている頭数の0.3%にあたる10万頭のヒツジがオオカミに殺されています。この大きな犠牲に対する措置は徹底していました。19世紀初頭には1万頭から1万5000頭いたと推定されるオオカミですが、誰もが安堵したことに、19世紀末にはほとんど皆無となったのです。

### 博物愛好家の方法

　動物種とおなじく、植物種も関心を惹きました。1883年にジュネーブで設立され、フランスのいくつかの学会と協力関係を築いた植物保護協会にも、そのことが表れています。この時期、アルプ=マリティム県は高山植物採取の禁止条例を施行し、ドゥー・セーヴル県の植物学会のように平地の植物を研究する学者グループも、山地の植物種保護活動を行う「フランス・ツーリング・クラブ」[*25]の設立に貢献します。数名の植物学者、多くのツーリスト、そして何より実業家たちが、医薬用や装飾用に大量の植物を採集したために起訴されました。

　博物学者たちが科学の議論を隠れミノにして、高山植物採集の習慣を正当化したり、大勢に影響しないなどと言ってみたところで、とうてい見過ごせる問題でなかったことは明らかです。それを納得するには、いくつかの学術団体のエクスカージョンに関する報告を一読すれば十分でしょう。そういった団体のメンバーたちは、植物や昆虫の採集・搬送・保存に用いる道具をめいめいが自由に使っていました。彼らは緑色に塗られた立派なブリキ缶を携えたうえ、樹の皮を剥ぐ道具、山で植物採集をするためのドフィネ式つるはし、剪定(せんてい)ばさみ、スコップ、木立ちの間や川底に投げ入れて葉や植物など手の届きにくいも

**植物採集の道具**
　19世紀のもの。保護よりも採取の気をそそります（B・ヴェルロ『植物学者のための植物採集ガイド』(1879)、G・カプおよびA・T・ド・ロシュブリューヌ『博物学入門者と科学探求者の手引き』〔1883、J・B・バリエール、フランス国立自然史博物館中央図書館、パリ〕より）。

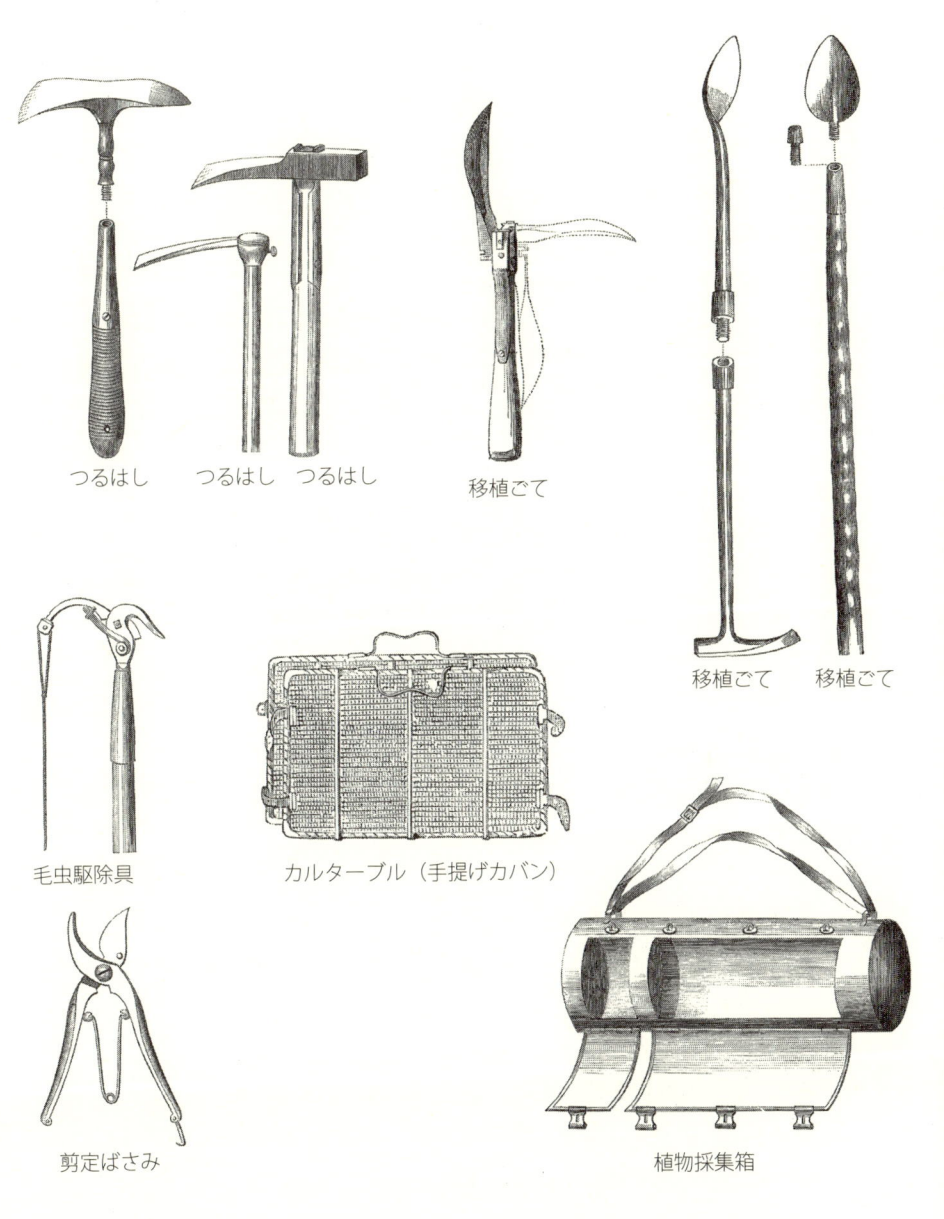

つるはし　　つるはし　　つるはし　　　移植ごて　　　　　　　　移植ごて　　移植ごて

毛虫駆除具　　　カルターブル（手提げカバン）

剪定ばさみ　　　　　　　　　　　　植物採集箱

第2章　生態学的な動きの起源

のをあさるための紐つき鉤針(かぎばり)などで装備を固めていました。また昆虫用に、さまざまなアルコール類や毒薬も使っていました。その獲物のスケールには何とも舌を巻くばかりです。博物学者のレオン・デュフールは、4千匹という昆虫を捕獲してスペインからフランスに帰国しました。ピレネー山脈では、フランス中西部から派遣された学者たちに利用してもらおうと、やはり大量の植物が採集されました。ドゥー・セーヴル県植物学会の会長だったバティスト・スーシェは、彼ら学者たちに配布するため、最も稀少な種の植物を大量に採集することを推奨します。1886年5月17日にスーシェが手帳に記した収穫は、「同一種のスミレ500苗」でした。ヴェルサイユ宮殿で庭園と苗床の監視員を務めたセヴェンヌ出身の博物学者、ギヨーム・ボスクに至っては、モンモランシーの森へハイキングに行き、大量の稀少植物を持ち帰ったことを大喜びで記しています。

　鉄道や道路が延びるにつれて、博物学者の論文の長さもさらに伸びました。ジロンド県の教会の切妻壁にまで植物を取りに行く人もいれば、ローマ時代の旧道を歩く人もいました。奇妙な出で立ちをし、箱には植物をあふれ返らせるほどしまい込み、ステッキや棒で藪をつついたりする作業に、ときおりご婦人方まで伴っていたこれらの面々は、ひなびた田舎へ行くたびに喜色満面でした。稀少植物を摘むとき、その行為がどんな影響をもたらすかと考えてみる植物学者など、ほとんどいなかったのです。ただし、土壌の解説書を書いたP・ボワタールはそれを実行した1人です。もっとも大半の博物学愛好家たちは、最も稀少な種類の植物を採集し、閲覧用の植物標本にラベルを貼ることこそ、自分たちの使命のひとつと考えていました。彼らは植物の屍を大量に保存することで、一種の「植物考古学」をやっていたのです。

### 景観の保護運動と意見対立

　どちらかというと生態系に無頓着だった博物学愛好家はさておき、フランスでは動物相や植物相の保護活動が19世紀に成立します。正真正銘の協会ネットワークが作られ、圧力団体が組織されて、立法府にまで影響を及ぼすようになります。近代性を前面に押し出したエコロジストたちの訴えには、歴史的背景がひとつ間違えば軍事演説と受け取られかねないものもあるほどでした。しかも深く考えれば考えるほど、運動に分裂をきたしてしまいそうな、決して

一枚岩でなく矛盾とパラドックスに満ちた宣言もありました。景観の問題は、そういった点も浮き彫りにしたのです。

　フランスで特定の景観保護を保証しようという意志が表明されたのは、1820年代のことです。作家ポール=ルイ・クーリエは、建築物、公園、庭園の破壊に初めて抗議した1人でした。政界に登場し、景観問題の表面化を後押ししたシャトーブリアンやラマルティーヌのような人々もいます。ユゴー、モンタランベール伯爵、メリメは、すぐれた建造物の調査と等級づけと保護を担った公共機関創設のために活動しました。1830年、彼らの訴えが功を奏し、国務大臣フランソワ・ギゾーにより歴史的建造物の総監職が新設されました。その4年後には、建造物保護委員会も設置されています。これによってメリメが初代総監となり、若き建築家で修復家のヴィオレ=ル=デュックをともなって、遺産建築物の調査のためにフランスじゅうを巡りました。

　生物種の保護と同様、協会活動も最初のネットワークを組織するのに役立ちました。フランス・アルペン・クラブ[*26]（1874年）は、強力なフランス・ツーリング・クラブ（1890年）とともに、山岳の景観、観光地、スポーツ用地の保護を求めました。ボージュ山脈、ピレネー山脈、フランスアルプス、スイスアルプス、イタリアアルプスは、連絡道路が整備されたおかげで交通が良くなり、ますます多くの人が訪れるようになりました。アルプス登山やピレネー登山の愛好家が生まれ、農民たちの田舎暮らしや素晴らしい自然の絵画を見た人々が、山岳に吸い寄せられていきました。また力強い隠喩を用いて英語・フランス語で叙述された文学作品も、自然の新しい感興を呼び覚まします。ジャン=ジャック・ルソー、ベルナルダン・ド・サン=ピエール、イポリット・テーヌ、ヴィクトル・ユゴー、有名なピレネー登山家のラモン・ド・カルボニエールは、自然とその調和作用についてのヴィジョンを伝え、山での発見を記しました。そして景観のもうひとつの大きな要素であり、多くの人が海水浴のため、またときには医薬の処方のために向かう海は、ミシュレのペンで力強く描写されました。博物学愛好家たちは、自分たちのハイキングの話を生き生きと述べ、異国情趣をいたく好む心に広がる海原の描写で読者をわくわくさせたいときに、よくこうした作家たちの比喩を借りていました。

　1901年、景観保護に向けて自然保護団体がおこなった信条声明は、かなり戦闘的な性格を帯びていました。この団体は「自然の場所と物とをありのまま

の美しさで保全し、工業汚染や掲示物から守り、金銭目当てのあらゆる活動を言論によって告発する」ことを求めました。こうした団体は、保全地(ムールト・エ・モゼルにあるカエサルのローマ軍野営地や、オルヌ県にあるケルト人野営地など)の指定に貢献し、パリ城壁跡の取り壊し、森林保護自然地の創設、行き過ぎた観光などについての議論に参加しました。また「広告の氾濫」にも徹底抗議をします。「パスタ、哺乳瓶、コルセット、カラコ*27の広告はじつに仰々しく、押しつけがましく、何度も目に触れるものばかりである。それもそのはず、裕福な広告プロデューサーは、景観を切り取ったり汚したりすることにどんな出費を払っても、元が取れればいいと考えているのだ」。1912年の会報で、反対運動家たちはそう突き上げています。

こうした声の背景には、当時生まれつつあった消費社会で量産品がほめそやされていたことへの手厳しい非難がありました。また、メディアを味方につけることもできる資本主義によって押し付けられ、やがて私たち自身さえ慣らされてしまう都会や郊外の美意識に対しても、攻撃態勢が固まってきていました。技術と生産性の進歩についての問題は、1909年10月17日から20日までパリで開催された第1回国際景観保護会議の場で、すでに提起されていました。自然の変容に歯止めをかけることの方がよほど価値があるのではないかと、景観保護の愛好家たちはその会議で問いました。穀物生産で有名なボース地方*28は、この意味で景観破壊のモデルとなります。生垣も樹木も花もないこの土地は、動植物相の点から見れば不毛の土地同然でした。

ボース地方が景観破壊だとすると、19世紀的文脈における「景観」とはどんな意味で解釈すればよいでしょうか。ここでどうしても歴史を振り返っておく必要があります。

ジャン=マルク・ベッスが定義したように、16世紀には「景観」そのものが次のようなものとしてしかとらえられていませんでした。「地平線まで続く視界のなかで、個別のものにもひとつのまとまりが感じられるような、ある種の高尚さを思わせる国土の拡がり。景観とはひとつの眺めであり、あるフレームに仕切られたイマージュである。そのフレームの内側では、風景がひとつの絵画になり、ひとつの文章作品として見える」。

その作品とは自然が生み出すものでしょうか。それとも文化によるものでしょうか。

景観と文化財に関する1906年4月21日の法律は、絵画的味わいについての定義を拠りどころとしました。その定義は、美しさ（たたずまい、色彩、外観）への配慮を特徴としています。もっとも、思い出や鑑賞の名のもとに自然利用の権利を制限しようとするフランスの原則には、きわめて主観的なものがありました。「物の存在理由」に関するスイス人のテーゼの方が、よほど判然としています。そのうえ、16世紀に頭をもたげていた問いは、19世紀にもまだあてはまるものでした。その問いとはいわば、立法者の狙いが自然景観の保護にあるのか、文化的な景観保護にあるのかということです。

### 人と自然のかかわり

　この問題は、保護を取るべきか、さまざまな開発を取るべきかという立場の決定や行動につながり、またそれによって対応の仕方も決まってくる問題です。実際、これは自然界における人間の位置づけと役割についての大論争を巻

**アルカディアの風景**
　ヨハン・グラウバー作　平和、そして人間と自然の調和を象徴したもの。

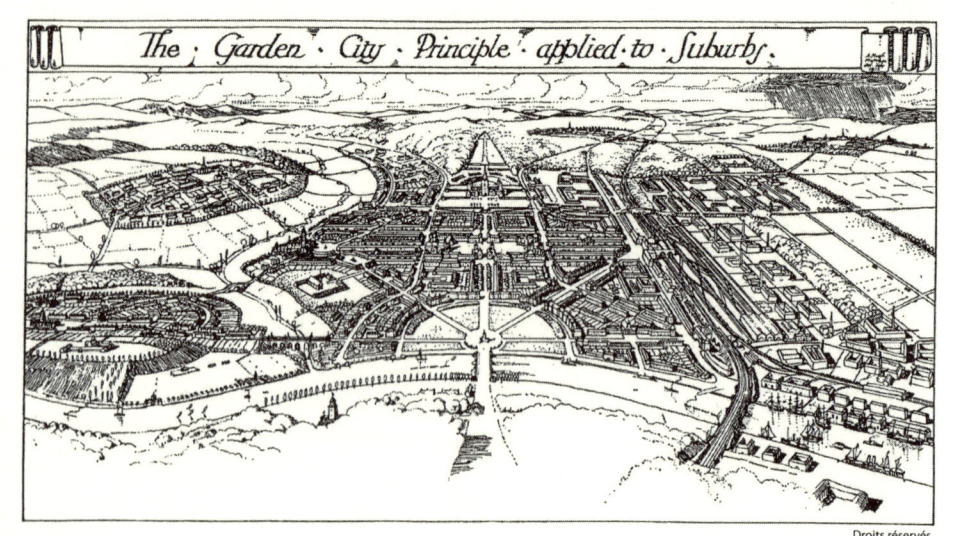

**田園都市**
レイモンド・アンウィン作。パリの周囲に新しい都市を建設することを試みたユートピアの絵画。

き起こしました。19世紀にその論争は、博物学、帝国主義、理想郷主義の3つの考え方に行き着きます。3者はエコロジーについて、それぞれはっきりした態度を決定します。

まず博物学の考えでは、人間は自然からはみだした存在でした。これはほとんどの博物学者と生物学者の考え方で、彼らにとっての研究対象である自然のなかには人間が不在でした。生物の地理的分布や、それらの生態学的な関わりについて研究するとき、人間社会の影響が何がしかの役割を演じることは稀だったのです。そしてこの考え方は、作家たちとも一致します。テーヌは、自然を独立した完全なる存在としてとらえ、エミール・ゾラやギ・ド・モーパッサンも、自然を自治独立のものとして描きます。営林署員の残した書き物にも、これに近い考えが見られます。たとえば「樹木の伐採が森林の成長を妨げる場合には、人間による介入を減らすべし」とされていました。現在、人間が立ち入ることのできないある種の聖域や、「人類の遺産」と位置づけられている区域などは、こうした博物学的エコロジーの姿勢を連想させます。

帝国主義の考えに立つと、人間は破壊者になり、邪悪な存在となります。アメリカの生態学史家ドナルド・ウォースターが、帝国主義について述べてい

ます。結局のところ、帝国主義者にとっての自然とは、開発によって人間に与えられる価値だったと——。そしてこの考え方がきっかけで、欧米ではエコロジストと平和主義者が帝国主義者への強烈な抵抗運動を起こし、略奪経済から自然を守ろうとする法制度ができました。キーワードは「回復」・「保存」・「保護」・「保全」でした。

　理想郷主義の考え方では、人間は古代ギリシアのアルカディアのように、自然と調和して生きることができます。アルカディアはペロポネソス半島の中央部にあり、のどかな牧人たちが質朴な伝統を長いこと守り抜いてきたといわれています。アルカディアの山（エリュマントスやリュカイオス）には神々が足繁く訪れ、牧神が出没し、神々の河（アルペイオスとラードーン）には妖精たちが沐浴をしに集まったとされます。ルネサンスの時代になると、このようなギリシア・ローマの牧歌的な物語は一新されます。そして19世紀ロマン主義では、ルソーの思想が先駆となり、また18世紀の科学的合理主義に対する反動も加わって、人間と世界の関係をとらえ直そうとする傾向が顕著になり始めました。こうして新しい意識をもった人々は、それまで理性によって遠ざけられてきた世界や宇宙とのつながりを模索するようになります。自然哲学を追究したフリードリヒ・W・J・フォン・シェリングとノヴァーリスは、理想郷の考え方を至高のものとし、理想郷主義者の哲学的基礎を発展させました。19世紀末、自然哲学は、ロバート・オーウェンらユートピア思想家が創りだした田園都市[*29]や、画家ヨハン・グラウバーが描いた「アルカディアの風景」に象徴されるような、人間と自然の融和を説くひとつの理想にたどり着きました。イギリスに造られた田園都市は、野生の自然を再現しながらも力の支配を排除し、人間らしさの尺度に適うものだったといえます。そこでは殺戮し合うことなどもってのほかでした。

　近年になって熱を上げている人々もいるエコツーリズムは、1年のうちの数日間だけ自然と調和しようとするもので、現代人のかりそめのナチュラルライフにすぎません。

### アングロサクソンと北米の影響

　19世紀のイギリス、ドイツ、フランスでは、理想郷主義の考え方はもはや支持されにくくなっていました。工業が発達して景観が一変し、自然選択と適

者生存の考え方を特徴とするダーウィニズムや、個人のイニシアチブと競争を擁護する自由主義が広まっていたためです。イギリスでは、ハンプシャー州セルボーン出身の有名な博物学者ギルバート・ホワイトが理想郷主義者の考え方に立ち、人と自然の完全なる一体感を生み出す至上の創造力を讃えました。米国マサチューセッツ州のコンコード出身で、ホワイトの精神を受け継いだヘンリー・デイヴィッド・ソローは、ホワイトほどの名声はなかったものの、『ウォールデン――森の生活』の執筆以来、理想郷主義のコンセプトにもとづくエコロジスト運動に強い影響を与えます。イギリスの片田舎に見られる英国式庭園を評価していたホワイトとは違い、ソローはむしろ手つかずの状態にある野生の森を求めました。彼は、アメリカでイギリス以上に深刻かつ急速に進んでいた自然環境の荒廃と向き合い、人間はもっと自然な生き方、自然調和型の生

Eric & David Hosking / Corbis

**小石ひとつまで保護**
　1872年、米国ワイオミング州に創設されたイエローストーン国立公園は、ヨーロッパの国立公園のモデルになりました。

き方を学ぶべきだと強く訴えたのです。

　これとは違い、相反するものの見方を共存させる思想を展開した人々もいます。アメリカの地理学者で、1864年に『人と自然』をロンドンで出版したジョージ・パーキンス・マーシュもその1人です。マーシュはその本のなかで、ダーウィニズムには見られなかった考え方を打ち出します。それは一方では18世紀のリンネ学派の影響をべつのかたちでとらえ、自然のバランスはとうてい打ち崩しようがないとしたものであり、きわめて楽観的な思想でした。しかし他方では、人間の活動がもたらした破壊的な成り行きに直面し、すでに警告の声を上げていたエコロジストの懸念をも表していました。マーシュによると、文明化された人間は、これまで絶えず服従の対象であった自然界に対し、攻撃的な態度を取るようになっています。そのじつマーシュは、そのおおらかな地方人気質から、一種の「埋め合わせ」が存在することも信じており、狂った自然バランスを何かべつの人間活動で再生できるとも考えていたのです。

　この時期、アメリカ人はまだ大陸制覇を果たしていません。そのため、自然保護に心をくだくこともほとんどありません。それでもイギリス人と同様、彼らもエコロジーやロマン主義や理想郷に関するソローの思想には影響されました。ソローは詩的な神秘主義と定義される超越主義文学の台頭に大きな役割を果たしたのです。その動きの提唱者であるラルフ・ワルドー・エマーソンは、ソローと同じく原生自然（wilderness）を讃え、アメリカの物質主義への見直しを迫りました。すでにこの2人の著述家によって意識を啓発されていたアメリカ人たちは、いわゆる「草原の文学」の第1人者、ジェイムズ・フェニモア・クーパーの書いた『最後のモヒカン族』[30]に圧倒されます。同時に1870年代から始まった森林破壊や過放牧に反対する「環境保護活動」では、作家、芸術家、旅行者、政治家らの活動に科学者も身を投じるようになります。この動きはアメリカ最初の国立公園「イエローストーン国立公園」の創設につながりました。この国立公園は、ロッキー山脈中の溶岩台地、色鮮やかな湖、数多くの滝、河川や峡谷などで知られます。温泉群、噴火口、間欠泉（オールド・フェイスフル間欠泉が最も有名）などの存在は、火山活動をありありと物語っています。

　イエローストーン国立公園の創設は、スペインの地質学者、ホアン・ヴィ

ラノヴァに強い印象を残します。ヴィラノヴァは発足されたばかりだったスペイン自然史学会会期中の1874年5月16日、イエローストーン国立公園でアメリカの博物学者たちが行った探検について、ひとつのメモを読み上げます。1868年の革命と、やがて始まった王政復古を受け、比較的繁栄していたスペインに「再生主義者」と博物学者(ペドロ・ピダル、ベルナルド・ド・キロス、アンジェ・カブレラ、サルバドル・カルデロン)が現れ、彼らの影響のもと、自然保護の分野で率先的な行動が取られました。19世紀の最後の30年間で創設された協会が集まって主催した「カタロニアのハイキング」は、のちのスペイン・アルペン・クラブ(1907年)やスペイン登山協会(1913年)とともに、博物学教育の展開にも貢献しました。それをきっかけに、スペインでも食虫性鳥類の有用性や、カタジロワシ保護の必要性に関する科学的な考察が始まりました。こうした経緯で1916年12月7日、アメリカのイエローストーン国立公園に直接の影響を受けた国立公園法がスペインで制定されたのです。スペイン最初の国立公園(コヴァドンガ山国立公園)は、貴族階級で議員・狩猟家・登山家だったペドロ・ピダルの働きかけにより、1918年7月20日に創設されました。そして同年8月16日には、オルデサ国立公園が創設されています。

### 歩みだした自然保護

植民地で18世紀後半に見られた最初の自然保護活動は、こうして19世紀にヨーロッパとアメリカで具体化します。同じ時代、この2つの地域にグローバル化の最初の動きが起こりました。それは先進国で今日見られる風景のほとんどを形成し、また世界的な資本主義の伸張によって貿易を統制することとなりました。

ヨーロッパとアメリカでは、エコロジー活動もかなり異なった様相で展開しました。ヨーロッパは19世紀の植民地主義勢力、アメリカは新世界に生まれた新興征服国家です。それぞれの地域の特殊性にもかかわらず、両地域のエコロジー活動はいずれも人間と自然の関係について、理想郷主義、帝国主義、博物学という3つのあいだの緊張下に置かれます。それは最終的に、それぞれの環境活動の姿勢を決定するもので、ひとつの尺度では計れないこともしばしばでした。

地球規模で考え、足もとから行動することは、すでに当時から、「エコロジ

スト」と呼べそうな人々の課題だったのです。19世紀、そうした人々はエコロジーの基本要素となる2つの認識に到達します。ひとつは、ある森林の荒廃が地域全体の気象や経済を圧迫するように、局地的で小さな原因も大きな結果につながり得るというものです。もうひとつは、とくに地球温暖化に見られるように、人間の活動は地球規模の結果をもたらすというものでした。

第3章
# 自然の摂理
L'économie de la nature

　つつましい副牧師で博物学者のギルバート・ホワイト。「植物学界の貴公子」ことカール・フォン・リンネ。科学の近代的概念に照らしてその業績を見れば、2人は生態学の重要な先駆者候補を代表しています。しかし自然の摂理に関する彼らの考え方をその背景においてとらえ、そこに認識論の一定基準をあてはめてみると、そうとはいえなくなってきます。


　18世紀は偉大な博物学者たちが輩出した時代です。なかでもビュフォン、トゥルヌフォール、リンネは有名です。英国ハンプシャー州セルボーンの副牧師で博物学者のギルバート・ホワイトは、知名度こそかなり劣るものの、リンネと同じく生態学史の数々の書物で取り上げられています。
　教会でつつましい生活をしていたホワイトが名声を博したのは、死後の1789年に刊行された『セルボーンの博物誌』によってでした。これは現在、第100刷以上を重ね、英語の本としては世界で4番目によく売れている書物です。同胞のイギリス人たちが外国の生物種を追いかけ、海軍将官ジョージ・アンソン、サミュエル・ウォリス、ジェイムズ・クック、ジョージ・ヴァンクーヴァーらとともに海原へ乗り出していた当時、おとなしいギルバート・ホワイトは田舎の緑豊かな一画に「イギリス人らしく」甘んじた暮らしを送っていました。彼は視野にすっぽりと収まるほど狭いその自然空間を探求するため、自由時間のほとんどをダウン州の石灰岩の丘で過ごしました。ホワイトがとくに観察したのはツバメとアマツバメ[*1]です。ただ、当時の世界で考えられていたように、ホワイトもこれらの鳥類は水辺で冬を越すか、あるいは洞窟で冬ごもりをすると考えていました。

ホワイトの小さな世界にあった生物多様性と、そこにはっきりとらえられた季節的な影響は、動植物の多様性を季節とのかかわりで調査したり、研究したりすること（生物季節学）[*2]への興味を十分にかきたてるものです。ホワイトの著作は、動物の習性についても信頼に足る博物学者としての観察に満ちていて、目のつけどころも的確でした。彼はさらに、そこに生きる生物たちと環境を関連づけ、まったく理にかなった食物連鎖を確立しました。いわばホワイトは、地域の生態学を実践し、関係性の世界を打ち立てたのです。

　その頃スウェーデン王国では、ホワイトよりも厳格で専門家然としていて、職業意識も強かったカール・フォン・リンネが、やはり科学的で敬虔な情熱に衝き動かされ、研究に取り組んでいました。王室の医師であり、植物学者であり、ウプサラ大学教授であったリンネは、またたくまに栄誉を手にします。

　彼はまず植物学者になりましたが、動物と鉱物の世界も同様に探求しました。いちじるしく混乱をきわめた分類体系が使われていた当時、まだはっきりとは知られていなかった自然の秩序を求め、リンネは他の学者がすでに基準として提唱していた二名法[*3]を確立します。それ以後、生物の名称は、書き手によってそれぞれ異なる表現で名づけられるのではなく、2つの名（種と属）によって分類されるようになりました。リンネはこの規則を明確にし、1735年に出版された数頁の小冊子『自然の体系』のなかでその体系を確立しました。1767〜68年の最終版では、これが3巻の8折本で合計2300ページもの大著になっていました。リンネはこのようにあい次ぐ出版を通じて、18世紀で最もよく練り上げられた分類を打ち立てるのです。平明な、理解しやすい言葉で説かれたその体系によって、リンネは偉大な学者の地位までのぼりつめましたが、通俗的な普及者としても知られるようになり、天賦の才はやがて批判を浴びます。

　リンネの分類体系は、もっと自然な手法を提案する植物学者たち、つまり植物種どうしの系統のつながりを見出そうとした人々によって再検討されます。実際、リンネの体系が実用的だったのは、花のなかの目に見える雌雄の器官をもとにした分類だったからですが、もとになる基準を人間が恣意的に決めている以上、それを考慮して分類するのはいかにも人工的といえました。フランス人のミシェル・アダンソンや、フランス革命の1789年に植物学で新風を起こしたアントワーヌ=ローラン・ド・ジュシューは、植物の正真正銘の科と

属を定義し、自然におけるそれらの関係をふたたび確立し直しました。以後、いくつかの基準を用いてそれぞれの分類法の特徴を均衡させながら、分析的であるよりは類推的な一種の推論がなされるようになります。この時代から植物学は、アマチュアには手の出しにくい学問になり始めました。

しかしリンネの業績は自然の体系化にとどまるものではなく、膨大なものでした。それは1749年から『学問の喜び』[*4]という版に編集されました。フランス語の題名が『自然の経済』[*5]（*L'économie de la nature*）となっているこの論文には、エコロジーに関するリンネの思想が表現されています。

自然そのものに範を得たこのテキストの内容は、季節の推移、1日における時間の推移、さらにリンネ自身を例に取り、一生における年齢の推移を明らかにしたものでした。リンネは地球の大循環にふれながら、堆積や侵食によって土地が形成され、現在のような大地の拡がりをもたらしたと説きます。また、水循環についてはこう述べています。「大地を湿らせる雨水は雲から落ちてくるが、この雲は海をはじめとする水域や湿った陸域から立ち昇った水蒸気が、内陸部や大気中で混ざり合って形成されている」。ほかの考察では、生態系にもっと直接関わることとして、環境の諸要素や生物のあいだに相互作用（たとえば水分が植物の根から吸収されたり、葉から蒸散されたりする現象にもとづく植物と水の関係）が存在するととらえました。リンネは一種の力学的(ダイナミック)な生態学を前提に、火災のあとで土地が回復するまでの様子や、大地の植生遷移が種の繁栄に役立っていることなどを考察します。同様に、ミズゴケの生息する沼は、ホタルイ属[*7]や、優美な銀色のシラサギに穂が似ているワタスゲ属[*8]の根の作用によって徐々に草地へ移り変わると述べます。リンネは地衣類のような植物がその場合の先駆植物となること、またその環境は一連の段階をたどって均衡状態に達することをすでに確認していました。これは1世紀半後、アメリカの生態学者によって「クライマックス」[*9]と名づけられます。

あらゆる面で博物学者だったリンネは、冬眠動物にも興味をもつ一方、食物連鎖を確立し直しました。そして寄生や捕食や共生の事例を見出します。有機体どうしの関係についてのこの研究は、有機体と環境条件の関係についての研究と同じく、生態学の目的のひとつです。リンネは植物と冬眠動物の事例を通じてそれを研究しました。リンネはさらに、同一種の個体のあいだ（種内）の関係と、さまざまな種のあいだ（種間）で結ばれる関係とをはっきりと区別

しました。たとえば留巣性の鳥類と離巣性の鳥類の場合では、親鳥の子に対する世話のしかたが違うのです。リンネはまた、有機物質をリサイクルする分解者についても考察し、「生体量ピラミッド」、「エネルギーピラミッド」とともに3つの生態系ピラミッドのひとつとされる「個体数ピラミッド」があることにも見当をつけていました。これらのピラミッドは近代生態学で分類に使われるものです。ただしリンネの場合、それは直感の域を出ませんでした。なぜなら、リンネは捕食者がつねに被食者よりも数が少ないことを観察しながらも、生態系のこうした栄養構造（栄養についての関係性）を打ち立てることはほとんどなかったからです。

### もうひとつのリンネ解釈

このように『自然の経済』のテキストにおける生態学的な内容は、とても充実したものに見えます。ただし、18世紀のリンネの思想にもっと深く潜入すると、べつの解釈が生まれてきます。

それにはまず、エコノミーという言葉について考える必要があります。自然のバランスに関するリンネの考え方をひもとくうえで、エコノミーはキーワードになるからです。まず狭義のエコノミー（語源はギリシア語で「家」を表すオイコス）または神学者のいうエコノミアは、17世紀には「神の摂理」という意味で普及しました。この言葉は17世紀末に自然と結びつきます。そしてリンネの時代には、これらの意味（狭義の意味、神学的な意味、科学的な意味）を兼ね備えたものになりました。ですからリンネは、「自然の経済」という言葉を「全能なる神によって確立された、自然物のきわめて賢明なる配置。この配置にしたがって自然物は共通の目的に向かい、相互の目的を得る」という意味で使っていました。

ではこうしたとらえ方で、リンネの『自然の経済』を読み返してみましょう。倹約家タイプの庭園管理人（ジャルディニエ）だった創造主が、「気候や土壌に最もふさわしい性質をとりどりの植物に与えたもうた」世界にあっては、相互作用の余地がほとんどないことを忘れてはいけません。さらにリンネ流の「クライマックス」は、神が定めた計画に従って植物群落が到達した理想的な状態です。ということは、不毛な泥炭層のあとにでき上がった美しい草原は最後の仕上げであり、人間にとって心地よいものであるようにと、神によって予定されたものにほかな

「植物学会の貴公子」と呼ばれたカール・フォン・リンネは、自然の摂理を神の創造物として崇めました。このリンネと、セルボーン教区の博物学者だったギルバート・ホワイトは、信仰を本質とするエコロジーを創り上げました。(フランス国立自然史博物館中央図書館、パリ)

りません。水循環にしても、ひとつの実利的な目的があります。水はつねに動物が飲めるようにとつくられたものでした。捕食者は、動物間のきまったバランスを永遠に保持するためにだけ獲物を殺します。

　言い換えれば、神が人間のために創り上げたこの構造には、地上の秩序の入り込む余地がないのです。もし私たちがこの富を享受し、限りなく繁殖すれば、神は予定された世界の調和と均衡を維持するよう、配慮してくれることになります。リンネの言葉でいえば、神の王国のものであり、同時にスウェーデン王国のものである豊かな自然をたたえた庭園で生物を分類整理することは、科学と神学の作品をともに栄光で満たすことになるのでした。

　この自然神学[*11]は、プロテスタントの国で最初に興りました。博物学者ジョン・レイは、この研究でイギリスを代表する１人です。また自然神学は、ウィリアム・ダーハムによっても展開され、スウェーデンに普及しました。フランスではプリューシュ神父による『自然の景観』（1732年）の出版に見られた動きが進展し、この本の成功は自然神学の影響力を誇示するものとなりました。

　自然科学分野の最新知識を取り込みながらも目的論者であり、摂理主義者だったリンネの著作は、自然神学をその特徴としていました。そして近代生態学、物質主義、機械論といった偶然、必然、中立性に原因を委ねる思想は、一言でいえば俗の世界のものでした。そのため近代生態学の思想が出現するうえで、リンネの思想はあまり好ましいものとはいえませんでした。そうではあっても、リンネの業績が重要なものだったことは誰にも否定できません。この偉大な博物学者は、創生期の生態学において確固たる位置づけを与えられています。その理由は、リンネが二名法の使用を一般化することによって、生物種を正確かつ実用的な方法で命名したからです。もしリンネが存在しなければ、生態学者たちは自分の研究する生態系で生息する生物たちに包括的な方法で名前をつけることができなかったでしょう。

　こうした別の読み方は、おそらくホワイトの仕事にも当てはめることができます。事実ホワイトにあっては、生物どうしを結びつけている生態学的な関係性やバランスこそが神の本質でした。そういった関係性や均衡は、神の並はずれた創造力を示すもので、神は人間にとって最も都合の良い自然の配置を実現したのです。ところが自然についてのこうした人間中心主義の考え方には、唯一の例外がありました。それは害虫や害獣です。事実ホワイトにとっては、

その存在理由を説明できない昆虫がいくつかありました。彼はそんな場合、害虫の撲滅に手を貸す目的で「摂理」をもちだすのは当然のことと考えていたのです。

　ホワイトの『セルボーンの博物誌』は、一種の生態学の前身であるだけでなく、べつのすぐれた点もありました。それが1830年以降、彼が崇拝された理由にもなっています。

　工業化したヴィクトリア朝のイギリスで、ホワイトの著作はいわば「失楽園からのアダムの便り」として、一種のノスタルジーとともに読まれます。セルボーン教区は崇拝の的になりました。人々は自然の消失によって、調和も、平和も、共感も、ことごとく失ってしまったことへの内省にふけろうと、いまは亡き世界の幻影のようなこの地を訪れるようになりました。こうしてホワイトは、人間と自然の関係に調和を取り戻そうとする新しい文学傾向やエコロジスト活動に影響を与えることとなったのです。「人間と自然の関係について、私たちが日頃抱いているようなヴィジョンを創り上げたのは、まぎれもなくホワイトの著書である」。リチャード・メイビーは神話的なベストセラーであり続ける『セルボーンの博物誌』最新版の序文に、いまでもそう書いています。

　ほかの同時代人たちと同様、リンネとホワイトも自然のバランスを説明のつかないものと考えていました。ですから彼らは生態学者でもなければ、科学としてのエコロジーの先駆者でもなかったのです。

　生態学の先駆者は誰なのか。この慎重な考察を要する問いは、こうして依然として残ります。じつは正真正銘の先駆者など、ネス湖の怪物ネッシーさながら、存在しないのではないでしょうか。そしてもし存在するとしたら、生態学の歴史に光を当てたのは、「天才的な予見者」、「進歩的な研究者」、またはエコロジーの「普及者」のうち誰なのでしょうか。いずれにしてもその問いは、一歩間違えば歴史の話ではなく、護教学や神話学となる危うさをはらんでいます。リンネとホワイトの場合、この間違いを犯したら最後、彼らの思想を曲解することにもつながってしまうのです。

# 第4章
## 科学的エコロジーの確立者たち
**Les fondateurs de l'écologie scientifique**

　生態学と呼ばれる近代科学は、1895年にデンマークの植物学者ヴァーミングによって打ち立てられました。ヴァーミングの生態学的植物地理学は、この領域としては最初のもので、19世紀の大きな潮流を形成し、のちに欧米生態学の最初の世代に影響を与える研究プログラムとなりました。生態学的植物地理学の基礎が理解されたのは、アメリカ大陸の赤道地帯を踏査した途方もない探検家や、科学としてのエコロジーの確立に貢献した主な科学者たちの出現以降でした。

　**砂と**沼地からなるマンド島（デンマーク）の景観は、かつての沿岸州のなごりをとどめる島々の一部です。散在する小さな島々が諸島をなすこの地は、ルーテル派教会の牧師の子だったヨハネス・エウゲニウス・ビュロウ・ヴァーミングが幼年期を過ごしたところでした。この諸島は、いまはドイツとデンマークにまたがり、海鳥のための自然保護地になっています。この地の移ろいやすい自然は、やがてヴァーミングが研究することになる植物群落のさまざまな適応形態を観察するのに好都合でした。事実、沿岸生態系の環境は、塩分と風の強さがきわめて特徴的です。
　ヴァーミングは1863年から1866年まで、デンマークの動物学者、P・W・ルントの秘書としてブラジルで過ごします。ヴァーミングはそこで、植物群系[*1]の生理学的研究と、植生のタイプに応じたさまざまな地理的分布の原因調査を行い、ブラジル中央部の植物相研究を始めました。博士論文を書き上げたあとストックホルム大学の植物学教授に任命された彼は、1886年にデンマークへ帰国し、コペンハーゲンへ赴きました。
　ヨーロッパの極地方を何度か旅したヴァーミングは、ブラジルとグリーンランドとでまったく異なる植物相や植生を比較するための素材を入手しまし

た。こうして豊富な経験を蓄えたヴァーミングは、1895年にコペンハーゲンで最初の生態学の本を出版します。これは翌年ドイツ語に訳され、1909年には増補版が『植物の生態学』という題名で英語に訳されました。これによって彼の名は、たちまち知れわたることになります。最初の生態学はこうして植物学分野で始まり、地理学の性質を備えていました。

　事実、ヴァーミングの著書は、19世紀における植物地理学分野の偉大な業績を統合したものでした。したがって彼が打ち立てた研究分野は、「生態学的植物地理学」と呼ぶこともできるでしょう。それは著書の副題にふさわしいものでした。ただし彼の著書は、単なる知識の総和にとどまらない内容をもっていました。ヴァーミングはまた、研究プログラムの基本線も示し、ヨーロッパや北米における最初の世代の生態学者たちに影響を与えました。そして彼らが動物生態学や生物群集を発展させ、やがて生態学の最初の大きな学派を形成するもとになっています。

　こうしたすべての理由から、ヴァーミングを生態学の創始者と考えることは、多くの生態学史家や生態学者が認めるところです。ただし、認識論的にはいくつかの問題が残ります。フランスにおける生態学史の草分けであるパスカル・アコは、この点について次のように熟考を促しています。「科学の研究分野は決して無から生まれてくるものではない。その意味で、科学の研究分野がまったく新しいということはあり得ない」。こうして生態学にあっても、途絶えては続いてきた歴史の難問が提起されます。

　そこで、ヴァーミングの「生態学的植物地理学」が生まれた歴史的、科学的な背景を想像し、その状況の継続性を分析してみましょう。19世紀初頭という時代に、北欧や南米の地域が研究された必然性も、そこからはっきりしてくるのです。

### ヴァーミングの狙い

　ヴァーミングはそれまでの植物地理学者たちと同様、「植物相」と「植生」を区別しました。「植物相[*2]」というのはある地域、またはある国の特徴的な植物種全体を指す言葉です。これは植物相学の領域に属します。これに対し「植生」は、植物の拡がりや景観についての研究で、分類学上の配列は考えず、むしろそれらの外観や、植物種の割合の解釈、群集の形成のしかたを重視しま

す。ある植物地理学者たちによれば、「植物相」に対して「動物相」というアナロジーがあるように、「植生」は動物でいう「集団」（個体群）にあたります。

この植物相学的、相観分類的という2つのアプローチを行った結果、ヴァーミングは植物相学的植物地理学と生態学的植物地理学を分けて考えるに至りました。[*3]

ヴァーミングは1895年の著書に続く第2のアプローチに従って、次のことをめざした研究プログラムの作成に取りかかりました。

・同じ生育環境に集まっている植物種を調べる。
・植物が分布する風景の相観を記述する。
・それぞれの植物種に固有の生育方法と生育環境、また植物群落のなかでそれらがどう集まっているかを調べる。
・なぜ植物群落が特徴のある外観をしているのかつきとめる。
・植物のエコノミーという問題、また環境下で植物が必要とするものを研究する。
・植物がどのようにして環境条件に適応しているのかを探る。

全18章からなるヴァーミングの『植物の生態学』第1部では、生態学的要素とその影響が述べられています。第2部では種間に見られる共生（寄生、相利共生、片利共生）や植物群落が扱われます。ヴァーミングは植物群落について定義し、当時は他の要素に優先すると考えられていた水分の要素をもとに、初めて植物群落の包括的な研究に取り組みました。彼はこうして好水性、好乾性、中温性、塩性のそれぞれの植物群落を、水分・乾燥・気温・環境中の塩分によって分類しました。続く中間部ではべつの包括の仕方として、群落の集合の生態的な連続を扱い、最終部では群落どうしの闘争について述べています。

植物相、植生、植物誌、相観分類、植物群落、そして群落ごとに異なる統合のレベル、さらに環境条件への植物の適応――ヴァーミングの生態学では、こうしたすべてのことが基礎になっています。それは19世紀初頭に確立された植物地理学の分野で明らかになったことで、ヴァーミングはそのうえに自説の体系を築き上げました。ヴァーミングの生態学に関する業績を完全に理解するには、この源流までさかのぼる必要があります。

**デンマークの植物学者、ユーゲン・ヴァーミング**
　およそ1世紀前に生態学を確立し、その研究は欧米で最初の世代の生態学者たちに影響を与えました。(フランス国立自然史博物館中央図書館、パリ)

## 科学の冒険

　生態学史家のジャン=ポール・ドレアージュによれば、19世紀が生態学にもたらした激変のひとつは、ヨーロッパ諸国による世界規模の植民地支配に関係しています。これによって生物の地理的分布が詳しくわかってきたためです。この激変は、どうやって生態学的植物地理学の出現を促したのでしょうか。

　確かにすべてのヨーロッパ列強は、探検計画を奨励し、あと押ししました。それは科学にも、野心的な植民地政策にも貢献する効果があったためです。こうした探検は、その組織、行程、成果もさることながら、とりわけ構想に特徴がありました。フランス革命の最中、18世紀末のパリで企画された探検もそのひとつです。これによって勇名を馳せたのは、アレクサンダー・フォン・フンボルトとエメ・ボンプラン。誰が見ても正反対の気質をもつ2人でした。

　エメ・ボンプランは、ラ・ロシェルで薬剤師や外科医を生み出していた家に、8人兄弟の4番目として生まれました。伝統ある医師家系の期待を担い、ボンプランは医師になるべくパリへ出ます。おそらくボンプランの家族たちは、彼がいわば国境なき医師兼植物学者として、冒険ロマンに富んだ生涯を送るとは夢にも思わなかったでしょう。

　アレクサンダー・フォン・フンボルトは、親仏的なプロイセン貴族としてベルリンに生まれ、気候学、地質学、人類学、植物学、植物地理学、経済学、歴史学、統計学、製図学を研究しました。おそらく最後の万能科学者の1人であり、まさしく「歩く大学」であったフンボルトは、近代の最も偉大な地理学者・探検家として、いまもその名を知られています。彼の著作で最も多いのは私費旅行に関するもので、それらは1805年から1834年にかけてパリで出版された34巻のいわゆる「アメリカ大陸篇」、すなわち『新大陸赤道地方紀行』にまとめられています。

　フランス上流家庭の子息とプロイセン貴族。この2人の稀有な出逢いが、すべてを決定づけました。フンボルトの心をつかんで離さなかった新世界探検が、この出会いによって実を結びます。たび重なる失敗と挫折ののち、フンボルトは最終的に自力で新世界探検の手はずを整えようと決意します。彼は潤沢な財産をその資金に充てますが、スペイン政府から赤道アメリカ海岸到達の許可を得る必要がありました。そこで2人は南ルートを取ることにします。プロイセン国王フリードリヒ・ヴィルヘルムの高官を父にもつ若い男爵との親戚関

**赤道アメリカのアレクサンダー・フォン・フンボルト（左）とエメ・ボンプラン（右）**
　この2人の探検者は、赤道地帯の森林に野営をしました。この油彩画は、探検から50年以上を経た1856年に描かれたもの。研究器具や背景の植物と山岳風景は、フンボルト自身が描いたデッサンをもとに表現されています。（ドイツ科学アカデミー、ベルリン）

　係が幸いして、彼らは最終的にスペイン王カルロス4世からアメリカ大陸入港の公式推薦状を取りつけました。1799年6月5日、2人はピサロに向けてガリシア地方のラ・コローニュ港を発ちます。そして7月16日、カマナ（現在はヴェネズエラの港）で赤道アメリカの地を踏みました。フンボルトはそこに見出した熱帯世界に魅了されつつも、研究の究極目的である「自然の統一性」の調査に取りかかります。調査は植物や化石の収集、天体の観察、「地理的環境が植生や動物に及ぼす影響と自然の力との相互作用」の把握といったプロセスをたどりました。こうして生態学の第1目的は、フンボルトによって形成されます。それは出港前に友人のフライエスレーベンに宛てた手紙にも書かれてい

たことでした。

　フンボルトとボンパールは、じつに多くのものを現地に持ち込みました。それを使って収集、観察、デッサン、計測、実験をすみやかに進めながら、内陸部の平原や森林を踏査して行ったのです。オリノコ川上流から突き出した支流のカシキアレ水路がネグロ川[5]に流れ込み、オリノコ盆地[6]とアマゾン川[7]が分水嶺なしにつながっているのを確認するのが目的でした。電気ウナギの放電やクラレ[8]の効果を身をもって知る道中、彼らはこの特異な地理現象の存在を確認したのです。蚊、ヘビ、ピラニア、ワニなども追跡しましたが、熱帯の暮らしが合っていたというフンボルトとは対照的に、ボンプランはたびたび高熱に倒れました。

　ヨーロッパ人として初めて内陸2500キロメートルの探検を敢行したあと、彼らはアンゴストゥーラの河港、のちのシウダー・ボリーヴァル[9]に到着し、キューバに向けて航海します。現在のコロンビアの港カルタヘナ[10]に着いてからは、マグダレナ川を上ってボゴタのサンタ=フェまで行き、そこに2カ月逗留したあと、アンデス山脈からキトまでのルートをたどりました。ピュラセ火山（4910メートル）への登攀とピチンカ火口（4776メートル）への到達は、当時の世界で最高峰と考えられていたチンボラソ登山（6267メートル）[11]に代表されるような探検のついでに行ったものでは決してありません。唇から血を滴らせ、雪崩に襲われながら、この勇猛果敢な2人の博物学者は、山頂の400メートル手前というところで、クレバス（氷河の割れ目）に行く手を阻まれるのです。

　この行程は冒険であり、しかも発見に富んでいました。その最たるものが南極海に発する寒流の発見です。これはチリの中央部にぶつかり、南米の海岸に沿って北上しながらペルー北部に到達するもので、のちに「フンボルト海流」[12]と名づけられました。そして1804年8月3日、たくさんの収集物を詰めた重いカバンがフランス西南のボルドーに届きます。おびただしい手帳と6000種の植物標本。さまざまな植物種は約4分の1が未知のもので、これこそ並々ならぬ探検の成果を物語っていました。

### 新たな行程

　ここでわれわれは、チンボラソ山踏査の話に戻らなければなりません。フンボルトの関心は、それまで植物学者たちのほとんどが抱いていた関心とは裏

第4章　科学的エコロジーの確立者たち　69

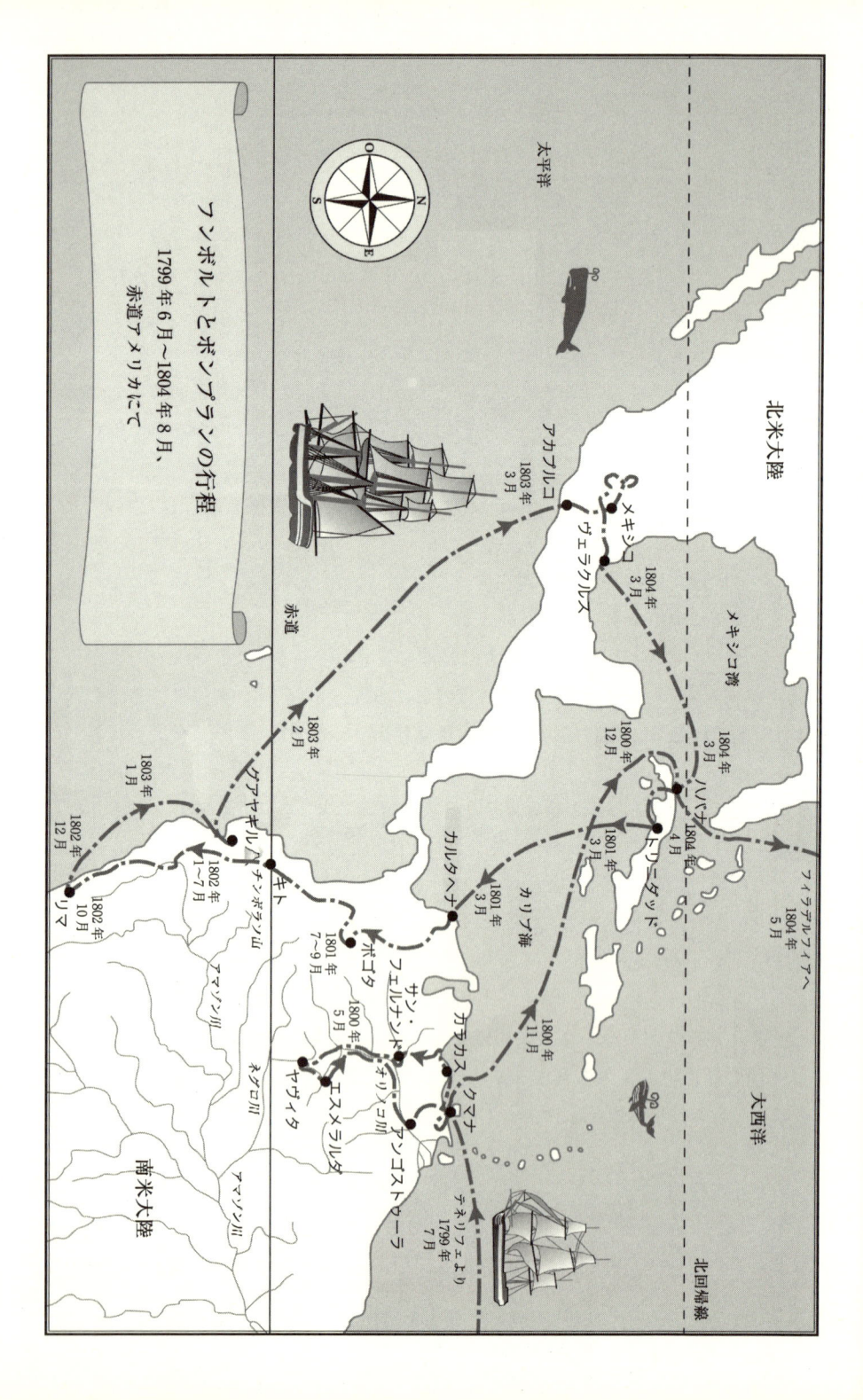

フンボルトとボンプランの行程
1799年6月〜1804年8月、
赤道アメリカにて

腹に、チンボラソ山から始まっているからです。1805 年、フンボルトはこう記しています。

「一般に植物学者の研究は、植物学のごくわずかな対象についておこなわれる。彼らはもっぱら、新種の植物を発見したり、それらの外観的構造、他と違った特徴、同じ綱や科の植物との共通点などについて研究している。(中略)しかし植物の地理的環境を定義するのも、それに劣らず大事なことである。植物地理学はまだ名ばかりの科学分野だが、一般自然科学の重要な部分をなしている。

さまざまな気候の地域における植物群落との関わりにおいて植生を考えるのがこの学問である。その対象は広範囲で、根雪の残る土地から海底まで、さらには仄暗い洞窟まで（そこには隠花植物が生え、そのほとんどはそれを食べる昆虫と同じく名前も知られていない）、植物の途方もない勢力図を描いている」。

近代植物地理学の創始者フンボルトは、このテキストで初めて「孤立または散乱して繁殖する植物」と「アリやミツバチ並みに群れをなして繁殖する植物」を区別しています。植物社会の研究は、生態学の大いなる未来を担っていました。

次ページの絵は、チンボラソ山の高さから描かれたアンデス山脈です。フンボルトが登山の最中に観察した植物の垂直分布が報告されています。この植生の垂直構造は、気温、地質、気圧、湿度といった環境のさまざまな要素によって決まります。フンボルトは高度による動物多様性を表す動物垂直分布を確定することにより、動物地理学の基盤も提供しました。

彼の体系は、やがて多様な用途をもつにいたるひとつのアナロジーにもとづいています。つまり、生物に高度がもたらす影響と緯度がもたらす影響は似通っているのです。ある博物学者が海面の高さから熱帯の山に登ったとすれば、彼は赤道から極点まで旅をしなければ観察できないような、あらゆるタイプの植生の状態と出くわすことになります。概念的なモデルとしては、土台がつながっている 2 つの山を考えることになり、2 つの山頂は南北両極点にあたります。

フンボルトは、地表面の植生分布要因についての研究を系統化することにより、植物地理学の最初の大きな伝統を確立した始祖といえます。ヴァーミングの先駆的な学説も、フンボルトの学説、とくに土地の植物生理学的特徴を示

第 4 章　科学的エコロジーの確立者たち

**アンデス山脈と周辺国の模式図**
　チンボラソ登攀後にフンボルトが描いたもの。熱帯の山に登ったフンボルトは、赤道から極までの旅で出会ったものと同様の植生景観を発見しました。(フランス国立自然史博物館中央図書館蔵)

す「植生型」を参考にしています。
　フンボルトのモデルは、生物に影響を与える要素についての知識が進歩するにつれて変化し、複雑化して行きます。たとえば光周期[13]のようなべつの要素にともなって、高度と緯度の影響は似通ったものにならないことが、いまでは知られています。しかしある熱帯生態学派が、フンボルトの説を基礎とし、近代生態学のデータも取り入れた体系を打ち立てました。それは多くの国で応用され、成果を上げています。

### ド・カンドルの業績

　19世紀初頭には、ジュネーヴ生まれの植物学者だったオーギュスタン・ピラム・ド・カンドルがもうひとつの方式を打ち立てました。彼もやはり植物生

態学に足跡を残しています。

　ド・カンドルはパリで研究者として歩み出し、1805年にラマルクの『フランス植物誌』改訂版を出版して知られるようになります。ド・カンドルの最も重要な著作は、1813年に出版された『植物学の基礎理論』です。モンペリエ大学の植物学教授になったド・カンドルは、ナポレオンの「百日天下」崩壊後の政情不安や、帰郷したくなったことを理由に、1816年にジュネーヴへ戻り、そこでもまた輝かしい業績を挙げます。

　ド・カンドルはヨーロッパの植物を研究し、農業・植物学・環境を関連づけました。彼には植物地理学の首尾一貫した業績こそなかったものの、研究の中心にはいつも植物地理学の分野がありました。彼はその基礎をすでに1805年の改訂版『フランス植物誌』でも説いていましたが、その後1820年には偉大な古生物学者、フレデリック・キュヴィエが編纂した『自然科学事典』に「植物地理学」の題名で原稿を書きます。ド・カンドルはその稿で、植物地理学という分野を「地球の植生分布に関係する事実、およびそこから引き出せる多少とも一般的な法則についての体系的研究」と定義し、次いで気温、日照、水分、土壌、大気など、植生に影響するさまざまな要素を検討しました。彼は特定の植物種に限定される地理的分布を表現するために、医学用語だった〝endémique〟（「風土性の」）という形容詞を導入しました。そうした種はとくに「大陸性の島々」を含む島嶼環境にありました。事実、ボース平野の林地、林間の空き地、市街地の公園などは、「島」と考えることもできるのです。つまり多様な環境の原型となる場所にありながら、孤立して存在するビオトープ[*14]です。この意味で、自然保護地もやはり「島」にたとえられます。

　1820年に発表されたこの基礎論文で、ド・カンドルは生態学の2つの基本概念を導入しています。「スタシオン」と「アビタシオン」です。「スタシオン」は、「それぞれの種がきまった方法で繁殖している地域特性のある自然」を意味します。これに対して「アビタシオン」は、「それぞれの種が自然に繁殖する場所」です。つまり「スタシオン」はとくに気候や土壌と関係し、「アビタシオン」は地理的・地質的な要素に関係します。たとえばサリコルヌの[*15]「スタシオン」は塩水の沼地ですが、「アビタシオン」はヨーロッパということになります。このようにして「アビタシオン」の生態学的な概念が、数多くの「スタシオン」の詳細な調査から生まれました。

この発表の翌年、ド・カンドルは「自然地理学的植物相」の実現に貢献したいと考えていたスイス、フランス、ピエモンテの研究者たちに、ひとつの研究プログラムを提案します。ド・カンドルは、この植物地理学という新しい研究分野こそ「植物と自然地理に関する科学のなかで最も好奇心を刺激し、有用性が高い分野のひとつ」だと彼らに説きました。彼は植物地理学の学際的な性格をとくに強調し、系統学[*16]、植物生理学、物理地理学の知識が不可欠だとしました。植物地理学はさらに農学（農業と園芸）、政治経済学、人文地理学に新しい視野を開くとともに、動物地理学の分野をも開拓しました。動物地理学についていえば、いくつかの理由で植物地理学の方が先行している状況でした。つまり植物は動物ほど種の数が多くはなく、収集・運搬・保存も比較的容易です。経済上・医学上の利点から、動物よりも古くから詳しく知られ、また動物よりも直接に環境条件と結びついています。

　以上をまとめると、まずフンボルトは植物の景観と群生の全体観に基礎を置く植物地理学の相観分類学的伝統を生み出した人物といえます。そしてこの全体観が、植物の繁殖形態と関わっています。ある森林や土地にはそれぞれに特徴的な外観がありますが、いわゆる優占種を知ることによって、その特徴をすっかり見定めることができます。優占種は他の種よりも数が多く、あるいは景観のなかで目を惹きやすいため、その見定めが可能なのです。またド・カンドルは、植物誌の方式のなかで、植物種のできるだけ完全な目録を作成することに関心を抱きました。同じ群集に必ずといっていいほど見られ、その群集を同定する手がかりになる植物種は、よく似たふたつのスタシオンを比較した場合に有用性を発揮します。以上の2つの傾向は、自然のなかに非連続性が存在するという考え方にもとづいていました。

### 学派をなした思想

　19世紀にはこの分野の研究が増えます。すべてがヴァーミングから直接つながるものではないにせよ、結局はヴァーミングの業績を基礎とする植物地理学の伝統が生み出され、豊かに育まれ、たえず新しく見直されることで、ヴァーミングの研究基盤を形成することになります。植物地理学の伝統と生態学の関係をとらえた著作の書き手は、ほかにも何人かいました。

　群生植物の存在に対するフンボルトの観察は、デンマークの植物学者、J・

F・ショウによって1822年に引き継がれます。彼はひとつの分類体系を完成させることにより、植物群落の反復的な性格や、優占種による植物群落の同定を根拠とする植物群落の実在性を擁護しようとしました。ゲッティンゲン[*17]の若き植物学者、オーギュスト・ハインリヒ・ルドルフ・グリーゼバッハは、植物群系あるいは植物地理群系の概念を1838年に創りあげました。一般には、彼の主著は気候区分にしたがって地球の植生を述べたものとされ、それは1872年に出版されています。しかし1838年に書かれた論文では、植物群系の定義の不正確さと含蓄の深さ、そして著者の思考の曖昧さがあい交わるなかにも、しっかりと独自性が現れていました。

　フンボルトの方式を支持していたグリーゼバッハにとって、群系は明確な外観をもった植物の集団であり、この群系は同一または異なる科に属しながらも共通の特徴をもった、1種ないし複数種の優占種によって認識されるものでした。グリーゼバッハは、ほとんど例外なく多年生の草本植物だけからなる高原をその例として取り上げました。

　しかし、自然環境がこうした外観的特徴を生み出す最大の要因は何なのか、それを正確につきとめたいという望みに駆られた彼は、さらに分析を進めます。その結果、気候関連の要素に対して植生が示すおもな適応反応のタイプから、生育形態群を定義することができると考えました。植物地理学は、アルフォンス・ド・カンドルによって気候影響の優越性に再検討が加えられるまで、この方向で研究が進みます。彼は従来欠けていた生理学の見方を生態学に持ち込んだオーギュスタン・ピラム・ド・カンドルの息子であり、その仕事の継承者でした。

　その後、ショウと同じく植物の社会性を研究したグリーゼバッハは、群系の植物誌的構成についても考慮しましたが、それによって研究は複雑さを増しました。ここで覚えておきたいのは、植物誌的とされる植物群系に定義の不明確さがあったこと、またそれが植物社会学を生み出すことになる論議の間接的な理由にもなったことです。

　ただし、グリーゼバッハの理論体系には3つの実際的な弱点がありました。第1に植物の適応を問題にしているとはいえ、植物生理学を考慮に入れたものではなかったこと。第2に歴史的な要素をなおざりにしていたこと。第3に彼は生育形態の数が増えすぎたことへの責任者の1人であり、分類体系をしだい

第4章　科学的エコロジーの確立者たち　75

に利用しにくくしたことです。

　オーストリアの植物学者、アントン・ジョゼフ・ケルナーの場合、逆の順序をたどったように見えます。というのも、彼は先駆者たちがしてきたのとは違い、植物の群集を定義する場合に、それらの生育環境を研究するところから出発せず、自然界に見られる植生の非連続性からスタートしました。いってみれば、彼は植物の群生そのものに集中するため、一時的に環境要素からは目をそらしていたのです。ケルナーが 1863 年に発表した重要な論文は、彼がハンガリーでおこなった数々の調査にもとづいたもので、それまで以上に広いテリトリーを扱ったものでした。彼はハンガリーの低地を次々と調査したあと、ハンガリー、スロヴェニア、チェコ、オーストリアの一部に実際に位置するセクター[*18]を調査しました。すなわちカルパティア山脈であり、ボヘミア、モラヴィア、チロルアルプスの平野にヘルシニアン造山帯の地層が広がっています。

　植物誌的なアプローチを完全に客観化できなかったとはいえ、ケルナーはそれまで困難だった生育形態の外観の体系化を可能にしました。この新たな進展は、環境への注視がなされていないため、一見すると植物地理学の逆説的な形態にすぎないように思われます。しかしそこには、植生の非連続性をなるべく直感に頼らず明らかにするという長所もありました。認識論的に見ると、ケルナーはとても興味深い道しるべです。なぜなら植物集団についての彼の考え方は、20 世紀初頭に構築される植物社会学の分野に入ってくるからです。植物社会学は、植物集団を種構成の基準にもとづいて研究する学問で、このことからも植物誌的な伝統を受け継いだ学問といえます。

　スウェーデンの植物学者、グスタフ・アイナー・デュ・リエッツは、「最小分布域」の手法を使って、ケルナーが植生の非連続性についておこなった以上に客観的な方法を明らかにしました。両大戦間に植物社会学の学派で採用されたこの手法は、植物群落の植物誌的構成についての十分な表現を得るため、統計のサンプルとして必要な最小の地表面を決定するというものでした。

　アルフォンス・ド・カンドルについていえば、彼はグリーゼバッハの体系に不足していた歴史的、生理学的な側面を『今日の植物地理学』(1874 年) で検討しました。

　そのため彼は、「温度と湿度から見た植物の生態」にもとづいて、植物地理の基準を確立するよう提案します。ド・カンドルは 5 つの大きなカテゴリーを

設け、同一の集団に属する条件を規定しました。そして現在と過去におけるそれらの分布を調べ、種の数を数え、集団の特徴を示す科のリストを作成し、環境条件に対する同一タイプの反応の性質を明らかにしました。そして古生物学データと最新の統計データに照らして、その生理学的集団を第3紀の地質年代からのヨーロッパの植物地理に当てはめました。

植物生理学的に見た集団はいずれも地質年代に沿って出現していることを説明するため、ド・カンドルはダーウィンの理論を援用します。しかしド・カンドルの問題提起は、適応のプロセスを研究することではなく、適応した植物の状態を観察することにあったため、この研究プログラムに取り組むうえでダーウィンの信奉者たる必要はありませんでした。

生理学的集団の概念を考え出した結果、ド・カンドルは分類法の問題をたちどころに解決することとなります。実際、それまでのように〝japonico-virginico-maderensiméditerranéen〟の集団などと分類するよりも、「温暖植物」の集団と分類するほうが便利なことは明らかでしょう。しかも生理学的基準は、地理学的基準よりも安定しています。結局、植物の生活型にもとづいて分類を検討することが、植物と環境のあいだの相互作用という生態学の問題を新しく生み出すことにつながります。

この問題は、モンペリエ大学の若い教授だったシャルル・フラオーと、植物学者ガストン・ボニエによって提起されました。2人は植物と気候の関係を研究する目的で、1878年の8月と9月にスカンジナヴィア半島植物調査ミッションの役目を担います。彼らの「観察」の結果、植生のタイプや構成にアルプスやピレネーの気候と極地域の気候が及ぼす影響は、ラマルクの理論と関係のある変移説の理論の枠組みで比較できるようになりました。

最後はヴァーミングよりもすこしあとに現れたストラスブール出身の植物学者、アンドレアス・フランツ・ウィルヘルム・シンパーです。彼は物理的乾燥と生理的乾燥を区別することで、植生生態学の科学的基礎を強化しました。[19]
1898年に出版された著書のなかで、シンパーはそれを次のように説明しています。[20]「下層土が水分を多量に含んでいても、植物がその水を吸収できなければ、その植物にとっては乾燥状態である。一方、まったくの乾燥状態に見える土壌でも、あまり水分を必要としない幾多の植物に対しては、十分な量の水分を供給していることになる」。物理的乾燥と生理的乾燥をこのようにはっきり

と区別した結果は、生態学にとって決定的な事柄でした。これによってヴァーミングの分類が、いきおい見直されたのです。そしてちょうどシンパーの業績が20世紀のエコロジーを切り拓いたように、ヴァーミングの業績は19世紀の植物地理学の最高到達点と見られるようになります。しかし時代の終りと始まりを意味するこの2つの表現には、微妙なニュアンスの違いもあります。じつのところ、最初の世代の生態学者たちに深い痕跡を残したのはヴァーミングでした。

　ヴァーミングとシンパーにより、植物生態学はこれでひとつの学問分野となる見込みが出てきました。こうしてこの分野が研究される時代は幕を開いたのです。同じ頃、ヨーロッパで創出された概念に適応したアメリカの学説が生まれ、独自の路線を展開し始めました。それが動態的生態学です。

　生態学史家は、生理学的方式と植物誌的方式のそれぞれが、この20世紀初頭に形成された科学に与えた影響を議論しています。フランスの場合、植物誌の伝統が早い時期から博物学愛好家たちに痕跡をとどめたようです。この伝統は、植物のインベントリー作成を至上目的とする博物愛好家たちの慣習に合っていたからです。ヨーロッパでそれはついに、植物社会学学派の成功を唱えて第1次世界大戦前の数年間に開催された大規模な国際会議を公に導くこととなります。ただし、生理学的分類は1930年代に提案されたばかりで、現在も受け入れられています。アメリカでは、1920年代から動態的生態学学派が台頭した時期にも、生理学的方式をとどめていました。

## 第5章
## 博物学者と生態学
### Les naturalistes et l'écologie

　生態学史で重要な世紀とされる19世紀から第1次世界大戦期まで、生態学の出現と初期生態学諸学派の組織化に貢献したのが博物学愛好家たちでした。その意味でフランスは以後、それまで二次的な科学研究成果としてのみ位置づけられていたものを生態学史のなかで考慮するようになります。イギリスで博物学が社会現象になったこととすこし比べてみると、この分野の研究における面白い展望が開けてきます。

　1900年5月10日の正午近く、ドゥー・セーヴル植物学会の博物学者たちは、昼食時だけ植物採集の手を休めることにしました。ヴィエンヌ県のシャトー・ラルシェに近い司祭館の付属棟が、野外で贅沢にもてなしたからです。そのときの昼食が2ページにわたって紹介されているこの学会の会報は、1世紀後のいま読んでみるとおかしな内容です。

　春の草むらにテーブルクロスが広げられ、1人ひとりが自分の用意した食べ物をみんなで取れるように並べます。いざ、美食の饗宴の始まりです。「エチケットを心得ている」という健啖家たちが、採れたてタマゴ、トリュフのパイ包み、ソーセージ、ハトのロースト、オマールの缶詰などを広げますが、ナプキンや皿などはまったく用意していません。「食欲をそそる自然に乾杯！　大いに食し、かつ飲もう！」　宴の模様を伝える熱狂的な語り部は、報告書にそう記したあとでこうつけ加えています。「大食こそ美

**博物学会の会報**
　20世紀初めの博物学者たちが、かなり詳細に調査旅行の模様を記しています。懐古趣味の魅力こそあれ、報告書の発行目的にほとんどかなっていないものもあります。

食なり」と――。「赤でも白でも、良いワインなら何でもござれ」とばかり、浴びるほど飲めば、おのずと笑いがはじけます。彼らは午後のあいだじゅう、この調子で過ごしてしまうのです。

　調査旅行について述べた別のくだりでは、リペールという隊長が「凄まじい才気のほとばしりを見せて助手たちを笑い転げさせ」、たった１カ所の小川を渡るあいだにも、その笑いは「せせらぎから奔流に変っていった」と報告されています。午後には教師や主任司祭、自分の地所を博物学者たちに開放する屋敷主たちから林檎酒(シードル)がふるまわれ、喉をうるおすために小休止ということも少なくありませんでした。調査旅行の真に科学的な部分は、こんなありさまで翌日におあずけとなるのです。19世紀にはだんだんと列車が使えるようになり、朝がけも多くなっていました。酒好きたちは、出発前の景気づけになりそうな白ワインを好んだとのことです。博物学者仲間であげる祝杯は、内輪で盛り上がり、親睦を深めこそしましたが、成果はただそれだけでした。

　とてもエコロジーどころではありません！

## 19世紀の学術団体

　しかしもう少し考えてみましょう。学会誌の執筆者や責任者が、科学の報告書に載せるにはふさわしくないと思えるこうした記述を見咎めなかったのは、どんな動機からでしょうか。

　1900年５月に豪勢な食事について書いた編集人は、こう弁明しています。「どうしても実証したいことがある。（中略）フランスの昔ながらの楽しみが、まだ廃れてはいないことである」。べつの１人はこう記します。「貧血ぎみの娘たちよ。去勢されたる青年よ。萎(しお)たれて蒼白い幽霊のごとき諸君も、自然や健康を求めるならばぜひ当会へ――」。まるでアウトドアですごす休暇の良さを説く観光パンフレットです。

　事実、それは宣伝文句でした。わずかな補助金と、ごく稀に入ってくる贈与金や遺贈財産しかない学会は、それを補う会費を集めなければ、とうてい立ち行かなかったのです。十分な数のメンバーを維持することは欠かせません。たとえ参加者全員が博物学者でないとしても、まして博物学者のタマゴですらないとしても、そこではたいした問題にはならないのです。グルメやスポーツや旅行といった別の関心に訴え、バルザック文学のような厳粛さとは似ても似

つかぬ学会で社交が楽しめる、と宣伝することにこそ意味があったわけです。

そういうわけで、せっかく報告書の大部分が真面目な記述で占められていても、読者の関心を惹きやすいグルメツアーのような散策譚ですっかり信用を落とした団体もありました。たとえば合唱サークルのような、学術目的でない団体との区別がつかなくなるおそれもあったのです。

実際、研究にいそしむ人もいる一方で、一種の社交の輪を楽しんだり、決まりきった日常から逃避したりするために入会する人々もいました。博物学会は、もはやレジャー団体並みの雰囲気もかもし出していました。

では19世紀の博物学会には、どのような特徴があったのでしょうか。

フランスでは、フランス革命から第1次世界大戦までのあいだに約1000団体の学会が創設されています。ただし学術的な特徴をもっていたかどうかは、検討の余地があります。学会が実際の調査研究にもとづく会員の論文を発表していたところから、これらが学術団体だった可能性はあります。

こうした学会のうち、約350団体は科学（数学、物理学、化学、生命・地球学）、それもおしなべて複数の領域にまたがる分野を関心対象としていました。名称はさまざま（フィロマティーク、ポリマティーク、フィロテクニークなど）でしたが、こうした学会は、19世紀にさかんに組織化された専門分野で研究するようになった博物学者たちを惹きつけたのです。

明らかに博物学の名称をもつ団体（リンネ、博物学、植物学、自然科学、博物学者、菌類などの名を含む団体）は、350のうちせいぜい2割といったところです。これらのネットワークは規模こそさまざまですが、パリ全体に拡がり、配布・交換される報告書のおかげで地方にも拡大しました。地方の博物学者は、科学アカデミー[*1]や自然史博物館などの施設があるパリの研究者との大きな隔たりを感じていました。この隔たり感は、中央の学会にとっても同じことです。ただ、地方で定期的に開催される調査旅行、とくにフランス植物学会や菌類学会のものは、地方の博物学者を巻き込んで展開され、見るべきものがありました。

また、地方の学術界は複雑なしくみがあり、プロの学者が参加している場合もあれば、外国人研究者も含むれっきとした学会にアマチュアが参加している場合もあります。では、アマチュアとプロフェッショナルをどう区別すればいいでしょうか。

趣味で学識を身につけ、一般に「ディレッタント」と称される愛好家たちは、ともかく有給で科学的活動を実践しているわけではありません。それなら彼らとプロフェッショナルとを分かつのは、組織、報酬、学問経験、コミュニケーション手段、理論の注釈体系、調査プログラム、興味の中心、交流ネットワーク、社会的地位、協会への帰属といったことなのでしょうか。あるいは単に、ヨーロッパのどの中心都市からも離れているということだけなのでしょうか。

　デイヴィス・エリストン・アレンは、注目すべき作品『イギリスの博物学者』のなかで、19世紀博物学の主要人物の多くが、科学の実践とは何の関係もない職業、たとえば金融セクターの仕事に就いて「糊口をしのいでいた」と書いています。ですからアレンは、アマチュアとプロを区別するうえで収入源が基準になるとは考えません。むしろ彼は、能力水準を重視しました。能力さえあれば、たとえロンドンを遠く離れた州の名もない博物学愛好家であれ、立派なプロフェッショナルになれるからです。

　イギリスの状況がフランスとだいぶ違っていたことは、ここではっきりさせておく必要があるでしょう。歴史学者のセリ・クロスリーは、イギリス（すなわち当時の最たる列強国家）を「反フランス勢力」と考える対英イデオロギーの形成に、19世紀のミシュレが果たした役割を振り返っています。ミシュレは、フランスに対抗するイギリスの絶大な力を疑ってかかりました。彼の辛辣な「イギリス嫌い」は、歴史的な問題に関する主張や、彼自身のイギリス旅行がもとになっています。とはいえ、同じく19世紀フランスで、一種の「イギリスびいき」の勢力が台頭したことも忘れるわけにはいきません。

　科学の領域でも、イギリスとフランスの違いは明白でした。簡単にいえば18世紀は、フランス合理主義（デカルト、パスカルなど）とイギリス経験主義（ハーヴェー、ニュートンなど）が、学術界でも明らかに異なる2大流派を形成していました。この差は政治的、宗教的、制度的な違いを背景とするものです。

　ほかにもあるイギリスの伝統的側面のうち、イギリスで博物学がフランスよりも早い時期からプロフェッショナル化し、組織化していったプロセスは注目されます。イギリスがダーウィニズムを素早く、深く受け入れたことは、生物学の決定的な変化につながりました。「生物学」という言葉は、1802年にトレヴィラヌスやラマルクが科学の分野に導入したものですが、ダーウィニズムによる革新によって、次第に博物学とは違った独立的な分野になっていきま

## 博物学者たちの19世紀

次の2つの植物調査旅行は、同じ植物学会が73年間を隔てて開催したものです。

1912年6月6日、ドゥー・セーヴル植物学会がサン・フォール・シュル・ル・ネ(シャラント県)で開催した調査旅行。地面に立って横顔を見せているのが理事長のバプティスト・スーシェ。かの有名な緑色の胴乱を誇らしげに携えています。1913年のドゥー・セーヴル植物学会会報より。(写真はサントル・ウェスト植物学会レミー・ドナス理事長の許可による複製)

サントル・ウェスト植物学会が1985年にリムザンで開催した第12回の特別会合。

す。生物学のプロフェッショナル化は、18世紀以降ほとんど旧態依然だった博物学との訣別をもたらしたのです。しかしイギリスの博物学愛好家たちは、フランスの博物学愛好家たちよりも明確に、19世紀の生物学の発展を後押ししました。一方、研究者の組織が小規模化したことで、アマチュアとプロフェッショナルの関わりは強まり、博物学会の数も増えました。

フランスの自然科学——当時はむしろ自然史[*2]と呼ばれていました——に特有の状況があったかといえば、イギリスほどはっきりしていません。19世紀、コレージュ[*3]やリセ[*4]の課程に遅ればせながら入ってきた自然科学分野でも、プロとアマの境界がじつに不明瞭でした。大学でも、本当の科学教育がなされるようになったのは19世紀末からだったのです。

### アマチュアからプロフェッショナルへ

言い換えるなら、博物学の分野では、独学の研究者でもレベルの高い学識水準に到達することが可能でした。あるいは彼らが科学の進歩に貢献したいという希望を抱き、この最高に人気のあった学問の喜びを得ることもできました。事実、博物学は物理学や化学といったほかの科学の原理よりも取っ付きやすく、乏しい研究設備でもできる学問と見られていました。ただし、そう言い切れるかどうかは微妙なところです。確かに博物学はさまざまな方法で実践でき、博物学者は多少なりとも専門的な用語を使っていれば、「蚊帳の外」に置かれることもなく、ほかの博物学者とコミュニケーションができます。しかし物理学者や化学者とは違って、博物学者の限界は、研究室、標本棚、博物館、図書館といった場所以外にありました。

フランスでは、19世紀の終盤にできた農学研究所、植生生物学研究所、動物学研究所の創設・管理・運営に博物学会が関わっています。実験科学を根づかせるのは難しいことでしたが、ドイツにはすでにしっかりした研究の中枢がいくつかありました。

Jean-François Beauvais / SBCO

愛好家による植物採集　地方の植物学会に所属するか、プロの植物学者として学術会とつながりをもつか。19世紀にはその2つの立場にはっきりした区別がなく、互いに入り乱れていました。

こうした成り行きは、ある部分で19世紀末の論調にもとづく、古典的な分析にはまだ逆行するものでした。科学的、政治的、戦略的な理由で、普仏戦争（1870年）後は自然科学を実験室でおこなったり、周辺ヨーロッパ諸国、とくにドイツから見た科学分野のイメージ低下につながる愛好家の団体を排除したりするようになり、それによってプロフェッショナル化を打ち出したほうがよいとされるようになったのです。

　実際のところ、地方の研究センターには、認証された研究の手立てがありませんでした。博物学者も多くの研究経験を積むことはできなかったので、研究所の真新しい技術を習得する必要がありました。そこで20世紀の初頭に「フランス中西部植物学会」が創設され、ポワティエ大学付属モロッコ植生生物学研究所の組織に参画します。さらに注目されるのは、アルカシオン動物学研究所のケースです。同研究所は、19世紀末までボルドー大学から独立して運営されていた地方学会によって、1867年に創設されました。この期間、同研究所は生理学と電子生理学で注目すべき業績を上げ、それらの研究分野の飛躍的発展をもたらしました。

　博物学者が研究所に入って仕事をすることは、イギリスでも19世紀末から始まっています。一部は研究所で培われ、多少ともプロフェッショナルなレベルの能力を要するさまざまな新しい方法を、イギリスの博物学者も実践できるようになったのです。前出のD・E・アレンによれば、こうして個人の博物収集家たちの仕事が、生物学との新たな融合の歴史のなかで意義をもつことになります。

　この融合は1928年、イギリス生態学会によってなされました。同学会の創設は1913年4月12日にさかのぼります。イギリス生態学会は、それまで目的を見失っていた2つの分野を統合する意向を明らかにした『イギリスの生物学的植物相』という題名で、きわめて重要な報告書を発表しました。

　植生生態学は、20世紀初頭における概念の段階からして、すでにフランスとイギリスの対立がはっきりしていました。植生研究の発展を導いたのは、とくにウィリアム・スミスとロバート・スミスというスコットランド人兄弟の功績でした。2人はモンペリエ滞在後、植物地理学の研究を続けました。ただし彼らについて特筆すべきことは、パトリック・ゲッデスとアルシー・トムソンを指導したことです。ゲッデスは人間生態学の原型を作ろうとした生物学者で

す。またトムソンにとって、静態(statique)の観点から植物群落について考察していたヨーロッパ生態学の概念は承認できないものでした。当時、植物群落の遷移(succession)について研究していたアメリカの生態学こそが、彼の考え方にかなっていたのです。

　生態学の制度化(インスティテューション化)という時期が20世紀の幕開けとともにスタートするまで、生態学はどこにでもあり、かつどこにもなしといった状況でした。まさにそのことが理由で、生態学の起源をさかのぼろうとすると、社会学や地理学といった科学、果ては法制度の領域までが顔を出すことになるのです。

　こうして19世紀の研究者たちによる交流や研究のあり方を分析しているうちに、筆者は彼らの報告書に科学的な興味を覚え、学会の歴史と生態学史の中間的アプローチをしてみました。その結果はかつてない驚くべきものでした。地方の博物学者たちは、1820年代に生態学確立者たちの考え方を適用し、19世紀末に最初の学派を作り上げていたのです。「フランス流」と彼らのいうこの生態学は、すでに知られていた体制の枠外にできたものです。というのもこの学派の大部分は、良くてもせいぜい科学の補助、悪くすれば時代遅れな研究方式の最後の砦としか見なされなかった学会のネットワークを支援するものだったからです。


### 植物園を支えた人々

　それでも、長いあいだ過小評価されてきた地方博物学者たちの力は、地域のさまざまな領域で発揮されました。この分野の認識は、それぞれの地方気質を特色とする生態学の現れ方を理解するうえで不可欠のものでした。この気質の違いは、膨大な数の学派が出現していること、またそうした学派のあいだで用語・分類法・手法・考え方を共通のものにしたり、せめて置き換え可能なものにすることがきわめて難しかったということにも、はっきりと表れています。

　自然環境は、博物学者が伝統的に好んできた分野です。しかし植物園や博物館、ときには研究室でさえも、すでに見てきた学派と同様、一般には地域でその学識を培ったり、身につけたりしてきた碩学の長たちによって支えられています。そうした人々は、ひとつあるいは複数の学会に所属していることを誇

示します。そして地域の子どもたちのしつけや宗教教育をする人々もあれば、医師や薬剤師や役人、または市長、地方議員、博物館・図書館・植物園の管理員といった肩書きをもつ人々もいました。

博物学者が利用する施設として重要な植物園は、生態学の実践がどのように進歩してきたかを示しています。

ルネサンス期に造園された最初の植物園は、医療に役立つ植物種、つまり薬草を集めたものでしたが、その後はイギリスで起った「造園革命」をきっかけに、植物園が著しく進歩しました。19世紀になると地方でも発達し、大学のあるすべての都市に植物園が設置されるようになりました。地方の植物園は、植民地の植物園を通じてヨーロッパの外にまで拡がっていた植物園の巨大ネットワークの一部を担っていました。

Avec l'aimable autorisation de P. -J. Labourg

**アルカシオン動物学研究所**
もとは博物学愛好家たちによって創設され、運営されていた科学研究所です。

パリではこうした植物園の一部が、園芸の実験や、馴化・接木・雑種形成[*10]などの試験に利用されることも多かった一方、しばしば「エコール」と呼ばれる、一定の分類法で植物を分類しながら入念に管理される見本林[*11]になることもありました。さらにトゥルヌフォール、リンネ、ジュシュー、アルフォンス・ド・カンドルの体系による植物園の並存も可能でした。しかしいくつかの学会のイニシアティブによって、植物園ではその地域における植物種の地理的分布も考慮されるようになります。こうした植物園の飛躍的な伸長は、19世紀後半に見られました。ボルドーの王立科学文学芸術アカデミーは、地域の植物地理学に関する一種の概論を著し、庭園の考え方について定義しました。またドゥー=セーヴル植物学会は、ニオール[*12]の中央に植物地理学タイプの植物園を設け、18年間管理しました。ニオール植物園は、ドゥー・セーヴル県古来の植物を市町村別に押し花標本で展示しているのが特長でした。ベジエ自然科学学会[*13]の場合は、さらにその上をいきます。この学会は、外来種をもたない植物園と動物園を構想し、フランス地中海の気候で生育する同地域の生物種だけを展示しました。環境条件の考慮をさらに一歩進めた取り組みとして、クレルモン・フェラン[*14]の植物園管理を委託されていたクレルモン・フェラン学士院では、さまざまなタイプの土壌で育つことを特徴とする植物を集め、べつべつの

花壇で展示しようと提案しました。それぞれの土には、各土壌の代表地域から運んできたものを使っていました。この植物園は、植物と環境の関係性が重要だと説いていたので、まさに生態学的植物園ということになります。この意味のモデルとして、よく引き合いに出されるのが高山植物園です。そこでは植物のさまざまな性質、またその植物が適応する土地や土壌にしたがって、植物と環境要素の両方を扱っています。1904年8月17日と18日にスイスで開かれた第1回国際高山植物会議では、23カ所の高山植物園を創設することが決まりました。なかでもロタレー植物園[*15]とエグアル植物園は注目されます。

　こうした生態学的植物園ができたことで、博物学者は数世紀の伝統をもつ植物地理学の概念の枠内で研究を進めながら、植物と環境の関わりを明らかにしたり、調査したりすることが可能になり、植生生態学の創出に寄与することとなったのです。これは学派が貢献したエコロジーの分野です。

### 博物学の諸学派

　植物社会学派は、植物学者、生態学者、生態学史家のあいだでよく知られています。しかしこれは地中海地域に前例があり、当時はべつの実践と考え方にもとづく異なった学派でした。

　この最初の植物社会学派は、複数の学会で採択された研究プログラムを提案した植物学者を中心として、1860年代に生まれました。彼らは、ある県や市町村や区についてできるかぎり網羅的な植物種の目録を作り上げるという、いわば行政的な見方に重点を置く伝統的な植物誌のアプローチと訣別しました。地域に定住している植物学者にとっては、伝統的手法があれば間に合います。彼らはたいがい、どの植物種がどこに生育するかを特定しやすい、自分たちになじみの深い一区域を調査します。地域の植物誌的研究では、このようにして植物とその生育場所、そして発見した種に自分の名をつけた植物学者の目録が提示されました。この点は、誰が最初に発見したかをめぐる、果てしない揉めごとにつながることもありました。それは個人のエゴを満たすだけの議論で、植物学にとっては何の進歩にもつながりません。同一の植物種に10人くらいの発見者が「寄与」したとされる場合も稀ではなかったのです。彼らが最初にその植物を見たというのは、ひとつの県内にある10カ所の異なる市町村においてだったというだけのことです。

これに対して新しい学派は、もちろん行政区画を度外視して植物種の生育範囲を決定します。この決定は研究プログラムの一環でした。それによって植物学者が植物と環境（気候、土壌、地形など）の関係を探求できるので、これは生態学的な研究プログラムといえます。

　ところが、その両者の妥協点が、地中海学派によって提案されました。これは県境の内側に、自然による下位区分を見出そうとするものです。1862年、ジャン＝アンリ・ディシトン・ド・ガゼル・ラランベルグは、『タルン県の植物地理に関する試論』を発表し、タルン県を地形と土壌の性質によって分割しました。こうした研究を嚆矢と見なすなら、ドミニーク・クロ博士の論文も一派をなします。クロ博士は、カルカソンヌの西からタルン県の南にいたる地中海植生の自然境界線を決定するため、どこからどこまでの土地で植物種が次第に失われているのかを追跡してみようと提案しました。この独自の取り組みはカルカソンヌ芸術科学協会で1870年から採用され、地形学と地理学にもとづいた区画を導きます。地域に最も影響を与えるのは気候であると仮定し、植生によって区画を決定したのです。植物に影響を与える要素を特定し、それを階層化することは、生態学的な取り組み——より正確にいえば、個生態学的な取り組み——で、植物地理学的な意味での植物群落が定義され始める以前の最も重要なものでした。

　同じ頃、H・ロレとA・バランドンは、著書『モンペリエの植物相』の序文で、エロー県の３つの自然区域（沿岸区域、山岳区域、オリーブ繁殖区域）を対象とする生態学研究プログラムを定義しました。フランス地中海地域の植生区域を決定するうえで、オリーブ繁殖区域の境界がまだ考慮されていたことに注意しておきましょう。

　ベジエ自然科学学会に属するある植物学グループが、この研究プログラムと研究手法を採用し、オード県の科学学会も1889年の設立と同時にそれを採用しました。博物学者たちは、オードとコルビエールの盆地を研究するため、この両地域を10の自然区域に分割し、さらに小郡にもとづいてそれらの区域を分割しました。これによって、目録が早く作成できるようになり、中央管理も可能になりました。1870年から1890年まで、10名ほどの執筆者が集まって作成した学会報告書のなかで、こうした研究が定期的に発表されました。ただしそれらは地域全体を総括する内容ではありませんでした。

### フラオーの試み

　このように分散していた研究を統合したのは、シャルル・フラオーだったといっていいでしょう。モンペリエ大学の植物学教授であり、国際的な植物地理学者だった彼は、地中海地域をフランス全体に汎用できるモデルとして扱おうと計画しました。その計画は、植生分布図を作るためにフィールドワークの方法を試みるというもので、まさに生態学的な取り組みでした。彼はこの計画のために、行政区分で境界を設ける習慣を捨て去る必要があると考えます。行政区分こそ命取りというわけです。実際フラオーは、地元の植物学者によって刊行された著書の序文で、地中海学派の採用した妥協策を痛烈に批判しました。好戦的だった彼は、地中海地域で開かれたフランス植物学会の地方部会に口出しをしたほどです。彼は1888年にナルボンヌで、1891年にコリュールで、1891年にバルスロネットで、1899年にイエールで、こうした示威運動を行っています。

　成果はひとまず上々でした。カルカソンヌ芸術科学協会は、カルカソンヌの有名な植物学者、バイシェール神父の呼びかけにより、県境を放棄して自然境界を引こうと宣言しました。そしてこの協会で最も活動的だった植物学者たちは、植生に影響する可能性のあるすべての要素（地理学、物理学、化学、地形学、気候学、古気候学、人類学などの要素）の研究に取り組んだのです。オード県科学学会の場合、汎存種（広汎に分布している種）を取り上げないよう奨励するフラオーのプログラムに、250人の会員のうち約50人の植物学者が集まりました。ただしこのプログラムは、逆に地方種（地理的に離れていたり、限定されていたりする種）の研究や、よそにあってその土地にはない種の研究をおこなう場合には、さしたる植物地理学的価値はありませんでした。そのため、彼はどうにかして地域の自然区分を決定し、自然区分の拡大や縮小によって別々になった区域を確認したいと考えました。

　フラオーのプログラムが始まったことで、従来の植物学者に稀少と見なされてきた植物のリストよりも、地域内に共通する植物のリストの方が、地中海地域にしか見られない植物については関心を呼ぶようになりました。さらに、植物を余すところなく収集した統計的カタログだけでは、植物群落と環境のかかわりを明らかにしたことにはならないので、ある村の植物種リストを作るよ

りも、砂丘や塩田の植物群落を特定することの方が、植物地理学者たちの興味を惹くようになりました。フラオーは植物学者たちに対し、植物群落に含まれる一連の植物種について述べたければ、たいていは何か特徴的な植物種の名前を挙げるだけで十分だと主張しました。こうしてフラオーは、「植物群落の研究は、植物地理学者にとっての基本になった」と、1908 年にできたヴァール県の植物目録序文に書いています。

　フラオーが現れる以前の地中海学派の実績を評価することは困難です。フラオーは、地中海学派の総合性の欠如という弱点を示す多くの材料を残しました。ただし 1890 年に始まったフラオー学派についていえば、結局、フラオー自身が期待していたほど多くの植物学者を集める結果にはなりませんでした。

　地方の博物学者は、自分たちが慣らされてきたいわゆる「研究の首都集中」に対して、同時代のイギリスで博物学者たちが見せたような抵抗を見せたのでしょうか。いずれにしてもフラオーは、地方の学会が形成していたネットワークによる抵抗を過小評価していました。地方の学会は、すっかり当時の問題としてとらえられていた生態学の概念を取り込みながらも、独立性を保つことにこだわり、彼らの身の証しであるとともに地方の状況にすっかり馴染んでいた博物学の経験にこだわりました。フラオーは、フランス革命以来受け継がれてきた区画に博物学者たちが抱いていた執着を強いて考慮することもせず、小さな「地元地区」として括ってしまうことで、彼らの好奇心を制限しました。

　第 1 次世界大戦前、フラオーはその野心的な地図作製プログラムを遂行困難と判断しますが、その理由は地方の支持を欠いていたことだけではありませんでした。実際、1913 年には、植物地理学会とは異なる理念にもとづく植物社会学派の設立者による論文が発表され、もうひとつの分裂をきたしつつありました。論文はまだ無名だった 2 人の人物、エルンスト・フュレと、のちにジョシア・ブラウン=ブランケの名で知られるジョシア・ブラウンによって編集されました。

　こうして、シャルル・フラオーの出現により、また大規模な国際植物学会（1900 年パリ、1905 年ウィーン、1910 年ブリュッセル）の開催により、地方でも生態学の制度化時代が始まる以前に、諸学会は博物学者を欠いたまま最初の生態学派を組織しました。その学派の代表的な業績は、1920 年代の生態学者たちによるものでした。すなわち、1922 年にピエール・アロルジュが『ヴェク

サン地方の植物群落』を、1925年にマルセル・ドニが『フォンテーヌブローの沼の植生に関する試論』を、1926年にアンドレ・リュケが『オーベルニュの植物地理に関する試論』を発表しました。

地中海以外の地域にも、個々の地域の状況をもとにそれぞれの学派ができました。第1次世界大戦前に、アメリカ生態学の概念を導入した西フランス学派があったナント地方も、そうした地域のひとつでした。

### イギリスの場合

イギリスでも同様に、自然境界線と地図作成上の区分について問題がもちあがります。しかし生態学的な問題は、フランスよりも早い時期に生じ、より大きな成果につながっていたようです。金融の仕事をしながら博物学者をしていたウィリアム・ブランドは、1838年、当時存在していた伯爵領にもとづいて、川の流域による境界も反映するようにイギリス諸島の42区域を区分します。これでひとつの植物種があるかないかは簡単にわかるようになりました。スコットランドの博物学者であり、それよりも海洋生物学の専門家として知られるエドワード・フォーブズは、『イギリスの植物群落』でこれらの区域をひとつの地図に収め、動物種であれ植物種であれ、すべての生物種の分布がこの基本図上に便利な方法で表せるようにしました。複数の博物学者たちから意見を募る期間を経て、1842年には最終的な形式が採用されます。植物分布と植物地形図の研究をしていたH・C・ワトソンは、ブランドやフォーブズの研究を知ることなく、グレート・ブリテン島を主要な河川に沿って18区域に区分した地図を考案します。これらの地図には、最終的には有病率も付されます。1873年と1874年に『地形図による植物学』という書名で発表されたこの体系には、112の準伯爵領に区分された18の区域が掲載されています。

フランスの博物学者たちが村や県のレベルで行なったように、種の分布の大きな区分を明確にすることにより、その後はこの方式によって、誰でも準伯爵領の規模から始めて植物地図や動物地図の作成作業に取り組めるようになりました。そのため、まったく無名の博物学者でも、突然必要な存在になります。この取り組みは、やがて大きな刊行の動きにつながり、1935年にエコシステムの概念を創出したタンスレーは『イギリス諸島とその植生』（1939年）を著し、1938年から1941年までにウィザビー、ジョーダン、タイスハー

スト、タッカーは共著『イギリス鳥類ハンドブック』を著しました。イギリスで多数の学会員を集め、研究の首都集中化がもっとも早く行われたのも鳥類学でした。鳥の地理的分布と植物群落とを関係づける最初の試みは、20世紀初めに行われます。初の試論は1914年に『ブリティッシュ・バード』誌に発表されたS・E・ブロックのものでした。彼はこの研究を続け、1921年には『スコティッシュ・ナチュラリスト』誌で報告を行いました。しかし彼は、植物学的な側面を扱いすぎたため、鳥類学者たちの注意を惹くことができませんでした。同じことは1920年代に研究を行ったW・H・ソープにもいえるでしょう。こうした歩みは、両大戦間に生態学が見せた群集研究（植物群落と動物群集）の著しい進歩を知らしめることとなりましたが、「旧派」である植物生態学と「新派」である動物生態学とのあいだで考えが交換されるようになるには、1927年に動物生態学の基礎を築いたチャールズ・エルトンの研究を待たねばなりませんでした。

　イギリスの博物学者のなかには、成果を上げた業績が首都に集中したり、階層化したりすることに反対の人々もいましたが、これは効果を上げました。きわめて独立的な研究者たちは、こうした進展の仕方に、自分たちの研究が一種隷属状態にあるのを見て取りました。歴史に名を残すこととなる幾人かの研究者による功績に、彼らの研究が埋もれてしまうことになるのです。すでに見てきたように、こうした危惧はフランスにもあり、とりわけ博物学者が無償の専門家や現場技術者としての要請を大学関係者から受けた場合、地中海地域以外でもその懸念が見られました。コスト神父の著書『フランスの植物相』に寄せた序文で、主な協力者への謝辞を記したシャルル・フラオーの細かな気配りは、すべての著者が示したわけではなかったのです。イギリス生まれでナントに育ち、もっとも数少ない業績でより多くの尊敬を集めた植物学者ジェイムズ・ロイドの場合、『西部フランスの植物相』（1844年）のなかで引用した植物学者が97人もいます。アレクサンダー・ボローは『中部フランスの植物相』（1840年）で72名、その兄弟のエリボー・ジョセフは『オーヴェルニュの植物相』（1915年）で34名を引用しました。

**自然保護主義者ではなかった博物学者**
　自然保護についていえば、19世紀フランスの博物学者の大半は、イギリス

**現在の鳥類学者**

もうだいぶ前から、銃は使わなくなりました。「獲物に目がくらむ」ことのなくなった植物学者たちと同様、鳥類学者たちも生態系に与える影響を最小化するよう努力しています。

の博物学者と同様、研究のためには多少の犠牲もやむを得ないと考えていました。イギリスの鳥類学者は、銃をもってイギリスの田舎を渉猟(しょうりょう)しました。イギリスやフランスの昆虫学者は、よくできた罠で昆虫を生け捕り、薬で殺して虫ピンで止めます。植物学者は無数の採集植物を2種類のサイズで保存し、稀少種を自慢にしました。

　実際、ある生物種が消滅する危険を当時すでに感じ取っていた収集家など、ほとんどいませんでした。写真がまだあまり進歩していなかった当時、たった1枚の植物デッサンや精緻な記録のかわりに写真を用いた初期の実際的な博物学者たちは、立派だったというよりほかありません。ただしイギリスでは、動物への虐待行為を防ごうとする団体の活動がありました。それはのちにクエーカー教徒や福音主義者の活動へと受け継がれ、一部の博物学者たちの活動を取りやめさせることになります。ヨークシャー県を野鳥のサンクチュアリに変えるまで、猟銃への反対をやめなかったチャールズ・ウォータートンもそのひとりです。動物界、植物界というふうに、生物の領域によって異なる行動を取った人々もいました。押し花標本の収集家であり、教育上の理由からその普及の支援者でもあったリムザン地方の植物学者は、動物種については保護するよう

子どもたちに教育していたのです。

　結局のところ、いまも存在する博物学者の活動について、すべての要素を把握するのはとても困難です。伝統的に見て、19世紀の博物学者たちは薬剤師、医師、教育者、聖職者、役人など、いずれも土地では名のある人でした。その彼らが、イギリスから興った産業革命によって生み出される新しい社会階層の一部に取り込まれます。20世紀初頭の博物学者は、大学教員、研究室の研究者、それに学会・科学アカデミー・王立協会・英国生態学会の会員でした。出身や学会とのかかわり方はさまざまで、そのため博物学者は職業的、文化的、社会的に見てさまざまな顔をもつことになりました。

　イギリスとフランスで、こうした人々は程度の差こそあれ、博物学、生物学、植物地理学、生態学の発展に寄与しました。

　20世紀初頭、この人々のなかから、D・E・アレンが「新博物学者」と呼ぶ人々が出てきました。彼らは古代の科学にふたたび意味を与える新しい科学の実践を採用しました。生物学と博物学のあいだで完全に済んだと考えられていた分裂が、一種の再統合に向かうのもこの時期でした。ただし両者の関係は、フランスにおけるよりもイギリスにおける方が緊密であるようです。

# 第6章
## 用語としてのエコロジー
### L'écologie par les mots

　エコロジーという言葉は、広い意味のドイツ文化圏に関わりのある研究者たちによって、19世紀に生み出されました。それはエコロジーという科学研究の基礎となった初期の用語群を構成する言葉と同様です。ある言葉を造語することと、それを採用することとでは、大きく隔たる場合があります。また用語の創始者が、自ら定義した学問の中身を作り込むことにあまり関与しない場合もあります。こうして用語としてのエコロジーは、科学史に微妙な味わいを添えるパラドクスのひとつになっています。

　1866年、ダーウィニズムの信奉者だったドイツ人博物学者エルンスト・ヘッケルは、ギリシア語で家を意味する「オイコス」と、学問を表す「ロゴス」を合わせて「エコロジー」という造語を生み出しました。その意味は、「生物どうし、および生物と外界のさまざまな関係についての科学」です。1868年のべつの定義では、自然の摂理を説くリンネ学派の伝統と結びつき、さらに生物の地理的分布を研究するところから、生物地理学とも関係づけられました。

　ヘッケルは幼い頃から植物学に強い興味をもち、バイエルン州のヴュルツブルク大学で医学を勉強するかたわら、発生学と比較解剖学を学び、その後、海洋生物学を研究しました。とくに単細胞浮遊生物の放散虫[*2]が彼の研究対象で、顕微鏡による観察にも魅了されました。ヘッケルは1859〜60年の地中海調査に参加した探検家でもあり、進化論の普及者でもありました。チャールズ・ダ

**エルンスト・ヘッケル**
1866年、ダーウィニズムによる新しい生物学の一環として、エコロジーという語を創出しました。（フランス国立自然史博物館中央図書館、パリ）

ーウィンの『種の起原』をドイツ語訳で読んだヘッケルは、生物学のすべての現象をひとつの体系で説明した科学の革新者こそダーウィンと見たのです。彼は激しい論戦に加わることも辞さず、この新しい理論を普及し続けます。ときに熱が入りすぎるあまり、ダーウィン学説の字義的解釈に忠実性を欠くこともありました。

1869年にドイツのイエナ大学で講演した際、ヘッケルは明らかに進化論を下敷きにしてエコロジーを定義しています。ヘッケルによればエコロジーとは、『種の起原』に述べられた新しい概念を生物学に同化させるため、生物学という用語のかわりに用いられるべき言葉でした。

実際、ダーウィンの進化論は一種の物議を醸しました。それだけは間違いありません。

その結果、生態学はヘッケルが予期していたよりもずっと広く知られことになります。その概念をヘッケルが引き出したのは、地上の植物分布の原因を研究する植物地理学が最初で、次は1868年の定義にも示唆されていた生物地理学からでした。そして最後は1874年、人間の起源と発展に関する研究からです。

### 近代生態学用語の起源

生態学が科学研究の一分野として成立したのは、19世紀終盤のことです。それはドイツ文化圏の人々に負うところがとくに大きく、彼らは生態学という言葉を知らなかったにもかかわらず、今日の生態学者たちが使っている基礎的な用語を最初に生み出し、定義したのです。すなわち、オーストリアの地質学者エドアルト・ジュースは1875年、アルプス山脈の形成について書いた著書のなかで、バイオスフィア[*3]（生態系）という言葉を導入しています。これは地球上のあらゆる生物と、大気や物理化学的条件とを意味するためにジュースが使った言葉でした。バイオスフィアの概念は20世紀初め、ロシアの地球化学者ウラジミール・ヴェルナツキーの著書『生物圏』で定義されることになります。現在の生態学者たちの定義によれば、バイオスフィアとは地殻と大気圏下層によって構成される地球の一部で、生物が生態系を構成しているところです。わかりやすくいえば、バイオスフィアとは生命がたえず存在し得る場所のことです。それは水圏（海洋）、岩圏（地殻）、気圏（大気）で構成され、全体

でひとつのエコスフィア<sup>*4</sup>を形成します。太陽を意味するフォトスフィア（光球）も、そこに含まれることがあります。

　1877 年には、ドイツの動物学者カール・メビウスが、旧西ドイツ最北のシュレスウィヒ・ホルシュタイン州で石油層が枯渇した原因を調べる科学調査の際、バイオシノーシス<sup>*5</sup>（生物群集、生物共同体）という言葉を造語しました（ギリシア語の bios〔生命〕と koinos〔共通の〕から合成）。メビウスの定義では、バイオシノーシスは一定の区域に生息する動植物の群集をあらわします。この言葉は現在、エコシステム（1935 年に造られた言葉）における生物の要素、あるいは生命維持の要素と考えられています。一方ビオトープは、生態系の物理化学的、気象学的条件の総称で、いいかえれば生物以外の要素、あるいは非生物的要素のことです。より専門的な研究では、動物共同体（ズーシノーシス）と植物共同体（ファイトシノーシス）は区別され、さらに分類学的な集合として、昆虫共同体（エントモシノーシス）、魚共同体（イクティオシノーシス）などと分けられます。

　つまり生態学、生物圏、生物共同体は、いずれも 19 世紀以降に生まれた言葉で、近代生態学の語彙や概念の一部をなします。しかしエコロジーという言葉の創出者だったヘッケルは、ジュースやメビウスとは違い、エコロジーの意味する科学研究の分野を構築することに直接寄与したわけではありません。ダーウィンの熱心な支持者だった彼は、今日私たちが知っているような生態学を作り上げるためにこの言葉を生み出したわけではなかったのです。しかもこの言葉は、できた当初はさほど影響力をもちませんでした。当時、エコロジーがメソロジー（生物環境学）やヘクシコロジー（状態やコンディションをあらわすギリシア語のヘクシスからの造語）と競うように存在していたことも見逃してはならないでしょう。ヘッケル自身はネオロジー（新造語づくり）を好む人で、クロロジー（植生の地理的分布の研究）やフィロジェニー（進化の過程における生物種の形成・発達様式の研究）、オントジェニー（受精段階からの個体の発達の研究）といった言葉もエコロジーと同様に創り出しています。ヘッケルはまた、狭鼻猿類<sup>*6</sup>と人類のあいだでつながりを欠いていた部分を表すために、ピテカントロープという言葉も創り出しました。この新語は、1894 年にジャワ島で発掘されて「ピテカントロプス・エレクトゥス<sup>*7</sup>」と名づけられた化石によって、考古学用語に加えられることとなります。

第 6 章　用語としてのエコロジー

エコシステム
（生態系）

ビオトープ
（物理化学的環境）

バイオシノーシス
（生物種の群集）

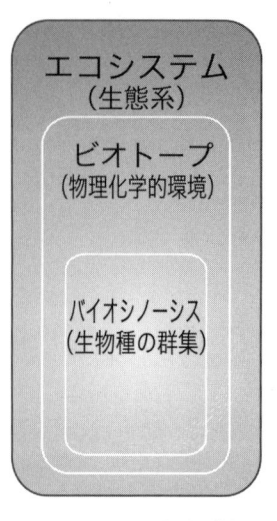

**エコシステムのさまざまな構成要素**
バイオシノーシスを構成する生物群集は、物理化学的環境との相互作用によってビオトープを形成しています。

エコロジーという言葉を知らなかったのは、ジュースやメビウスだけではありません。とくにアングロサクソンの国々やアメリカでは、数十年ものあいだ、数多くの生物学者が、エコロジーよりも「自然の摂理（あるいは経済）」という表現を優先させてきました。1895年、デンマークの植物学者ユーゲン・ヴァーミングがエコロジーという言葉を使って最初の植生生態学概論を発表した後になってもそうでした。フランスでは、植物学者たちが長いあいだ植物地理学という言葉を使い続けていました。エコロジーという言葉によって普及しつつあった進化論への一種の抵抗もありました。またフランスの科学者たちは、すでに固有の語法が確立されていた植物地理学の考え方に依拠していたのです。

モンペリエ大学の植物学教授として知られた偉大な学者、シャルル・フラオーの周辺で20世紀初頭に登場したエコロジーは、形容詞の形を取っていました。1900年、フラオー自身が「生態学的群集」の存在に言及したのです。翌年には、モンペリエ大学で植物学の教鞭を取っていたジュール・パヴィヤールが、早くも「生態学的植物地理学」という研究プログラムを学生たちのために定めていました。博物学会のネットワークを運営していた博物学愛好家たちも、同じ頃「生態学的要素」の重要性に注意を促します。さらに19世紀末から第1次世界大戦にかけて、エコロジーという言葉をヘッケルの表した意味で用いた最初の人々は、ヨーロッパやアメリカで最初の生態学者世代を形成することになる植物学者たちでした。

こうしてヘッケルは、エコロジーという言葉を生み出し、その定義を提案したわけですが、その定義に対応する研究分野は、彼自身が成り立ちに手を貸したわけではありませんでした。

生物と生活環境との相互作用、またその両者のあいだの関係を研究する生物学の一分野といった原点にまでさかのぼって考えた場合、エコロジーは個体を取り巻くさまざまなレベルを対象とします。すなわち、人口、バイオシノーシス、食物連鎖、生態系、生物圏、エコスフィアなどです。

生態学者や科学的エコロジストたちは、こうした要素それ自体よりも、要素間の相互作用に注意を傾け、現象の体系的な分析や、物質とエネルギーの流れ、生物地球化学のサイクルなどの探求できる事柄を優先しました。また近年では、最も新しく現れた新造語としてエココンプレックス[*8]のコンセプトに人間を統合するといったことも重視されています。

## 第7章
## 人口学と生態学
### Démographie et écologie

　科学的エコロジーでは1920年代から、軍事的エコロジーでは1950年代から、それぞれ人口学が関連分野とされてきました。動物と人間の個体数に関する調査結果をもとに19世紀に作られた人口モデルは、そのどちらのエコロジーにも使われました。

**19**50年代から、人口爆発の危機が意識されるようになりました。その頃、先進国では死亡率が著しく低下したのに対し、開発途上国では一世代を経ただけで人口が2倍に増えた国がありました。
　生態学的な見地だけからいえば、結果は目に見えていました。より多くの資源やエネルギーが必要となるため、過剰な耕作や牧畜、適正でない灌漑、焼き畑を原因とする森林破壊、そして乾燥地や半乾燥地における砂漠化を引き起こすのです。
　すでに長く続いていたこの生態学的危機をともなう人口変化は、全世界に及び、いまでは10億人近くの人々が砂漠化に直面しています。
　こうした現象が新石器文明とともに始まったという生態学者もいます。つまり肥沃な三日月地帯での穀物栽培（前8000年頃）、ヤギやヒツジの家畜化（前7000年頃）、最初の都市出現（前5000年紀）といった発展によるというのです。これらのイノベーションは、南米大陸北西部や、現在のコロンビア、エクアドル、ペルーにあたる地域でも、トウモロコシやインゲン豆の栽培というかたちで始まり、またアジアではインドシナ半島から稲作が広まります（前3000年頃）。人類は自然環境に強いられてきた束縛を解かれ、動物の個体群において

機能しているような調節の働きから自由になります。ただ実際は、この自然調節の働きに代わって、さまざまな生態学的要素に対応することをめざす人口戦略が始まります。

### マルサス主義の思想

オランダの博物学者、アントン・ファン・レーウェンフックの著書（1677年）が、動物や人間の個体群の周期変動という分野を開拓したとすれば、イギリスの経済学者トーマス・ロバート・マルサスは、人口増加の限界を厳しく定める人口理論を最初に唱えた人です。大いに議論を呼んだこのマルサス理論はいまでも有名で、しかもいわゆる「新マルサス主義」に見られるような近代的バリエーションを派生させました。新マルサス主義は、マルサス主義で避妊が斥けられていたことを放棄し、避妊法の使用を強く推奨しました。

**トーマス・ロバート・マルサス**
道徳的な経済学者。出産制限というラディカルな政策を強く推奨しました。

マルサスが1798年に『人口論』初版（その後多くの重版と増刷がなされました）によって普及させた考え方は、食糧の生産が算術級数的1（1、2、3、4、5の順）にしか増えないのに対し、人口は幾何級数的（つまり指数的に1、2、4、8、16、32、64の順）に増えて行く傾向があるというものです。ただしその過程では、ほかの研究者たちと同様、農業分野の技術的進歩の結果を過小評価していました。

マルサスにとって、人口増加の調節メカニズムを決定することは不可欠でした。人口増加に歯止めをかけるものは2種類あります。ひとつはマルサスが「積極的妨げ」と名づけたもので、疫病、飢饉、戦争といったものです。もうひとつの「予防的妨げ」は、「道徳的制限」（貞節、晩婚など）、あるいは「悪徳」（生殖の目的性に従わない性行為の習慣）です。これは人口増加率を自発的に制限しようとするものだと、聖職者で道徳的経済学者だったマルサスは説いています。

マルサス主義の政策的帰結は重大です。たとえばマルサスは、出生率を低下させるため、賃金労働者階級（最も数が多く、最も人口の多産な階級）に対す

る給与は生活をしのげるだけの水準にとどめるべきだと述べます。しかもマルサスは、貧しい人々が子どもの養育責任を免れ、さらに多くの子どもをつくることになるとして、慈善活動を咎めました。

マルサスの人口論は非難の的になりましたが、大部分の経済学者は、古典派経済学の主流を占める理論にマルサスの理論を統合しようとする点では一致していました。危険で悪徳とされた労働者階級が台頭してきたため、有産階級の懸念が19世紀に増大していたのです。

ベルギーの数学者、ピエール=フランソワ・ヴェルハルストは、『人口増加法則についての覚書』(1838年)で、マルサス主義理論の有効性を確認します。ダーウィンは『種の起原』(1859年)中、生存競争について述べた第3章で、明らかにマルサスを参考にしています。ドイツの生物学者エルンスト・ヘッケルは1877年、ダーウィンがマルサスを読まなければ、生存競争による自然選択説は確立できなかっただろうと付け加えています。

**マルサス主義のモデル**

ただしヴェルハルストは、人口の幾何級数的な増加はひとつの傾向にすぎないと述べています。実際、人口増加は詰まるところ、将来的な増加の進行への歯止めを生じます。それは食糧調達の困難さが増すこととつながりがあります。事実、農業が昔から進んでいる地域では、人口の潜在的な増加が国の面積や生産力、また輸入コストの維持力との関係で頭打ちとなります。その結果、人口は横這い傾向をたどることになると、ヴェルハルストははっきり述べています。「道徳的制限」にも「悪徳」にもよらない、こうした規制現象も考慮に入れる必要があるでしょう。

ここで、ヴェルハルストが同じベルギー出身のアドルフ・ケトレから借用したもうひとつの法則についても述べておきます。ケトレは潜在的な人口増加についてではなく、実際の人口増加を明らかにします。ここからヴェルハルストは、有名な「S」の字型の曲線を考え出します(1838年)。ヴェルハルストはこれを「ロジスティック曲線[*2]」と名づけました(1845年)。この曲線は、初めのうちは指数的に増えていきます(これはマルサスの理論と一致しています)が、その後は環境の飽和状態が理由で成長が鈍化します。これこそ歯止めが増加にもたらす影響で、環境と経済の双方からくる一種のブレーキ要因です。ベ

**ヴェルハルストのロジスティック曲線**

いわゆる「S曲線」。初めは指数的に増え、次いで環境の飽和状態を反映していきます。
(『人口増加法則についての数学的研究』より)。

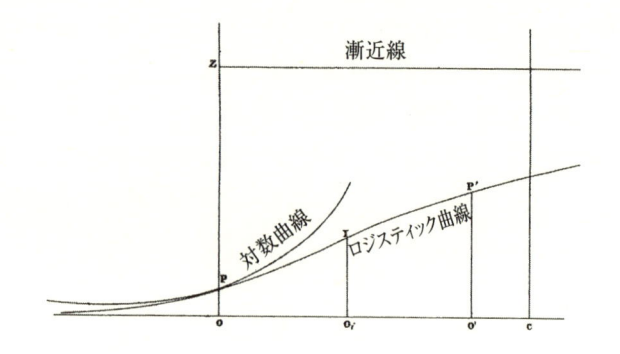

ルギーのケースで、ヴェルハルストはその限界を940万人としています（ベルギー人口はこれを1960年に上まわりました）。

このロジスティック曲線は、1920年、アメリカで人口統計学を研究していた人口学者レイモンド・パールと、ローウェル・J・リードに見直されて議論を巻き起こし、群集生態学を生むことになります。これは人口増加現象への数学的アプローチに欠けていた部分です。パールは動物、とくにキイロショウジョウバエで得られた実験結果をもとに、個体数増加がヴェルハルストのロジスティック曲線に従っていることを証明します。しかしこれは外挿法[*3]を誤用していることが、パールのライバルや、ロジスティック曲線の「偶像崇拝者」ともいえる協力者たちによって指摘されました。

こうした数学的生態学の「黄金時代」は、人口学者で物理学者だったアルフレッド・ジェイムズ・ロトカの研究によって再び注目されます。ロトカの研究は、カナダ出身の昆虫学者、ウィリアム・ロビン・トムソンのモデルにもとづいたものでした。トムソンは昆虫の蔓延と、その捕食動物の進化について研究した人です。ロトカの研究は、ロトカとイタリア人数学者、ヴィト・ヴォルテラにより、被食者と捕食者の個体数の変動を表すことができる微分方程式（ロトカ=ヴォルテラ方程式[*4]）を打ち立てることになりました。

このアプローチは、ほとんどの博物学者たちから無視されました。経験主義で定質的な手法を取る博物学者は、数学的な形式主義に慣れていないため、こうしたアプローチを避けたのです。とはいえ、ロシアの生物学者G・F・ガウゼが「競争的排除則」と名づけたもの、いやその名よりもむしろ「ガウゼの原理」[*5]として知られている生態学現象を理解するには、このアプローチが不可

**ロトカとヴォルテラによる被食者―捕食者モデル**
　両者の個体数は、定期的なゆらぎと、時間的なずれをともなって変化します。被食者が増えると捕食者が増え、その結果として被食者が減じます。そして捕食者が減少すると、また被食者が増えるという繰り返しです。

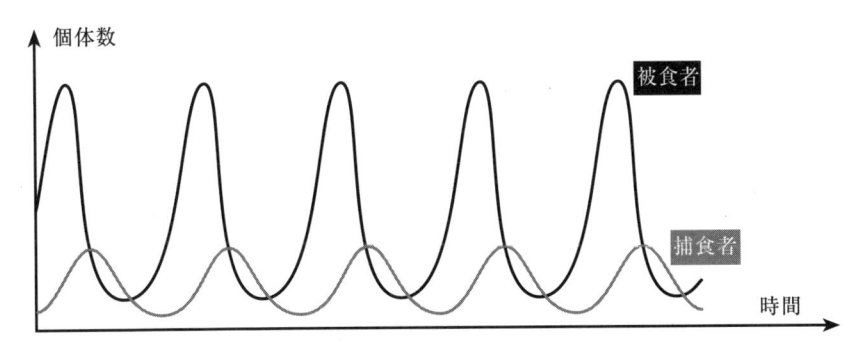

欠でした。バイオシノーシスの領域（動物や植物の群集に関する研究）におけるこの発見で、同じ生活要求をもつ２種の生物群は、なぜ同一のニッチ[*6]を占めることができず、互いに排除し合う傾向があるのかがわかるようになりました。こうしてロトカとヴォルテラの数学的法則を生態学的に検証するという重要な仕事をしたガウゼは、原生動物（とくに繊毛虫類）について研究しました。

　人口学の分野では、マルサスの仮説やロジスティック曲線が、食糧やエネルギーの危機へのなにがしかの懸念に、理論的な基礎を与えることとなったのです。

　1970年代の生態学者にとって最大のテーマのひとつは、人口増加の限界点を明らかにすることでした。ポール・エーリックは1968年、「人口爆弾」の危機を警告しました。ローマ・クラブは『成長の限界』[*7]と題する報告書を発表し（1972年）、第１次オイルショックの直前に大きく物議をかもしました。この報告書は、ＭＩＴ（マサチューセッツ工科大学）でデニス・メドウズが行ったシミュレーションにもとづいていました。メドウズは、しかるべき人口増加制限策をとらなければ、2025年頃には地球の経済的・社会的システムが崩壊することを予見しました。

　この新しい形式のマルサス主義により、成長モデルに関して第２次世界大戦後の人類に課されていた基本的な問題が検討されるようになりました。環境に対する人間活動の影響（化学汚染や放射能汚染、重油汚染など）がますます明ら

第７章　人口学と生態学

かとなり、経済危機や失業増加とも結びついて、これまでの成長モデルでは社会契約（福祉、治安、文化と教育の普及、生活の質など）が履行されなくなることを、大衆ははっきりと知るようになったのです。

ただし1972年（国連人間環境会議）と1992年（国連環境開発会議）までで、地球は新たに15億人の人口を抱えることになりました。

新マルサス主義は、先進国でも開発途上国でも、避妊法を強く推奨しています。その理由は次の3つです。

・先進国は、これまで途上国よりも多くの資源を消費してきた立場上、手本を示す必要がある。
・人口増加を抑制すれば、環境の汚染や破壊、また都市の拡張によるマイナスの社会影響（犯罪、都市交通の麻痺など）を減少させることになる。
・中期的に見た場合、食糧生産の増加にともなって一定の人口増加がふたたび見られるようになる。

このうち3番目を言い換えるとすれば、人間と環境の調和、社会平和や生活レベルを回復することへの希望が挫折しかねないということになります。

### 人口学とイデオロギー

もちろん新マルサス主義の政策に反対する人々も、とくにカトリック信徒やマルクス主義者のなかにはいます。カトリックの場合、聖書に書かれたことを読めば、自然な行為ではない出産制限をすべて公に否定しているのがわかります。マルクス主義の場合、生活の悲惨さは国内の過剰な人口数から生じるのではなく、資本主義の生産様式や、私有財産の制度や、それが富の配分にもたらす結果によって生じているとします。つまり資本主義国は、生態系の保全を気にかけることなく、その資源を専有しているということになります。そうした体制では、一次産品の生産が「周辺」の国々（途上国）に、必要な食糧の生産が「中心」の国々（先進国）に任されているため、「周辺国」は集中的なモノカルチャーを維持するために伝統的な農業習慣を放棄しなければなりません。とはいえ、ソビエト連邦で確立された社会主義モデルでも、自然資源の乱開発が優先され、人口爆発による結果が無視されていました。新しい経済体制

になったとたん、階級なき社会は限界なき成長を目指す可能性を孕み始めたのです。

　マルサスと19世紀の経済学者たちは、単に計算を誤ったのではありません。彼らは、人口増加の法則が単に生物学的なものではなく、文化的で社会的なのでもあるという事実を過小評価していたのです。資本主義と共産主義のあいだの断絶、すなわち所有よりも生存を優先するかどうかということは、2000年紀末の政治・経済・哲学の問題でもありました。西欧社会の成長モデルに対する疑問がそれによって生じ、とくに人口問題の解決へ向けた研究が必要になったのです。

　もっとも、経済学的・生態学的・農学的な解決策は存在します。そうした解決策があれば、より持続可能な開発モデルを引き出すことはできます。ただしそれには本当の意味での南北協力が必要です。南北協力は、しばしばエコロジーの外見をした新植民地主義でしかなかった新形態のマルサス主義を超えるものとなるでしょう。

第8章
進化論と生態学
Les théories évolutionnistes et l'écologie

　生態学のほとんどの用語解説書には、ダーウィンとラマルクが登場します。しかし生態学と進化論の関係についての分析は、さまざまに見方が分かれ、歴史家たちにとって刺激的な論争テーマとなっています。ここではそうしたテーマを紹介します。そうすることで、各研究者の観点もおわかりいただけるでしょう。

　19世紀初頭、フランスの博物学者ジャン=バティスト・モネ・ド・ラマルクは、無脊椎動物の古生物学を打ち立てます。ラマルクは科学史家グルヴァン・ローランのいう「事象の歴史の単一性」を明らかにしながら、現生生物種と化石生物種をひとつの体系で分類しました。この考え方は、生物学と古生物学に深い影響を与えた思想、生物変移論（または進化論）の源流となります。ラマルクはこの考え方を、パリ自然史博物館で1800年5月11日におこなった公開講座の際、初めて明らかにします。そして1809年に出版された『動物哲学』でこの理論を述べました。その本のなかでラマルクは、生物は永遠不変の形態にあるのではないと述べました。つまりこの時点で、彼は18世紀のリンネ学派の思想と訣別していたのです。

　ラマルクは、生物は自然発生し、「状態」と彼が呼ぶものの圧力（現在なら環境要因と呼ばれるもの）のもとで時を経るにしたがって、次第に複雑化すると説明しました。ラマルクはこの外的要因に、「使われない組織は衰えて最後は消失し、使われる組織は強化されて発達する」という「用不用説[*1]」を加えました。ラマルクはこれらの変化は遺伝的なものだと仮定し、獲得された形質は世代から世代へ伝えられるとしました。簡単にいえば、ラマルクのエコロジーは、環

**ジャン=バティスト・ラマルク**
　世代を経ての生物変移理論を創出した人。ラマルクの直接適応説は、最初の世代の生態学者たちに部分的な影響を与えます。(フランス国立自然史博物館中央図書館、パリ)

境が生物の組織に対して直接影響するという事実にもとづいています。環境が生物に対して何らかの圧力を与えると、その制約のもとで生きている生物たちは、次第に適応していくということです。

偉大な古生物学者、ジョルジュ・キュヴィエは学識にも才能にも長けた人でしたが、このラマルクの進化論的な考え方には、スコットランドの地質学者チャールズ・ライエルと同様に激しく噛みつきました。一方ヨーロッパ大陸では、フランスの博物学者エティエンヌ・ジョフロワ・サンチレール、ドイツの原子物理学者・発生学者のメッケルといった人々が、ラマルクを支持しました。しかし、ラマルキズムは20世紀初頭まで新ラマルク主義というかたちで普及したものの、ダーウィニズムほどの魅力はなく、学問的な後継者も少なかったことは明らかです。ただ、とくに自然発生説と獲得形質の遺伝説を唱えたことが原因で、いまではその大部分が忘れ去られているとはいえ、ラマルク学説が種の進化を説明した最初の学説であったことに変わりはありません。

### 天変地異説[*2]と誤った創造説

チャールズ・ロバート・ダーウィンは、ラマルクの『動物哲学』が出版された年に生まれました。この若き博物学者は、南アメリカと太平洋の島々を旅行するため、1831年にビーグル号に乗船します。そして1836年、生物に関わるさまざまな科学をひっくり返すような学説のもとになる資料を手にして帰国したのです。

ダーウィンは多くの作品に自分の観察を発表し、1859年にはついに、生物の進化を説明する理論を説いた『自然選択の方法による種の起原』を著します。同書は、環境条件に適応した種が生き延び、適応しない種が減少するという自然選択説にもとづいています。適応した種は、したがって再生産率が高まり、その結果、大いに個体数を増やすことになります。近代遺伝学の用語でいえば、遺伝形質の伝達が容易になるのです。

一方ダーウィンは、『地質学原理』の著者で科学的地質学の創始者とされるチャールズ・ライエルと交友を結びました。ダーウィンは探検旅行中にその初版（1830年）を読み、大いに影響を受けました。彼はのちに『種の起原』のなかで、現在生じている作用により地質学的変動を研究する地質学者の「驚くべき仮説」として、この本を振り返っています。事実、それは地質学分野におけ

る真の革命であり、当時優勢だった天変地異説との訣別をもたらし、斉一説[*3]の考え方がこれに取って代わり、やがて連続説、さらにのちの進化論の考え方となるのです。混同を避けるために、この進化論という言葉を理解しておきましょう。

　天変地異説は、地層のなかに発見される動植物の化石の連続性を説明できる説として、キュヴィエが唱えました。この説で、海洋や大陸の地層が交互に堆積しているのは、天変地異によるものだと説明されました。地球規模の天変地異——最も近いものでは旧約聖書に記されている大洪水——が根本的な変革をもたらし、生物を大量に消失させたり、転換させたりしたというのです。しかも新天地への移植を保証するために、一定の個体は生き残る必要があったというのです！　キュヴィエの後継者であるアルシード・ドルビニーは、28回の天変地異と、同数の創造があったとしてこの問題を解きます。天変地異説が歴史的に見て創造説[*4]と関わっているのはこのためです。これらの天変地異は地域的規模のもので、地球規模ではなかったとする地質学者のエリー・ド・ボモンや、アレクサンドル・ブロンニャールのように、もうすこし微妙な立場を取る人々もいました。

　とはいえ、天変地異説に対する古生物学や地層学の反論は強まりました。19世紀初頭以来、ラマルクはすでに、現存種と類似の化石もあれば、少しずつ多様化していく一連の生物も存在していることに注目していました。ところがキュヴィエやドルビニーは権威があったため、連続説がいよいよ出番となるのは、ライエルの研究やキュヴィエの死を経た1830年代を待たねばなりませんでした。

　ライエルは、地質学的な現象はとてつもなく長いタイムスパンで生じると考えます。自然で、緩慢で、少しずつ進む事象は、このとき諸法則にしたがっています。この漸進説は、ダーウィンに多大な影響を与えました。しかしライエルが生物種は一定不変と考えたのに対し、ダーウィンの進化論の考えは循環的でした。つまり、同一の生物にはサイクル状の歴史が周期的に見られるというものです。ライエルは、ダーウィンの説を1865年改訂の『地質学原理』のなかでしか採用しませんでした。

　ダーウィンが自然選択による多様化の理論をどのような基礎のうえに打ち立てたかを理解するには、『種の起原』の有名な第3章を精読する必要があり

ます。ここでダーウィンは、生存競争が動植物の個体数に及ぼす影響について説明しています。

　ある生物種の多産性が仮に弱くても、その種はつねに、イギリスの経済学者マルサスが18世紀末に『人口論』で述べたような幾何級数的な増加をする傾向がある、とダーウィンはいいます（ダーウィンは『人口論』を1838年に読んでいました）。しかしこの増加は、この生物種が手に入れることのできる資源の量や、天敵（捕食者）の数によって頭打ちとなります。平均個体数は、気候によっても同様に制限されます。こうして地球上における生物分布は、植物、動物、環境のあいだの複雑な関係性の結果であるということができます。同一種の個体間でも、捕食者―被食者間とほとんど同様に容赦なく、生存のための競争が、動植物の個体の地理的分布やそれらの多様性における基本的な役割を果たしているのです。そこでダーウィンは、エコロジーにかかわりのある分野を研究しました。生物地理学です。さらに、「生存競争」の定義には「生物の相互依存関係」が含まれるとして、彼は生物地理学、生物群集学の原理を展開します。その目的は、生物群集、すなわち動物群集や植物群落の個々の構成要素、構造、そして動態を研究することでした。

### ダーウィンとエコロジー

　ここで私たちの中心的な疑問は、ラマルキズムやダーウィニズムがエコロジーの発展にどんな影響を与えたかということです。大部分の科学史家は、ダーウィンがエコロジーの出現に根本的な役割を果たしたことを認めています。これはアメリカのドナルド・ウォースターについても同様です。ウォースターは、長い目で見て「進化論的生態学」の発展に貢献したダーウィンをエコロジーの歴史でもっとも注目される人物のひとりと見なしました。「エコロジーという観念が科学の華々しい一分野へと発展するにあたって、ダーウィンほど大きな貢献をしたものは誰もいないし、西洋人の自然観に彼ほど大きな影響を及ぼした人物もいない」と、ウォースターは自著『自然の摂理』の第3部に書いています。すなわち、18世紀にリンネが展開した自然の摂理による楽観的なヴィジョンは、生存競争を特徴とするエコロジーのヴィジョンにとって代わられたのです。

　自然についてのロマンチックな考え方との訣別として、ダーウィンはまた、

膨大な事実の集積から、暴力と、苦悩と、消失からなる悲観的なヴィジョンを世界にもたらすこととなる科学法則を導き出した——ウォースターはそう結論しています。彼はダーウィンのなかに、「ガラパゴスの教訓」を引き出したひとりの博物学者を見出していました。火山爆発のあとに大海から現れたガラパゴス諸島の13の島と40の小島は、飛び散った玄武岩の黒い小石と、強烈な日射しを浴びた植生から成るものでした。ダーウィンはそこで多くの動物たち、とくに鳥類を観察し、生物地理学の大いなる法則を引き出すことができたのです。

地震や火山噴火に苛まれ、生物が大量に死滅していく大地の不安定さに、ダーウィンは圧倒されます。そして彼は、ウォースターが脱ロマン主義あるいは脱ヴィクトリア王朝的と呼んだ一種のエコロジーを打ち立てました。それはライエルの地質学やアレクサンダー・フォン・フンボルトの生態学的植物地理学によって培われたもので、その後マルサス経済学によって注目されました。

ウォースターの伝染しやすい熱狂ぶり、文体の力強さ、そして論証には、真の「進化論的生態学」の存在を確信させるものがあります。植民地化が熱帯の環境にもたらした酷い結末にダーウィン学派の人々が心をくだいていたことは知られています。イギリスではこれらの人々が、19世紀の終盤に保護貿易主義的な法制度の制定につながる動きの先頭に立ちます。しかし、「進化論的生態学」が現在の「生態学」と呼ばれる近代科学の確立に果たした役割は、議論のあるところです。

ジャン＝マルク・ドゥルアンは、少なくともひとつの点で歴史家たちの意見は一致していると述べています。それはダーウィニズムが、ある部分は生物地理学が仕掛けた議論のおかげで打ち立てられたことです。また逆に、ドゥルアンは種の分類に影響したある事象についても明らかにしています。それは歴史的な順序です。R・C・ストーフェや、生物学者でネオ・ダーウィニストのエルンスト・マイヤーによる1950年代末の研究以降、ダーウィンの進化論は適応生態学の理論としてとらえられています。ウォースターは結局、生態学がダーウィニズムの枠組みにおいて発展したと考えるこれら一連の科学史家たちに含まれます。

ジャン＝ポール・ドレアージュが詳しく述べているように、ダーウィンやアルフレッド・ラッセル・ウォーレス（ダーウィンの進化論に近い理論を打ち立て

た人)が行ったような環境要因の研究は、時間に関する新しい概念のうえに創始されたもので、そこでは生物学と関係のあるその他の分野と同様、当時構築中だった生態学が注目されました。つまり進化論は、前出のラマルクからすでに始まっていたのです。こうして時間は、生物群集の制御と進化における決定的なパラメーターであり、進化の原動力は生存と自然選択のための闘争といえます。生態学的に見れば、この原動力は同種間や異種間の生物に見られる闘争の形をとり、しかも環境要因をともなうものです。ダーウィンにとって環境とは、生物種と生活条件から成るものでした。したがってそれぞれの種は、自らの場所(place)を求める傾向があるのです。

　ダーウィン学説に見られるこうした「プレイス」の概念は、歴史学者からは一般に、ダーウィンの生態学的なヴィジョンを表明するものと見られています。正確な定義こそなされていないものの、「プレイス」という言葉は何度も使われています。これとは逆にパスカル・アコは、「プレイス」の概念は1920年代から使われるようになった「生態的地位」(ニッチ)に匹敵するものではなく、もはや「死語」に過ぎないと考えます。「プレイス」は与えられた領域において生物の生存に必要となる諸条件が関係し合っているという事実だけを表していますが、「生態的地位」は「プレイス」だけでなく、ある生物種が生態系機能のなかで果たす役割も表しています。その意味で、生態学の考え方は空間的な場よりも、その役割に関係しているといえます。さらに「生態的地位」とは、生物種が環境要因を自由に利用できる範囲を表すといえます。この言葉は1940年代、北米の生態学者ジョージ・イブリン・ハッチンソンによって、「多次元的地位」と定義されました。

　パスカル・アコはさらに、現在のダーウィニズムが生物種の進化に関する生態学的理論だからといって、19世紀末の生態学が進化論者のひらめきから生まれたわけではないと明記しています。ダーウィン自身、エコロジーという語を1866年に生み出したヘッケルの知己であり、彼を評価していましたが、自らこの言葉を使ったことは一度もありませんでした。生態学の中心的な概念を最初に確立した人々も、ダーウィンのことを知りませんでした。植物学者のオーギュスト・グリーゼバッハ(植生の概念の祖)とアントン・ケルナー(植物社会学の草分け)はとくにそうでした。生態学の構築に文句なしに貢献した植物地理学者、アルフォンス・ド・カンドルに関して言えば、ダーウィニズム

に加わったことが彼の研究に影響するということはありませんでした。進化論を奉じた植物学者、ジュリアン・ヴェスクに至っては、適応植物についての彼の研究を、変移論でも不変論でも展開できると言明しています。

19世紀に行われた生態学のいくつかの研究には、植物地理学の枠組みと進化論研究の枠組みがあり、その間に根本的な違いが存在したといわざるを得ません。植物地理学の研究では、空間的および時間的に見た種の生態遷移（サクセッション）に関心が置かれたのに対し、ダーウィンの主題は変移論にありました。さらに、生態学者たちが環境を、つまり適応の結果の方を研究したのに対し、ダーウィンは適応のメカニズムを証明しようとしました。しかも『種の起原』は何よりまず動物学的な研究となったのに対し、初期の生態学者たちは植物学者でした。

### ラマルク学説の痕跡

20世紀初頭の有名な生態学者の大部分は、ダーウィンに賞讃を浴びせていたものの、彼の研究をあまり活用することはしませんでした。彼らのなかには、植物学者で植物地理学者でもあったガストン・ボニエのように、ラマルクの支持者であると宣言する人もいました。生態学の確立者であるユーゲン・ヴァーミングも、直接適応に関するラマルクの学説を信奉しましたが、彼は獲得形質が遺伝的に伝達（ラマルクの説）される可能性を疑いました。実際、パスカル・アコによれば、生態学者と進化論者のあいだの分裂が見られたのは、この時代においては定義が非常に難しかった適応の概念についてでした。

直接適応の理論は、こうして生態学の発展における基本的な役割を果たしたといえるでしょう。ラマルク学説のなかに、生態学の初期研究も含まれるほどです。アメリカ、イギリス、フランス、北欧の偉大な生態学者たちの最初の世代は、ラマルク学説の学者たちを重視しています。またアメリカの最も代表的な生態学者のひとりであるフレデリック・エドワード・クレメンツは、第2次世界大戦の直前にふたたび、自分はラマルク派だと公言しました。

実際、このラマルキズムの根源は深いところにあります。すでに述べたように、フランスには地方での博物学研究に没頭した人々がいました。これらの人々は、18世紀から受け継がれた変移論の観念と、信念と、幻想の分かちがたい錯綜のなかに迷い込んでいました。しかし博物学者たちの論文や研究でも

**チャールズ・ダーウィン**
　進化論の父。生物地理学に関する彼の業績は、すぐれて生態学的なものでした。(フランス国立自然史博物館中央図書館、パリ)

証明されているように、1830年代初頭にラマルク学説の要素が導入されるに及んで、その錯綜が解けたのです。地方博物学者たちは、古くからあった変移論的な伝統を支え、正当なものにしたようでした。それに続いて、ダーウィンの『種の起原』の発表が変移論の再評価を促し、白熱した議論や論戦がしばしば繰り広げられるようになったのです。皮肉なことに、博物学分野にダーウィニズムが入り込んできたことで、ラマルキズムに関する最良の洞察が得られ、進化論の概念に対する抵抗が強まったのです。

　博物学の研究は、ヨーロッパで拡大しながらその後も続きます。ただし、科学としてのエコロジーの誕生に際し、その根本にダーウィンの果たした役割があったことは明らかです。パスカル・アコは、直接適応に関するラマルクの学説が、深い意味で生態学の起源に痕跡を残したことを明らかにしています。地方の博物学者たちは、彼ら自身、生態学的植物地理学の最初の形成を果たした人々ですが、植物の環境への直接適応に関して、自分たちの観察を考慮に入れていました。この人々は、ラマルク学説を奉じることで開明を得たのでした。とくに1860年代には、そのなかから獲得形質の遺伝について議論する人々が現れました。

　博物学者たちは、こうして植物地理学とラマルクの変移論から、いくつかの理論的な要素を引き出し、これらをエッセンスとする生態学前史の概念的枠組みに従って研究プログラムを追究するようになります。

## 第9章
## ヒューマン・エコロジー
### L'écologie humaine

　人類という種の性質は複雑すぎて、人間生態学と呼ばれる分野の成り立ちを阻むものがありました。それでも19世紀になると、地理学に強く影響を受けた人間生態学らしきものが現れます。その後、人間に関わる生態学は、ヨーロッパとアメリカとで異なる発展を見せました。とはいえ人間生態学への道筋は、いくつもの「科学知の残骸」におおわれています。

　ジャン=ポール・ドレアージュは、生態学史に関する著書のなかでエコロジーを「人間と自然についての科学」ととらえています。一方パスカル・アコは、「人間生態学の目的は、自然と社会のインターフェイスになることである」と述べています。このように人間生態学は、どうしても学際的な性質にならざるを得ません。それは人間の生物的性質と、社会的性質のあいだの緊張によって成り立っているのかもしれません。

　人間生態学と関連しそうな領域を見わたすと、社会学、生物学、生態学、人類学、地理学、生物地理学といった分野が現れてきます。人間生態学を定義しようとした研究者たちのほとんどが、人間生態学とは全体でひとつの学問を構成するものではなく、いくつかの「人間に関係しない科学」（物理学、化学、動物学、植物学など）と、「人間に関係する科学」（社会学、人類学など）が交差するところに見出されると言います。人間には、社会的な関係を確立したり、きわめて多様な地域文化を発展させたり、さらには神話や神々までも創造する傾向があるため、人間と自然の土地との相互作用を十分に考慮した生態学の法則を引き出そうとしても、徒労に終わってしまいそうです。

### 人文地理学とドイツの研究者たち

パスカル・アコは歴史的な観点から、両大戦間の人間生態学が植物生態学と動物生態学に大きく依存し、ドイツ人文地理学[*1]という基礎のうえに成立したことを強調しています。

この歩みを理解するには、19世紀初頭までさかのぼり、ドイツとフランスの地理学者や生物学者を取り巻いていた状況を考え、次いでイギリス、アメリカを考える必要があります。イギリスとドイツには1860年代以降、ダーウィニズムが痕跡をとどめました。

自然とは一般に人間を除いたすべてであると考えていた生物地理学と違い、ドイツ人文地理学の原点は、人間を自然に統合することにありました。この点の例外になった何人かの生物地理学者には注目できます。というのも、あとで述べるように、彼らの考察は人間生態学の初期形態を生みだすもとになったからです。

1822年にドイツで、1839年にフランスで出版された『一般比較地理学』によって、ドイツ人文地理学が誕生しました。著者は地理学者のカール・リッターです。リッターは、「人間は自然の支配下にあるのだから、自然が人間に及ぼす影響について研究すべきである」と提唱しました。歴史と哲学に通じていたリッターは、環境の自然史的研究を行いました。歴史を統合の軸とし、地理学を説明原理としながら、人文的要素を分析し始めたのです。

フリードリヒ・ラッツェルの場合、地理学はもうすこしべつの意味をもち、環境決定論の特色を備えていました。動物学も研究したこの地理学者は、ダーウィンの進化論に精通していました。ラッツェルにとって新しい地理学とは、結局のところ、環境が人間社会をどう形づくるかという研究でした。彼はこの考え方で人間地理学を創始し、それを人類地理学と名づけ、「略奪経済」（Raubwirtschaft）という言葉を作り出したのです（第2章参照）。

ラッツェルの原点にあった考え方は、「人間は食・住という基本的欲求を満たすため、住んでいる土地と結びついている」というものです。それゆえ人類地理学では、地球上の民族分布の原因、メカニズム、法則を研究することにより、人間の移住に関する一般理論が明らかにされます。民族・国家・宗教・言語ごとに見た集団の分類学が、ラッツェルによって打ち立てられました。1891年発行の著書『人類地理学』のなかで、ラッツェルは地誌的な表現をめ

ラッツェルによれば、人間が生活している自然環境は、人間の社会的、政治的活動に影響するほどの決定的要因です。実際、各地の「原住民」には固有の制度体系があります。この絵は配下に囲まれているバスト族の酋長です（F・ラッツェル著『人類の歴史』〔1896〜1898年刊〕挿絵）。

ざすことになります。

　たとえばラッツェルは、2度にわたるコルシカ島滞在のあと、土壌、沿岸地形、内陸地形がいかにしてこの島の政治社会的な歴史を決定したかということも証明しました。

　しかし略奪経済の定義とダーウィンの適応の概念は、互いに対立しています。人間はある面で天然資源の破壊者・略奪者であり、工業化にともなってドイツで加速していた集中的な森林破壊は、古くからあった自然の均衡を脅かす恐れがありました。他方、ダーウィンの進化論を人間にあてはめてみると、人間は環境に適応する以外にありません。この点でダーウィンの進化論は、人間

の行為を正当化しています。つまり適応種である人間が、自分の生活場所の破壊者となれるはずはないということです。しかもある土地に古くから根づいていた民族にとっては、ヨーロッパがそうであったように、時間の経過が有利に働きます。

　略奪経済とダーウィニズムのあいだのこの矛盾は、ともするとトートロジー（同語反復）、つまり同じ内容の言い換えにつながってしまいますが、適用範囲と問題の領域を狭めてしまうと、人間生態学の発展を阻害するものでした。

　経済地理学で最初の専門家の1人に数えられるエルンスト・フリードリヒは、略奪経済の単純な倫理的考察を超え、もっと社会経済史的な考察をしようと試みました。19世紀終盤に略奪経済について行われた研究の大部分には、倫理的な考察が影を落としていたからです。フリードリヒは古代の分析、つまり伝統的な採集経済の分析からスタートし、進歩の思想と結びついた近代経済という、より侵略的な動きを分析するようになります。彼は略奪経済が自然環境、動物環境、植物環境、人的資源にもたらしたマイナス影響を調べました。しかしこのフリードリヒにも、ラッツェルに見られたような両面的な思想がありました。近代の経済システムがグローバルな展開を見せるよりも先に、彼はその考えを余すところなく証明することとなります。つまりフリードリヒは、略奪経済のあらゆるマイナス影響を挙げたあとで、それが何らかの反応や認識を惹き起こさないはずはなく、規制システムや調整システムの設定につながることを予測していたのです。

　こうした推論は、20世紀終盤に特徴的に見られたエコロジーの動きに照らし合わせてみる価値があります。重油汚染は、約40年前から何ら実効ある対策が取られないまま、しばしば海水や海岸を汚染してきました。しかし農業や熱帯林の分野には、そうではない事例もあります。経済的な破綻を意味する地域生態系破壊を、より持続可能な発展モデルへと導き、調和あるシステムへと転換した事例です。そうした地域事例にあたるのが中央アメリカの小国、コスタ・リカです。この国はエコロジー分野でもとりわけ先進的なことで知られています。かつて持続可能でない農業がもたらした経済的影響が、不毛と化した熱帯の大地の略奪経済となったため、エコロジーへの認識が急速に高まったからです。[*2]

エリゼ・ルクリュは、ある生物共同体の内部に見られる生物どうしの関係をとらえ、本格的な社会地理学を打ち立てました。ルクリュはこう述べています。「飛んでいるツルの群れに狩猟家が当てずっぽうで猟銃を撃ち込み、1羽に傷を負わせて片翼しか羽ばたけないようにすると、群れはすぐさま隊列を変え、傷ついて動けなくなったツルを両脇から支えて飛んでいく」(ルクリュ著『地人論』第1巻〔1905～1908年〕の本文および挿絵より)

### フランスの貢献

19世紀末、ドイツ人文地理学の研究には、のちに人間と環境のさまざまな関係を扱うこととなる人文地理学のあらゆる要素がすでに盛り込まれていました。ただし、ドイツではほとんど反響を生まず、リッターやラッツェルはむしろフランスでよく知られていたのです。

リッターの信奉者だったフランスの地理学者、エリゼ・ルクリュは、歴史家で科学哲学者のドナート・ベルガンディに次いで、フランス人文地理学の忘れられた（ときには意図的に忘れられた）創始者と見ることができます。彼が科学者であり、アナーキストでもあったことは、同時代の人たちから見れば両立し難い二重性として映りました。その政治参加が理由で、ルクリュは2度の亡

命を余儀なくされたのです。ベルガンディは、ルクリュがその「3部作」、つまり『大地』（1868〜1869）、リッターに刺激されて書いた『新世界地理』（1876〜1894年）、『地人論』（1905〜1908年）のなかで、物理地理学と人間社会の歴史学という2つのアプローチを融合したと述べています。ルクリュは、こうして一般生態学と人間生態学の先駆者となることによって、正真正銘の社会地理学を確立しました。実際、彼は人間が動物相や植物相といった「大地の美」に及ぼす影響を研究しました。ルクリュはまた、食物連鎖やエネルギーの流れといった概念も考慮に入れ、動物と植物の群集に見られるさまざまな関係性を重視します。しかし科学の世界では冷遇されていたため、彼は一派をなすことはありませんでした。結局、フランスの地理学派を確立するのはポール・ヴィダル・ド・ラ・ブラーシュでした。

ヴィダル・ド・ラ・ブラーシュも、地理学のなかに人文的要素を打ち立てた人物としてラッツェルを見ていました。このフランスの地理学者もやはり、経済、政治、歴史、社会に関する科学からエコロジーを構築しようと考えたのです。つまりそれは、人間と環境の関係に関する科学であり、ヴィダルはそこにラッツェルが認めたよりも広大な自由の領域を認めていました。哲学者のエミール・ブトゥルーが、論文「法と自然の偶然性について」（1874年）で行ったこともこれと同じでした。確率論と決定論についての論争テーマが、この時期から明確になります。確率論と決定論という両極端のあいだで、環境とのかかわりにおける人間の自由度をめぐる論争の火ぶたが切られたのです。

### 真に人間を扱った生態学の芽生え

しかし、真の人間生態学に到達するには、もう一歩の跳躍が必要でした。それはつまり、自然の循環に人間を組み込んだ生態学を創始することでした。真に考え方を転換するための条件を踏まえつつ、複数の分野で生じる人間の特性が考察されるようになります。

ジャン゠ポール・ドレアージュは、ウクライナの社会学者セリイ・ポドリンスキーと、イギリスの生物学者パトリック・ゲッデスによる、まさに注目すべき試みについて述べ、次いでこの2人の研究者が生態学の成り立ちに貢献した事例に注目しています。

ポドリンスキーは1880年、人間の労働が生産のために必要な分を上回るエ

ネルギー(ここでは物理学者がいう意味のエネルギー)を蓄積させる方法について考察しました。より多くの太陽エネルギー量で、より多くの回数の生産や分配を行うには、農業生産の向上が必要だと彼は結論します。その理論を適用することにより、ポドリンスキーはフランスで初めて、国内農業のエネルギー収支を算出しました。そしてエネルギーの蓄積が太陽エネルギーを獲得する植物に恩恵をもたらすこと、またその量は少なくとも動物が消費する総量に匹敵することを述べます。次に彼は、物理的なパラメータによって部分的に決まる人体の経済的な係数を算出します。こうして彼が到達したところは、現在であれば奇抜な発想と見なされるものです。だからといってポドリンスキーの理論が、人間を大きな自然エネルギーの流れに統合するような、来たるべき経済生態学の一形態をなしていなかったとはいえません。もっとも、経済分野で支配的な考え方が、彼の実り多き仕事をさらに先へ進めるということはありませんでした。

　ヨーロッパ大陸の生態学の考え方を拒否していた生物学者パトリック・ゲッデスの研究は、すでに一種の人間生態学の形態を見せていました。ゲッデスは、18世紀に展開した重農主義学派の創始者、フランソワ・ケネーの『経済表』[*3]の影響のもと、エネルギーと物質の出入量研究にもとづく自然経済法則を打ち出し、純生産量の算出をめざした出口―入口タイプの表を考案しました。さらにゲッデスは、抽出、製造、輸送という3つの段階で大きな浪費が生じることを明らかにしました。この分析によって、ゲッデスは物理や自然科学に一部依拠する経済モデルを初めて作り、それによって当時の経済学者には知るよしもなかったエネルギー構成を導き出しました。しかしゲッデスの研究以後も、このモデルはやはり長いこと葬られたままでした。

　さて、略奪経済の定義は、少なくとも2人の研究者によって再び採用され、生態学の構築に彼らの描いた青写真とともに知られることとなります。その1人はドイツ人、もう1人はフランス人でした。

　ドイツの動物学者カール・メビウスは、1877年に生態学の基礎的な定義や、動植物の共同体を示すバイオシノーシスの定義を導入し、略奪経済も分析して、バイオシノーシス的要素としての人間経済を研究しました。実際メビウスは、シュレスウィヒ・ホルシュタインの牡蠣の群生を研究したとき、経済や社会の科学研究を自由自在に活用しています。彼の目的は、これらの牡蠣の群生

が獲り尽くされた原因をつきとめることにありました。

メビウスは、「生物の共同体」という語源にまでさかのぼって創案したバイオシノーシスの定義をわかりやすく説き、ドイツでもフランス（ロッシュフォール、マレンヌ、オルレアン）でも、市場開放に対応するため牡蠣の群生を捕獲しすぎたことが、バイオシノーシス全体を変質させたことを証明しました。「ひとつの本質的な法則が忘れられ、べつの領域に適用されているように思える。つまり牡蠣の過剰な捕獲は、牡蠣の生産性の低下を招いたために行き詰まったのだ」とメビウスは述べています。この持続可能でない海産物利用についてメビウスがおこなった分析には、すでに一種の経済生態学や人間生態学が現れていました。とはいえこの路線は、20世紀初頭に主流となった生物地理学を特質とする生態学には導入されませんでした。

一方フランスの植物地理学者、シャルル・フラオーは、1907年4月に開催されたモンペリエ学術会議の席上、ラッツェルに直接の讃辞を呈しました。「人間に関する地理学を創出し、自然観察者としてのもって生まれた資質をいかんなく発揮したラッツェルの足跡が、この分野に見出された」。翌年、フラオーは国際地理学会に出席するためジュネーヴにおもむき、森林破壊防止活動の統一を目的に、それまで関わりのなかった植物学と林学という2つの学問を結びつけました。こうしてフラオーは、人文地理学に関する仕事で植物学者たちの注目を惹きます。その仕事とは「自然秩序の名において略奪経済と闘争すること」でした。こうしてラッツェル派の人類地理学は、生態学への人文的要素の統合を認めることとなります。

### 人間をふたたび自然に統合

このような試みはあったものの、人間の個体数を環境との相互作用において正確に、徹底した方法で分析する研究は、いずれも第1次世界大戦以前には発表されませんでした。パスカル・アコは、おそらく人間生態学の誕生は、1921年に『エコロジー』誌に発表され、自然・経済・文化・歴史・社会の構成要素全体を網羅した『北極先住民の生態学的諸関係$^{*4}$』という研究にあったと強調しています。

しかし人間をエコシステムに含めることは、両大戦期にはまだまだ難しいことでした。そんななか、アメリカの生態学者でイリノイ州立博物学研究所所

長のS・A・フォーブズは、1922年に『エコロジー』誌に寄せた論文で、「人間も有機体であり、有機体であるからには環境の（支配的な）構成要素のひとつである」と述べました。この立場は、人間の要素をまだ考慮に入れていなかった当時の生態学によって行く手を阻まれました。しかも前世紀とかかわりのあった新たな出来事、つまり19世紀に生態学で優勢だった概念（生物共同体、バイオシノーシス、群集）が社会学へと移行したことによって、さらにべつの困難が生じました。

　この生態学と社会学の関係は、1925～1935年にシカゴ大学都市社会学科の社会学者たちによって発表された研究で明らかとなります。しかし生態学から社会学へと移行する過程で、生態学の概念は多くの内容が抜け落ちました。とくに「シカゴ学派」で最も有名なメンバーのひとり、ロデリック・D・マッケンジーの行った研究がそうでした。主要な偏向のひとつであり、それでいて何より知的魅力に富んだ考え方のひとつに、人間の住環境としての都市を「自然の」環境としてとらえ、住環境に生態学的機能の概念や規則をあてはめることがあります。それはたとえば、都市の生態系は移民の大規模な流入や、それにともなう犯罪の増加などで明らかな変調を来たすなど、外的作用によって損なわれるといったことです。しかし、より一般化していえば、社会問題は調整によって解消されます。つまり、都市の最下層の貧困と背中合わせに生きている辺境の人々は、自分たちとシステム全体のあいだの相互作用が均衡を脅かすことのない限り、もちこたえる可能性があります。

　それ以来、自然や文化の概念、そして人口と自然の概念は、単純な言葉遊びからときおり生じる修辞的アクロバットのなかで失われていきました。パスカル・アコによれば、シカゴ学派によって説かれたのは、科学性に乏しく、イデオロギー性のみに特化した、見せかけの生態学でした。それは第1次大戦後のアメリカ社会を、人間の本質の表現とまで見なす考え方を展開したのです。[*5]

　一次生産物の供給者としてのエコシステムに関係しない生態学的群集（バイオシノーシス）をどうとらえるべきでしょうか。生態学者なら誰しも、そんなものは生態学的群集ではないと答えるでしょう。しかしそれは、都市を自然環境として考える都市生態学の一派がゲリラ的に認めさせたがっていたことです。

　社会の生態学的側面と文化的側面を、首尾一貫した単一の概念体系のなか

**こんな生態ピラミッドはあり得ない**
　自然環境の頂点に、都市という異質なものが君臨しています。

Mathieu Hofseth

で統合するような人間生態学が出現すると、生物的性質と文化的性質をもつ人間の二重性はたえず抵抗します。自然はもはや、人間の存在に耐え、しかも人間は損傷を受けることがないという、19世紀の多くの博物学者や生物地理学者が考えていたような実体ではありません。そうした観念のうえにこそ成り立つのが生態学なのです。

　極端な動きが復活している現在の状況にあって、純粋な理想はイデオロギー的な観点から見てやや疑わしくなりました。実際、もし人間が自然と和解しなければ、「全体主義的」エコロジーの危機はなくならないのです。

# 第10章
## 農学、植物の栄養摂取、生態学
### Agrochimie, nutrition végétale et écologie

20世紀初頭にロシアの地球化学者ウラジミール・ヴェルナツキーが「生物地球化学的循環」と名づけたサイクル。これを理解することは、エコロジー科学の基本的な段階です。一見したところ、植物地理学の伝統は、博物学に由来する生態学の起源とほとんど関わりがないように思えます。しかし生態学の起源を求めて時代をさかのぼると、両者のあいだにあまりはっきりした境界はないことがわかります。

**現在**生物地化学的循環では、水、炭素、窒素の三大循環が知られています。さらに二次的な循環として、リンの循環、イオウの循環などがあります。こうした循環は、それぞれ生態系の一部となり、生態系を機能させています。

なかでもいちばんよく知られ、一般の人々にもわかりやすいのは水大循環でしょう。水は蒸発・凝結・降水・浸透・流出という5つの段階で、海洋、陸地、大気のあいだを循環しています。この動きは、炭素や窒素の循環とは違い、人間の目でその一部を確かめることができます。太陽エネルギーを原動力として、水は何百万年ものあいだ、地中(マントル層や岩流圏)と大気のあいだをめぐっています。また炭素は、光合成のプロセスとしての呼吸、燃焼、分解、吸収、水中溶解などの作用を通じ、地圏(地殻と上部マントル)、水圏、気圏、生物圏のあいだをめぐっています。

いまではこのように説明されていますが、こうした循環

Bruno Porlier

**水**
生命に不可欠なものとして、生物圏を循環しています。河川として現れるのは、水が形成するサイクルの一部です。

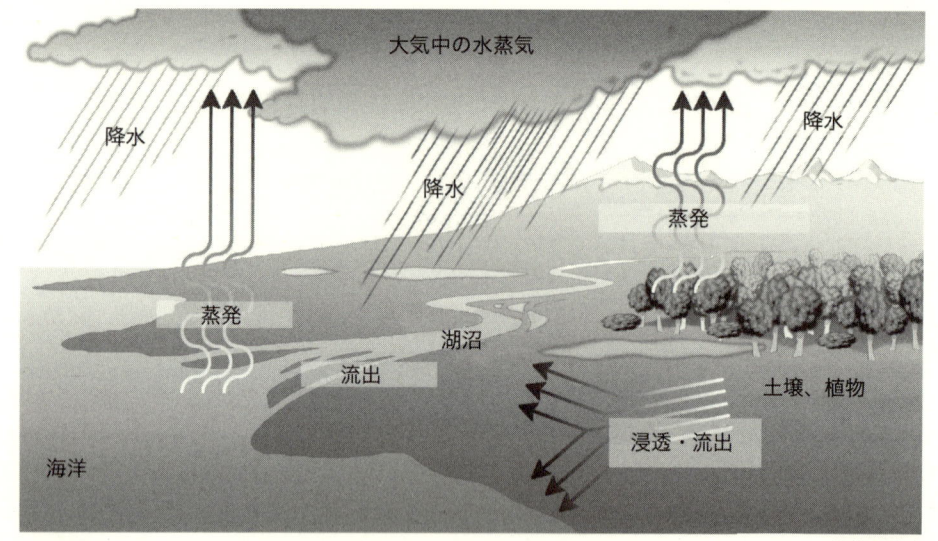

（図中ラベル）大気中の水蒸気／降水／降水／蒸発／蒸発／湖沼／流出／土壌、植物／浸透・流出／海洋／Mathieu Hofseth

**水循環**
　目に見える部分。急速に循環する部分がある一方で、地中には数百年もかけて水がめぐっているところもあります。

　は過去に生み出されたさまざまな概念の積み重ねです。それを説明するには、そもそも循環とは何かという定義から始めなければなりません。
　循環作用とは、方向もなく、始点もなく、終点もなしに生じる連鎖的な現象が、時間とともにさまざまな現象の環をつなげつつ展開することです。

**循環と革新**

　現在知られているような水の大循環は、1789年に化学者アントワーヌ・ローラン・ド・ラヴォワジェが初めて認識したと考えられます。ラヴォワジェは、動物が動植物を栄養源としているのに対し、植物は水を大気中から、また植物に不可欠な物質を土壌から摂取しているとしました。すなわち連鎖の考え方です。彼はその主張に、大気中で生じる発酵・腐敗・燃焼といった作用、また動植物によって固定される鉱物の諸要素を取り込みました。すなわち連鎖の環の完成です。ラヴォワジェは「三圏（地圏・水圏・気圏）の驚くべき循環」の原動力は何かという疑問を解明しようとするうちに、有機化学の時代を導くこととなりましたが、1794年5月8日、コンコルド広場で徴税請負人たちと

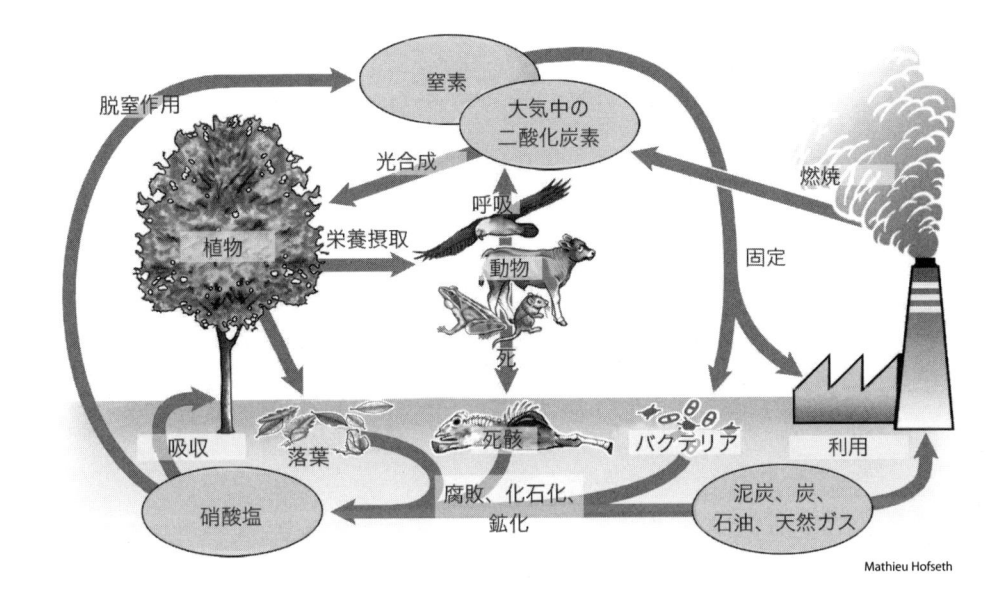

**炭素と窒素に注目した簡単な生物地化学的循環**
　生物にとってのこれら2つの基本要素は、たえず循環利用されています。

ともに断頭刑に処せられ、農学研究をそれ以上に進めることはできなくなりました。こうしてその研究は、ラヴォワジェの業績のなかでもっとも知られていない分野となったのです。

　ラヴォワジェによる化学の画期的な説が途絶えた結果、その後19世紀初頭までは生気論が支配的となります。生気論[*1]とは、「生命がその組織によって示す物理化学現象は、生気を原理として説明される」という考え方です。ベルグソンはこれを「エラン・ヴィタル」（生の躍動）と名づけました。生気論はデカルトの唯物論と対立するのはもちろんのこと、「生命の現象は霊的存在（精神あるいは神）によって説明される」というライプニッツの唯心論[*2]とも対立する考え方です。

　こうした生気論の考え方はその後、実験によって真理を追究していた多くの研究者にも影響し、決定的な実験が長いことなされなくなってしまったため、それまでの化学や、来たるべき生理学の歩みを妨げました。ただしトマス・クーンが語ったように、科学の革新は、科学の世界だけで生じるものではありません。とりわけ制度的背景や、社会学的背景を勘案すべきほかの要因が

きっかけとなることもあるのです。その後、2つの連続した実験により、植物の栄養摂取に関して生気論に反する新たなモデルが構築され、学界に疑問を投げかけます。それはジュネーヴの化学者であり博物学者でもあったニコラ・テオドール・ド・ソシュールと、ドイツの物理学者で医師でもあったユリウス・ロベルト・フォン・マイヤーによる実験でした。

　現在の言い方に従えば、光エネルギーの作用によって二酸化炭素と水から有機物の光合成が行われていることと、その作用により酸素が発生することをソシュールは立証したといえます。これは、緑色植物が大気中から炭素を取り込むということでもありました。マイヤーはこれに加え、酸素が化学的エネルギーを引き出すことを指摘します。光合成の謎を解く鍵は、もうすこしで手の届くところまで来ました。

### 未解決だった窒素の問題

　一方、解明されないまま残っていたのが窒素循環の問題です。19世紀初頭、この気体は生物の呼吸には必要ないものの、生命活動を成り立たせるためには不可欠ではないかと考えられました。

　緑色植物の栄養摂取を考えるうえで障害となっていたその疑問に光を当てた2人の化学者がいます。1人はいまもスープのブランドでその名を知られるユーストゥス・フォン・リービッヒ。もう1人はジャン=バティスト・ブサンゴーです。『フランス農学史』の作者ジャン・ブレーヌは、このブサンゴーを世界で最も偉大な農学者としています。

　他方、リービッヒは、ドイツの農学者アルブレヒト・ターエルが提唱して当時広まっていた腐植栄養説[*3]を批判したことで有名です。18世紀に生まれたこの説は、古くから根強く支持されてきた"similia similibus curantur"（ラテン語で「似たものが似たものを癒す」）という考え方にもとづいていました。それは農業にも応用され、植物の分解物でできた腐植土は植物そのものの栄養源になるという考えとなり、フランスを中心に堆肥重視主義が普及しました。農民たちは、堆肥のなかに神秘的でかけがえのない何かが潜んでいると考えていました。しかし当時、山積みされた堆肥の高さをもとにして農地の豊饒さを測るといったことはまだ行われていなかったようです。

　問題は、とくに大農経営の場合、土地を肥沃にするために堆肥がいくらあ

っても足りないことでした。土地を痩せさせたくなければ、農民は外部から堆肥を供給する必要がありました。こうして19世紀には、厩肥や人糞、植物の腐敗物、動物の肉・骨・毛・皮、魚、煤、油、道端のゴミなどが、土壌に不足した要素を補うために農地へ撒かれました。

　ところがリービッヒは、当時信じられていた栄養分補給の役割が腐植土にあるとは考えなかったのです。かわりに無機塩類に目を向け、いわゆる「無機栄養説」[*4]を展開しました。彼は農学上の循環に関して、土地の肥沃さを維持するのになくてはならない要素を検討し、1840年、制限要因をもとにした生態学の法則を唱えます。これは現在では「最小の法則」、あるいは「リービッヒの法則」と呼ばれています。この法則は、生物学的プロセスが速やかに、あるいは十分に起こるかどうかは、生態学的要素のうち最小閾値に最も近い要素によって決まるというものです。循環の機能を理解したり、無機塩類をどんな割合で供給すれば十分かということを考えるうえで、これは基礎となる発見でした。リービッヒはその具体例として、馬や牛の糞尿のなかには、こうした動物が摂取する植物の灰に含まれた無機塩類と同一のものが含まれていることを示しました。これらの物質は、家畜の放牧地に撒かれていました。これをきっかけに農民たちは、地力回復には無機塩類が必要だということに目を向けるようになります。

　こうして農業化学という分野が生まれた結果、失われた地力をどうやって回復すればいいのかという比較研究が、イギリスのジョン・ベネット・ローズ、ジョセフ・ヘンリー・ギルバートによって行われ、ローズは骨を硫酸処理して粉砕した「過リン酸肥料」を作りだしました。

　ところが、リービッヒの無機栄養説には間違いがありました。というのも、土地を肥沃にしようと思えば、無機塩類の供給だけでは不十分で、彼の有名な「地力回復」の説は意味を成しません。いわゆる「窒素」説に抵抗するのが関の山で、緑色植物により窒素が固定される謎を解明するにはいたらなかったからです。それでも、リービッヒが無機塩類の重要性について人々の関心を喚起し、土壌に再び目を向けさせたことで、農業に決定的な進歩をもたらしたことは疑う余地がありません。彼の主張が始まる以前、こうした無機塩類は植物の中で偶然に生じるものでしかないと思われていました。まさに彼の主張があったからこそ、農学者たちは真に地力を回復するために必要となる各種供給物の

第10章　農学、植物の栄養摂取、生態学

計測や、それぞれの割合に興味をもつようになったのです。

一方ブサンゴーは、窒素に関する疑問について、かつての教え子であるジョルジュ・ヴィルの主張に反論しました。1851～53年の間、マメ科植物が土壌の窒素を取り込むということを農民たちから聞き、この植物を使って数々の詳しい実験をおこなったブサンゴーは、「空気中の窒素は、二酸化炭素と違って、直接には植物に取り込まれない」と考えるにいたります。現在、このブサンゴーの主張は正しかったことがわかります。数種のバクテリアや藻類だけがその力を持っていて、他の植物は硝酸塩のかたちで窒素を取り込み、硝酸塩が活性窒素へ、さらにタンパク質へと変化していくのです。ただしブサンゴーは、大気中の窒素を土壌に固定するうえでバクテリアが演じる役割、つまり無機物化には目を向けませんでした。

その疑問を解く鍵を見出したのは、ドイツの農学者ヘルマン・ヘルリーゲルです。その後、1883年ムードンに創設された「実験所」で、マルスラン・ベルトローがその研究をさらに進めます。ヘルリーゲルは、マメ科植物の根粒に、大気中の窒素を固定できる微生物が増大することを証明しました。

### 制限要因

ここでひとまず、生態学――厳密にいえば個生態学――で重視されるようになった制限要因の考え方を理解しておきましょう。この要因は、植物の定着、維持、分散の可能性を決定しているもので、植物生態地理学が突き当たる疑問も、この要因によって解決することができます。

スイスの植物学者オーギュスタン・ピラム・ド・カンドルは、植物地理学を可能な限り応用することに博物学者や農学者の関心を向けさせようとした人物です。ド・カンドルはこの問題について、セーヌ県農業組合に多くの報告書を提出しました。『農学辞典』(1809年)に含まれた「農業植物地理学」という研究もその一つです。ちなみに当時のフランスの農業組合は、博物学者、化学者、農学者の誰に対しても開かれており、1820年代からは、農民たちが介入できる唯一の要素である土壌を重視しようということで、お互いの考えが一致していました。化学を生態学の中心に据えれば、土壌の分析が可能になると広範に考えたこのような農業関連団体の関心とともに、化学は発展していきました。1870年代、アンドル=エ=ロワール県農業組合の報告書でさまざまな執筆

者が主張したところによると、十分に地力を回復させる方法を知り、休閑地をなくし、生産性を向上させる目的で土壌を化学的に分析する場合、例外なくリービッヒの研究がよりどころとなります。もっとも、あいかわらず大雑把だった化学分析は、その有用性に疑問も投げかけられていました。19世紀末のフランスが、イギリスやドイツに化学で遅れを取った原因は、明らかに農林水産大臣ジュール・メリーヌの保護貿易主義、リン酸肥料に対する投資不足、そしてその情報収集の遅れにあったといえます。

　このようにフランスでは、この分野への政府の関与がいまひとつでしたが、それと対照的に同研究に熱を入れたのが、地方にいた一部の博物学者たちでした。彼らは1870年代以降、実験所の敷地や、肥料分析を主とする研究・実験用の小屋で研究を進め、農業のさまざまな「実験所」ができるきっかけをつくりました。そのひとつであるナントの農業実験所は、1850年代、農学者ボビエールによって設立されました。それ以来、農学には化学や生理学の手法、器具などが欠かせなくなります。フランスではその後、国立農業研究所（1875年）、ヴェルサイユ園芸学校（1873年）が創立され、遅れをとっていた同分野の研究でようやくドイツやアメリカに追いつきます。その革新の担い手となったのは、ルイ・グランドーでした。ヴィクトール・デュリュイ大臣により、農業化学の分野で最先端にあったドイツへ派遣された彼は、ナンシー大学（1868年）で化学と植物生理学を農業に応用した知識を伝えるかたわら、国立林業専門学校の教授としても活躍し、ナンシーに農業実験所（1868年）を設立後、この実験所をパリのパルク・デ・プランスに移します。1881年、農業実験所全体の検査官に任命されると、『実践農業新聞』を発行し（1893年）、農業実験所に関する世界会議（1881年、1889年、1900年）を開催します。実験所は1900年には44県にまで拡がりました。これらの実験所は、科学と農業の共存をめざした団体として、地元の農業組合と密接に関わることになり、農業組合が「科学」部門を設け、農学の専門家たちがその指導にあたることもありました。

　その後、博物学愛好家や農学愛好家、また時にはその両者を兼ねる人々が、開墾地の区分や、岩石・耕作地・土壌の物理化学的な質の把握を目的として、地質学的・農学的な地図の作成プロジェクトに関わることとなります。実験所では、研究室における物理化学の分析や、地質学および土壌学の観点からの調査、博物学者による土壌の指標植物の同定が基本的な作業となり、1847年

9月、ロワール川下流で植物学者が調査旅行を行ったときには、その土地が石灰質であるかどうかが、植物のリストを網羅した一覧表だけで確認できるまでになりました。またアン県では、博物学者がより綿密な土壌研究を行い、ケイ酸質の土壌に生育するはずのシダが石灰質の土地に生えるという変則性も明らかになりました。さらにべつの土地では、博物学者たちが「好カルシウム性」植物の種類の多さに驚いて、地質との関係による植物遷移に目をつけたりもしました。こうしたことを通じて、ある植物が繁殖する場合に、カルシウムとケイ素の過不足が制限要因となることがしだいにわかってきます。好ケイ酸性植物にしても、嫌カルシウム性植物にしても、二酸化ケイ素の豊富な（好酸性の）土地を求めるのはそのためであり、好カルシウム性植物がカルシウムを求めるのも同じ原理です。こうして、同種の土壌で群集をつくる植物種のなかには、カルシウムと二酸化ケイ素が制限要因となる種があることが知られるようになりました。

これらの研究は、土地が痩せたまま正常に戻らない地域の地図作成に貢献することとなります。フランス農業組合は、農業経済学の父とされるエドゥアール・ルクトゥーを首唱者として、1892年から市町村の農地図をようやく作成するようになりました。

またこれらの研究は、博物学から派生した植物生態学と、化学、生理学、農学から生まれた植物生理学とのあいだに橋を架ける役割も果たしました。これは20世紀初頭、植物生態学と動物生態学を融合させたり、農業生態学を誕生させたりする動きのさきがけとなります。

さて、この章で述べてきたような19世紀の出来事を総括すると、いまでは誤りとされる説も当時の科学を進歩させてきていることがわかります。腐植栄養説も、無機栄養説も、窒素説もそうでした。それらの説が物議をかもしつつ対立し、次々と興亡しつつ、一時的に「真実」の基盤となる考え方を生滅させ

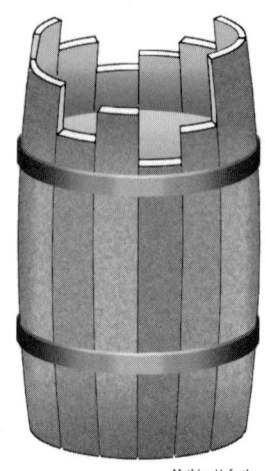

Mathieu Hofseth

**リービッヒの制限要因説**
　この説を理解する手がかりとしてよくもち出されるのが、樽のイメージです。上端がそれぞれ違った高さになっている板を組んだこの樽に、どれだけ液体が溜まるかは、いちばん低い樽板で決まります。他の樽板がどれだけ高いかは問題ではありません。これは生物学的プロセスにも当てはまり、最小閾値にある要素がそのプロセスを左右します。植物の生命活動でいえば、必要な栄養素のうち、欠落や不足の見られる要素がその成長を制限していることになります。

ながら、エコロジーという科学が形成されてきたといえるでしょう。科学史というものが、誤った考えにも認識論上の規定を与え、それを利用していくというのは重要な点です。

# 第11章
# 海洋生態学
## L'écologie marine

　19世紀後半、海洋学と海洋生物学の発展で、革新的なテクノロジーを備えた海洋実験所が設置され、海洋環境を対象とする一連の初期研究プログラムの成立に大きく役立ちました。しかしどの研究分野でも、生態学的な観点に大きな変化はありませんでした。

　**植物**生態地理学の発展に寄与した植物学者ルイ・ブランは、ある認識にいたりました。それは1905年以降、生物種と外的環境の関係性を考慮するようになった人々が、「生態学を誕生させた新たな観点」を発展させたというものです。この時期には、ちょうど生態学のインスティテューション化が始まろうとしていました。こうした生態学に対する「ひとつの観点」、さらにいえば「ひとつの精神のあり方」という表現は、その後、現代の偉大な生態学者であるロジャー・ダジョズらによって再び採用されることとなります。

　海洋生物学の領域でも、研究者たちは生態学を同じようにとらえました。漁港バニュルス=シュル=メールのアラゴ実験所とヴィルフランシュ動物学実験所の所長を務めるジョルジュ・プティもその1人で、1962年には次のように述べていました。「海洋動物学は、生態学と切っても切れない関係にある。総論的な形態をもった生物学において、地

Bruno Porlier

**海と河川**
　生態学の研究では決して見落とすことのできない広大な自然の領域です。陸地の環境にあてはめられるさまざまな法則が、この領域の研究にも適用されます。

味な存在でしかないこの学問（生態学）が、結局は海洋動物学の考察を進める手立てになる。ただし、もしも物理的な海洋学のデータが限られていたら、生態学に対するこうした観点も実を結ばなかったはずである。かりに海洋生態学がなかったら、たとえば海の生産性を増やすために生産性向上技術の実験をおこなうといった発想もあり得なかったであろう」。

　2つの重要な考え方が、ここで海洋生態学の歴史をはっきりと特徴づけています。ジョルジュ・プティによれば、応用的研究へと向かった海洋生態学は、さまざまな学問との関わりのなかで生まれました。この点が興味深く思えるのは、「不純」であるとみなされていた「実用的な」科学と「純粋」かつ「高尚」とされた科学の発展とをつねに分けて考えるべきだというのが、とりわけ19世紀の考え方であったのに、そうした見方からまったく離れていることです。

　ちなみに、ドイツの動物学者カール・メビウスは1877年、北海の牡蠣養殖場を研究していたとき、生態学の基盤になるバイオシノーシスの概念を着想しています。この概念は、海洋環境の動物群集と植物群落の事例に適用され、さらにその後、海洋と陸地とを問わず、特定環境におけるあらゆるタイプの生物群集にも応用されるようになります。バイオシノーシスは、ビオトープとともに生態系を構成する要素の一つです。メビウスは、バイオシノーシスに着目したことで生態学の基礎的な研究を確実に進めましたが、その研究動機はそもそも経済上の関心と直接結びついていました。19世紀当時、牡蠣が採り尽くされていたために養殖場が枯渇していたのです。

### 「現地」海洋学の先駆者クック

　海洋生態学の起源をたどることはできるという前提で考え始めた場合、いったいどの時代までさかのぼれば良いのかという疑問に行き着きます。

　ウィーン大学動物学研究所の教授で『海洋生態学』誌の編集長ルーペルト・リードルは、それに答えるいくつかの要素を提示しています。リードルは、ナポリ臨海実験所が編集するこの雑誌に適用された新形式を用いて、1880～1980年の海洋生態学略史を綴りました。その時代は、ダーウィニズムを信奉した生物学者で同実験所の創設者・所長となったアントン・ドールンが、1879年に『海洋生態学』誌を創刊してからの100年間にあたります。

　リードルによれば、海洋生態学の起源は大探検旅行にまでさかのぼります。

**ジェイムズ・クック**
「我、すべての試みを為せり」。クックの死後、紋章の銘にはそう刻まれました。(N・ダンス・ホーランドによる肖像画。1776年、国立海洋博物館、ロンドン)

　陸生生物と水生生物についての新しいデータを用いて正確に足跡をたどってみても、やはりこの時期の大旅行家たちが生態学その他の科学分野の創出に幅広く貢献したことは明らかです。しかしそれ以外にも、海洋生態学の発展に影響した科学技術的な要素がありました。海洋学の誕生、海生生物学の発展、海洋実験所の設置、漁獲や養殖に活かされた新技術の応用、さらにはさまざまな場所への交通を便利にした鉄道の発展などです。海洋生態学にとって、これらは付随的な要素として大切でした。

　海洋学の創始者は、『海の理学』を1725年にアムステルダムで発表したルイージ・フェルディナンド・マルシグリ伯爵だと一般には見られています。もっともその本の中でさえ、「地中海は底なしの湾」と述べられているのには面喰らいます。

　一方で、大航海の名にふさわしい偉業を初めて残したのがジェイムズ・クックでした。イギリスの有名な航海者クックが初めて大がかりな探検に出たのは、1769年6月3日のことです。彼は金星の太陽面通過調査のため、エンデバー号でタヒチへ航海します。この任務を無事に遂げたクックは、その後、学者たちの興味の的となっていた南方大陸(Terra Australis)を発見すべく南へ

第11章　海洋生態学　143

向かい、ソシエテ諸島（仏領ポリネシア）を発見。さらにニュージーランドとニューオランダ（オーストラリア）の海岸を測量し、これらの広大な土地をイギリス国王の名のもとに占領します。1770年8月23日のことでした。そしてクックは、バタビア（ジャカルタの要塞）から喜望峰を経てイギリスに戻ります。地図情報をはじめ、正確なデータを豊富に得ることができたこの航海は賞讃を得ますが、人々はこのとき、ほとんど操縦不能になった船でイギリスに戻ってきたクックの勇敢さにも感心しました。

　クックが1772年、レゾリューション号、アドベンチャー号で航海に出たのは、まだ発見にいたっていなかった架空の南方大陸を再び探すためでした。この旅で、彼はタヒチからオーストラリア、そしてニュージーランドを通り、多数の島を発見します。1775年にイギリスに戻ってきた彼は、「問題の大陸は発見できなかった。理由は、その大陸が初めから存在しなかったからである。少なくとも、航海できるところはくまなく探し尽くした」と、求めていた大陸の不在について結論を下します。

　3度目の航海で目的地となったのは、まだよく知られていなかった北太平洋です。航海は1776年、レゾリューション号とディスカバリー号で行われます。この旅でクックは、サンドイッチ諸島（現在のハワイ）を1778年1月に見つけ、北アメリカ大陸沿岸で、壮大な水路測量調査を実行します。その後、氷河のあいだを進みながらベーリング海峡の北を通り、ハワイに戻ってきたクックでしたが、島民たちとの関係が次第にぎくしゃくしてきます。いくつかの窃盗事件が発生したあと、土着民が1人殺されると、イギリス人たちは報復として島の人々から投石に遭いました。その後も小競り合いが続いたあと、ついにクックが短刀で刺されます。1779年2月14日[*1]のことでした。その結果、彼らの船は焼き払われ、クックの姿は頭蓋骨、腕、大腿部、手のほかに何も残りませんでした。土着民たちがそれ以外は全部食べてしまったのです[*2]。

　この時代、イギリスの海洋学が他の国よりもはるかに進んでいたのは明らかでした。太平洋の正確な地図を手にしたイギリス人は、その後の探検でも成功を収めます。

## 遅れをとったフランス

　さて、フランスはどうだったでしょうか。16世紀以来、さまざまな探検旅

**バンクスとソランダー**
クック船長とともに最初の冒険に出かけた2人の博物学者は、のちのシドニーを含むボタニー湾で採集活動を行います。(T・ゴスによる肖像画、1770年、国立海洋博物館、ロンドン)

行を計画しながらも、イギリスには水をあけられていました。フランスが本当の意味で海洋探検といえる航海を始めたのは、19世紀になってからで、「深海の謎」をめぐる科学的な興味も、それまでは散発的なものにすぎませんでした。結局のところ、第1次世界大戦が勃発するまで、海洋のテーマで書かれた書物は3冊しかありません。そのうちの2冊が、海洋の一般的な測深図の発案者ジュリアン・トゥーレによる『海洋静力学概論』(1890年)と『海、その法則と問題』(1904年)、そしてJ・リシャールの『海洋学』(1907年)です。

フランス政府の関心の低さとは裏腹に、こうしたテーマは大衆の興味をそそり、メロベールが『海底探検』(1849年)を、ジュール・ミシュレが『海』(1861年)を、ヴィクトル・ユゴーが『海に働く人びと』(1866年)を書き上げます。その中には、当時あまり知られていなかったジュール・ヴェルヌの『海底2万里』(1869～70年)もありました。

博物学者アルフォンス・ミルヌ=エドワールの要請により、フランスが海洋探検を行ったのは、1880年になってからでした。ミルヌ=エドワールを団長とする調査団がトラバイユール号(1881～82年)、タリスマン号(1883年)に乗り込んで行った航海探検が、遠洋におけるフランス海洋学の先駆です。

その後、ミルヌ=エドワールを中心としたこの調査団の一部のメンバーが、アルカシオン動物学研究所で地味な海洋調査計画を進めます。その担い手は、1891～93年に実験所の所長となったアンリ・ヴィアラーヌとポール=アンリ・

フィッシェルで、トゥーレも大きな指導力を発揮しました。

　フィッシェルは、海底の浚渫を委託された団体の一員として、アルカシオン地域を中心にさまざまな探索を行なうとともに、沿岸の動物相も研究しました。フィッシェルは、海洋生物の地理的分布や測深水域ごとの分布に関心をもち、フランス各所の海底の沈殿物を研究し、カプブルトン湾の深海から浚渫した動物を調査します。これは測量と浚渫の分野のパイオニア的存在だったレオポルド・アレックス・ギヨーム・ド・フォラン侯爵の協力のもとに行われました。

　このほかにもフィッシェルとド・フォランが、またボルドー港の港湾事業局長で水の大循環に関する研究や大西洋と大気圏の関連性について調べていたアルフレッド・オトルーが、さらにボルドー出身で1899年にビスケー湾海洋学会を設立したシャルル・ベナールといった人物が、フランス沿岸部について研究し、物理海洋学や生物海洋学を発展させます。

　ただし、ここで一言ふれておかなければなりません。海底調査が遅れていたことです。約600メートルを超える深海には光が届かず動物界がない、つまり生物がまったくいない状態になっているという、スコットランドの博物学者エドワード・フォーブズの理論を、科学界が根強く信じていたせいでした。ミルヌ＝エドワールはこの論を支持していました。「深海の科学」の本格的な展開は、海底に電信技術を導入しようと考えたイギリス（ウィリアム・ベンジャミン・カーペンター、チャールズ・ワイヴィル・トムソンら）、アメリカ（ジャン＝ルイ・アガシ、ルイ＝フランシス・ド・プルタレスら）が中心となります。実際、電信ケーブルを沈めたり、それを修理したりする作業は、海底地形学の知見を充実させ、深海生物の発見も増やしました。ハーバード大学の教授であったアガシは、1866年の夏、アンティル諸島沿岸の海底で浚渫作業を行う方法を得て、弟子のプルタレスとともにそれを実行します。アガシはこれを「沿岸海洋学」と名づけましたが、筋金入りの反進化論者だったため、残念ながら結論にいたることができませんでした。それでもヨーロッパ大陸でいえば、彼がこの分野の先を行っていたのです。

　イギリスでは、Ｃ・Ｗ・トムソンが深海で見られる「生きた化石」を賛美し、ケーブルを敷設する海底の自然について知っておくべきだと唱え、やがてアメリカとイギリスの博物学者たちは、海は地球の歴史を明らかにする資料の宝庫

であるとの確信にいたります。一方、「旧大陸」に住んでいたフィッシェルやド・フォランは、国の補助金や支援が得られずに手こずりました。


### パイオニアたち

　そんなフランスでも、海洋学や海洋生物学は、アルカシオンなどの実験所を中心として発展し、海洋生態学の誕生に寄与します。

　海洋調査に取り組んだ初期の実験所は、19世紀後半に建設されますが、それ以前に自ら海岸におもむき、研究を進めていた生物学者もいました。次々と初期の実験所が建てられる以前のこうした英雄時代には、研究者たちの活躍そのものが語り草となります。

　その1人、ラッツァロ・スパランツァーニ神父は、パヴィア大学の教授としてマルセイユ（1781年）、アドリア海（1782年）、そしてリヴィエラ・デル・レヴァンテ（サン・レモからラ・スペツィアまで拡がるイタリアの海岸）をずっと奥へ入っていったところにある小さな町、ラ・スペツィア（1783年）に赴きます。彼は当初、自分の学生たちに見せるために動物を採集しました。マルセイユでは、ホテルの部屋を博物学の展示室に改装し、その部屋で物を書いたり、海洋生物の絵を描いたり、解剖や保存をしたりしていました。

　19世紀になると、博物学者たちは不便にもめげず、港から港を歩くこともいとわず、熱心に研究を進めるようになります。その1人、ジャン＝ルイ＝アルマン・ド・キャトルファージュ・ド・ブレオは、自らの探検調査を『ある博物学者の回想』（1854年）の中でこう記しています。「いままでのなかで、今回ほどきつい旅はない。大桶のような箱の中で旅行者どうしが顔を突き合わせる、まるでサンゴ虫のような生活にはうんざりだ。足はぶつかるし、身のまわりは隣人たちにふさがれる。おまけに頭ときたら、鍾乳石のように天井からアーチを描いてぶら下がる帽子やショールやかごの中に半分埋まってしまう。あるのは息をする空間だけだ」。馬車の記述でド・ブレオは、客車付き列車の到来を強く望んでいます。

　目的地にたどりついた博物学者たちは、謎の道具（結晶皿からただのスープ皿までの皿類、ルーペ、解剖道具、化学物質、ときには顕微鏡）を置かせてくれる宿屋をやっとの思いで見つけ出し、身を落ち着けます。漁師たちとはもちろん連絡を取り、市場へ行けば魚介類に目を通して、地元にどんな動物相があるかを[*5]

探り、海の空気を吸ってから、いざ探検へ、採集へと出かけていきました。

ジャン＝ヴィクトール・オードゥアンと、アルフォンス＝ミルヌ＝エドワールの父アンリは、フランス海洋生物学の祖とされますが、スパランツァーニの時代から半世紀後、この2人もスパランツァーニと同じ方法で研究に取り組んでいました。

初めのうち、とくに海洋動物と甲殻類の解剖学および生理学に関心を持っていた2人は、1826年から29年までノルマンディー地方の海岸に何度も出かけていきました。とりわけ最後の2年間は、発見した動物の素描や色つきの絵を整理すべく、自分たちの妻も同行させます。

こうして1828年8月20日の夜、彼らはショーゼー諸島に上陸、藁葺き屋根で3部屋の小屋に、マットレス、テーブルクロス、椅子など、生活に必要なものを持ち込みます。それはまるで世間とは縁を切ったような環境でした（島の住民はわずか6人でした）。しかし小屋に引っ越してから6時間たった翌日、彼らは早くも動き出します。「妻たちは、フライパンを握ったかと思えば絵筆に持ち代え、その筆の動きを止めてはフリカッセの調理に戻ると、クルクル動きまわっています」。オードゥアンは、研究所司書への手紙にそう記しています。若き研究者2人は、腰まで泥にはまり、首まで海水に浸かりながら、興味の対象であるポリープ母質をとらえます。間に合わせに作った実験所は、探検で採集した生物を観察しやすくするため、玄関口に水を引く装置がついていました。

採集地に海水の流れる水槽つきの実験所が必要だということが、のちの実験所づくりへの教訓になりました。19世紀の終わりから、海洋動物の実験所には、水槽や大きな容器に海水を循環させて栄養分をいつも補給できるポンプが設置されるようになります。

さて、2人の学者はこうして、それまで未知だった、あるいはあまり知られていなかったさまざまな無脊椎動物種を発見しました。その研究結果は、『フランスの沿岸博物学研究、あるいはフランス海岸動物についての解剖学・生理学・分類・習性に関する論文集』という2巻本の書物に詳述されています。実際のところ、この本ではグランヴィル近辺やショーゼー島、サン・マロ地区[*6]からフレエル岬までの生物が網羅されていました。そのうち、ミルヌ＝エドワールが担当した2つの章（第4、5章）では、漁業について触れられています。ま

たオードゥアンが書いた第6章では、フランス沿岸で発生した難船のエピソードがふんだんに盛り込まれています。

　オードゥアンとミルヌ＝エドワールが発表したこの書物は、生態学的に見て重要でした。じつに2人は、動物の正確な地形的分布、つまり垂直分布と水平分布を確立したのです。彼らは5つの地帯を決定します。第1は並外れて強い潮の外側にあっていつも見えている地帯。第5はもっとも強い潮によっても見えて来ない地帯。それぞれの地帯に特徴的に現れるいくつかの生物を挙げ、こうした分布の原因を究明するのに必要な標本を示します。この本に着想を得たE・フォーブズはのちに、海の動物相と植物相の区分モデルを水深に添って作成し、水深と緯度からくる温度影響の類推をもとに、海水面から約600メートルあまりの深さには北極海と同じ生物が住んでいると考えます。このモデルは、19世紀初頭にフンボルトが作成したモデルを思い起こさせます。熱帯地方の山岳斜面に沿って同様に植物分布の研究をしたフンボルトは、山麓が赤道環境に、頂上は極地環境に対応しているとしました。フンボルトとフォーブズのモデルでも、オードゥアンとミルヌ＝エドワールが行った調査でも、ともに同じ生態学の問題が生じています。つまり地表と海中深くにおける生物分布の原因です。

アンリ・ミルヌ＝エドワール（上）とジャン＝ヴィクトール・オードゥアン（下）は、海洋生物学で華々しい業績を残しています。（フランス国立自然史博物館中央図書館、パリ）

　「海洋生物学は、このとき形成過程にあった生態学の領域を認めないわけにいかなかった」と生態史学者ジャン＝マルク・ドゥルアンが言っているのも、まさにこうしたことが理由です。

### 永遠の課題

　さて、ジャン＝ヴィクトール・オードゥアンは44歳と若くしてこの世を去りますが、アンリ・ミルヌ＝エドワールの方は長生きし、さまざまな世代の後輩研究者たちに海洋生物学の道を開きます。ド・キャトルファージュとアンリ・ド・ラカゼ＝デュティエは、なかでも最も有名な弟子でしょう。

　ド・キャトルファージュは、先達と同じくショーゼー島（ワールド・アトラ

スにもない）を、そしてブレア島（パンポルの近く）を訪れます。その後ビスケー湾を通って大西洋へ出て、サントンジュ沿岸を探検し、さらにミルヌ=エドワール、エミール・ブランシャールとともにシチリア島での任務に携わります。

　そのほか、カール・フォークトも海洋生物学を実践した科学者の1人です。フォークトは1848年のドイツ革命後にスイスへ亡命し、ジュネーヴ大学で動物学と比較解剖学の講座を担当しました。そしてヴィルフランシュ湾とニース地区の遠洋における動物相を初めて研究します。円錐型にこしらえた小さな網を手漕ぎボートに備えつけ、その網ですくい取ったプランクトンの調査結果を1868年、『地中海下等動物調査』として発表しました。また1872年に創立されたロスコフ海洋実験所の実験室にも頻繁に通い、地中海に臨海実験所を作る必要があると提唱する報告書を発表します。

### 実験所の誕生

　1820年代以降のフランスでは、海軍省が保健省の役人のため、いくつかの港に博物学の展示場を設け、将来の海洋実験所の設立に先鞭をつけたいと考えるようになります。しかし実験所が立ち上げられるようになるのは、他のヨーロッパ各国と同じく19世紀後半のことです。生物学、生理学、生態学、動物行動学の発展に寄与することとなったこれら初期の実験所は、港に設立する必要がありました。なぜ人里離れた場所に建てなかったのでしょうか。それはすでに整っていたインフラや、すでに存在していた通信手段を活用し、地元の漁業施設を利用するためでした。

　ところが実験所は、19世紀末には利点があったものの、50年後にはそうではありませんでした。現にこれらの港は水質汚濁が進み、実験所も自然の宝庫とはいえなくなり、研究の場には適さなくなりました。その後、港からますます離れたところで生物を採集する必要が生じたため、こうした調査は研究者の仕事というより、漁師の仕事に近いものになっていきました。また、実験室では人工的に再生された海水が利用されるようになります。

　さて、初期の海洋実験所の構想は、1843年、オステンド（ベルギー西フランドル州）の医師であり動物学者・古生物学者だったベルギー人、ピエール=ジョゼフ・ファン・ベネデンによって打ち立てられます。彼自身の資金をもとに

創設されたこの実験所は、ヨーロッパの主要な博物学者たちの関心の的でした。しかし水槽つきの簡素な実験室しかなかったこの施設は、1866年には姿を消すことになりました。

フランス初の実験所は、やはり医者であり、養魚法のさまざまな研究で知られていたエロー県の動物学者エローテ・ヴィクトール・コストが1859年、コンカルノーに創設したものでした。彼は、国民の栄養摂取という点できわめて重要な問題と考えられていた魚の養殖を進めたり、漁獲量を高めたりするための新技術を確立しました。さらにこの実験所では、貝類や甲殻類を使った研究にも力が注がれます。経済上の目的を果たすことが同実験所の初期の大きな課題でした。

1867年、フランスで初めて海生生物学の基礎的研究を目的とする実験所がアルカションに誕生します。この実験所は、地元の学術団体による支援を受けることなく創設された点が独特でした。他の実験所、たとえばコンカルノーやロスコフ、バニュルス（ラカゼ゠デュティエ）、ウィムロー（アルフレッド・ジャール）の各実験所は、学界の著名な人物と深く結びついていたのです。リュック゠シュル゠メール実験所は、カルバドス県議会の決定にもとづいて創設されていますし、タティウ（1887年）の実験所はもともとパリ自然史博物館の付属機関で、その後ディナールの実験所に置き換わっています。またモナコ海洋博物館は、1899年に建設が開始され、1910年に開館しました。

セト（1879年からモンペリエ大学）をはじめ、ヴィルフランシュ゠シュル゠メール（1860年から1914年の間はキエフ大学、その後はパリ大学）、アンドゥーム（1888年からマルセイユ大学）、ル・ポルテル（1888年からリール大学）、タマリス（1891～1900年までリヨン大学）といった実験所は、それぞれ大学の施設に由来しています。

オステンド以降、フランス以外のヨーロッパの国では、イタリアのフェリックス・アントン・ドールンがナポリ臨海実験所（1872年）を創設し、スウェーデン王立科学アカデミーがその所有機関としてキリスト教海洋生物学実験所（1877年）を開設します。

ナポリ臨海実験所は、ヨーロッパでまたたくまに名を知られるようになりました。それはイギリスの研究所ではないかと思われていました。イギリスでは陸上の自然が知りつくされたと思われていたため、海洋生物学への関心が部

分的に高まっていたからです。一方、いわば海洋生物の動物園だった水族館は、多くの大衆を惹きつけ、利益を上げるようになります。ドールンも、甲殻類の発生研究の一環として、ミルポール（クライド湾河口にある小さな島にある地名）の水族館を訪れ、トマス・ヘンリー・ハックスリー、デイヴィッド・ロバートソンを含む博物学者たちと出会います。なかでも、独学者でありながら地域の海洋動物相の専門家だったロバートソンは、ここでドールンに水槽の設置やメンテナンスを教えました。

若き動物学者ドールンは、この滞在とメッスへの研究旅行の結果、海洋生物学の研究所の新しいコンセプトを創出します。彼が考えた実験所は、海のそばにそびえる巨大な設備で、大きな水族館には特別な設備の整った実験室が直結し、内部では常勤の科学者たちの研究がなされ、技術者グループには漁業に強いスタッフが揃っているというものでした。その資金は水族館の来場者や、「研究一覧表」を借りにやって来る研究者と学生たちから提供されます。また研究所も、生きた生物や、すでに採集処理された生物標本の他、資金援助も約束してくれるさまざまな支持者（政府、大学、学会）を得ます。ナポリの実験所はこうして、研究機関や研究者育成機関として中心的な存在となるだけでなく、大衆に開かれた企業、科学や技術や文化のセンターとなるのです。

1870年にドールンは、「世界各地における動物学実験所の創設を推進する委員会」を創設した英国学術協会に報告書を提出しました。ところがその企画が、ドールンの父親、ドールン本人、それに友人たちでまかなった援助金によって、ナポリで実現したのです。こうしてナポリ臨海実験所は、たちまち「生物学のメッカ」となります。

イギリスの新しい海洋生物学協会の会長となったハックスリーと、事務局長で動物学者のレイ・ランケスターは、ナポリの実験所の成功に刺激され、プリマスに海生生物の大きな実験所を建設するための資金集めに成功します。1888年の夏にこの実験所が開所となった直後、イギリス国内ではそれよりも小規模の実験所がいくつも誕生します。

ところで実験所開設当初から、動物学者たちは潜水道具の使用を何よりも重視していました。ドールンも1879年に、「私のテストした潜水服は、地中海の澄みきった水の中で調査するのに打ってつけだ」と言っています。ドールンがそう語る以前に、ミルヌ=エドワールとド・キャトルファージュもシチリ

**アルカシオンの海洋生物学実験所**

　一番上の写真は港側から見た実験所の北正面で、1917年以前に撮影されたもの。その下は1953年に撮られた同実験所の北正面。一番下は20世紀初頭の実験室です。(写真：P=J・ラブーグ氏の許可を得て複写)

第11章　海洋生態学

ア島沿岸で潜水器具の実験をおこなっていました。海底の洞穴や岩のくぼみに巣を作って生活している海洋生物の観察に、こうしたタイプの装置はもってこいでした。

　潜水器具を使えば、貴重な生物の大量採集が容易になると同時に、ある地域のある動物種の個体数や分布状態も調査しやすくなると主張したドールンは、何人かの弟子たちとともに、ナポリの実験所で生態学研究プログラムに不可欠なものを揃えていきました。

### プリュヴォの主な業績

　第1次世界大戦の開始前、注目すべき人物がもう1人現れます。ジョルジュ・プリュヴォです。グルノーブル大学理学部の動物学教授であり、1900年からバニュルスの海洋実験所の所長でもあったプリュヴォは、『生物学年報』に生物地理学の研究論文を発表します。そもそも彼はラカゼ＝デュティエに師事し、「純粋」動物学、解剖学、比較形態学といった古典的な学問から、発生学、動物地理学、海洋学まで網羅する幅広い知識をもっていました。

　そのプリュヴォが1901年、科学の講義用にこんなことを書き記しています。「私は解剖学、比較形態学の研究に取り組む一方で、海の動物相を熱心に観察し、こうした生物たちの生息地や、種の量の多寡、生息が永続的か一時的か、ある形態の動物群が他の形態とどう関係しているのか、地域別に見てどう違うのかといったべつの理法に関して疑問を覚えた」。彼はバニュルスの豊かな動物相の観察を海洋環境に適用しながら、これらの生態学的疑問を掘り下げていきます。動物相が豊かなのは、実験所の立地が2つの大きな自然区域（リヨン湾とヴァランス湾）のあいだを抜ける大山脈

Bettmann / Corbis

**潜水具**
　開発が進められた結果、海底の謎を探求できるようになりました。

**右ページ**
　大陸の動物相と同じく、海中の動物相も様々な要素に応じて垂直分布をしています。とくに大切な要素は、温度、水、水圧、光量です。絵は熱帯海域のサンゴ礁における分布。

Franck Faucheux

（ピレネー山脈）にあるためだとプリュヴォは述べています。この領海の海底は勾配が激しく、海図もまだ岸から近いところしかない場所が多く、河川図に比べると遅れていました。アラゴ研究所が小さな汽船ローラン号を所有するようになったあと、プリュヴォがこの土地の動物相についてのレポート内容を実証するため、地形図の作成を自ら担当したいと願い出たのはこのためでした。こうして、彼は1893年8月に測量を開始し、同年10月までに、バニュルスを中心とする半径40キロメートルの深海とそこに住む動物相を示した海底地形図を作成します。この地図ではそれまでのように海の深さだけを基本とするのではなく、動物に与えられる生息条件（バイオノミクス[*7]の条件）が考慮されています。つまり、海溝の物理的な構造、温度、光量、海水の塩分、海流も取り入れた地図でした。さらに彼は地図を海岸区域、大陸棚区域、海底区域という3つに区分し、それぞれの区域の動物相や植物相、地形や地質といった特徴を明らかにし、その後1896年には、この研究をもとにロスコフの実験所を対象とした地図も作成しています。

　プリュヴォは、海底に表れている部分と隠れた部分の比較にもとづいて、大陸棚がどんなふうにつくられていったかについても研究しました。その結果、ロスコフの実験所や、ノルマンディーとブルターニュの沿岸調査をもとに、地中海には見られないこの地の潮の干満は、バイオノミクスの要素たり得ないということを確信します。つまり「潮の満ち引きは動物の分布にあまり影響を与えない」ということです。これはオードゥアンやミルヌ＝エドワールが確立した分類に再び疑問を投げかける結果となり、プリュヴォは地中海と英仏海峡で起こる主な現象を比較しながら、そこの動物分布を明らかにしました。さらにその後、比較研究の対象をスペイン沿岸のジェローヌ地域（カタロニア地方）にまで広げます。

　彼のこうした研究の流れを見ると、生態学における大きな問題がよくわかります。つまり、地域の研究をもとに確立された大規模な分類体系が、他の地域でどこまで適用できるかという問題です。この問題は、植物地理学の学問が始まって以来、土地環境に向けられてきた疑問でもありました。生態学の学派が数多く生まれた植物地理学界は、19世紀の終わりから、どんな体系や方式を採用するかで大いに苦心しました。ヨーロッパではそうした学派の一つ、植物社会学のチューリヒ＝モンペリエ学派が採用されることになり、北アメリカ

の生態学はべつの概念をもとに理論を確立していきました。

　チューリヒ・モンペリエ学派は、プリュヴォの研究から、垂直分布（帯、層準）と水平分布（外観）をもとに英仏海峡と地中海の無脊椎動物1500種あまりを紹介した分類目録を引き出します。この生態学的分類は、生物どうしの関係、環境の物理的要素（バイオノミクスの要素）の役割をより詳しく示すための研究や、海に住む生物はどんな法則で分布するかという研究の基礎となりました。浚渫作業で採集された動物の目録を綿密に検討しながらそれらを研究した結果、地中海にまで広がっていた動物相の帯を再検討することになりました。こうして得られた目録と地図は、それまでよりも自然な生態学的分類を生み出しました。

　プリュヴォはその研究で、同じ分類体系を適用しようとして淡水にも触れています。そこにもやはり統合化へのもくろみが見られます。彼は水生環境を総合的に研究できる統一的な体系をとことんまで追求していたのです。

　生態学者のR・モリニエとP・ヴィーニュが最近出版した研究書にも、地形学とバニュルス地方の海底の構造に関するものを筆頭に、プリュヴォの研究が影響しています。

　なお、プリュヴォが使う「バイオノミクス」という言葉は、専門分野以外で使われることはほとんどありません。ごく稀れに辞書（1960年版の『ラルース大百科事典』、1934年版の『キエ百科事典』）のなかでは、バイオノミー（biosは生命、nomosは法則の意）とは生命の法則を研究する生物学の一部、あるいは生物とその環境の関わりを研究する科学とあります。エラズマス・ダーウィンが初めて用いたと思われるこの言葉は、古くは現在の生態学と同じ意味の内容を指していたようですが、バイオノミクスは生態学と動物行動学を包含する用語となっています。

　こうして、水生環境研究を専門とした最初の純正エコロジストはプリュヴォだったということになります。海洋生物学と動物地理学の領域で独自の研究を行ったことを示す彼の文章は、それを裏づけています。

　「どんな土地の動物相も、さまざまな由来をもつ要素どうしが、さまざまな影響や相互作用のもとで均衡ある状態を示している。しかしこれはまったく一時的なものでもあり、構成要素が変化したり、新たな要素が入り込んだりすることによって、つねに途絶する可能性をもっている。動物地理学は、あまり実

用的でない分類目録の作成作業だけにかまけることなく、こうした動物相の複雑性を分析し、さまざまな基準となる種の存在と不在の根拠をそこから見つけ出さねばならない。さらに、あらゆる動物種の個体史を記したり、その動物の発生した場所、連続的に起こった移住、世界を移動する過程でたどった適応形態や変異を探ったりするためにも、確かな知識を得る必要がある」。

　ここで強調したいのは、水生動物の研究によって確立された広範にわたるこうした研究プログラムが、陸地の動物相にも応用できるということです。こうした研究プログラムは19世紀に生まれ、その後、動物地理学に持ち込まれた植物地理の問題が再検討されます。つまり、動物生態学全般と同様、海洋生態学は、第1次世界大戦が始まるまでの間、特定の概念あるいはプログラムとしての特徴を示すことはありませんでした。しかしその歴史は、海洋環境の研究に献身した人物や、海洋生物の実験を専門的におこなう機関（実験所や研究室）、そして特定の技術を中心に形成されていったのです。

## 第12章
## 土壌学と地球化学──地球規模の生態学へ
Pédologie et géochimie: vers une écologie globale

19世紀にロシアのドクチャエフは、ヨーロッパ中にその名を知られ、影響を及ぼすこととなりました。その後、あらゆる現象に地球規模でアプローチする方法を師のドクチャエフから学んだヴェルナツキーは、さまざまな要素が「宇宙的メカニズム」のなかで完璧に調和しながら結びついている生物圏という概念を、生態学の基礎に据えようと考えます。ただし、生物圏への地球規模的アプローチを実際に考え出したのは、アメリカの物理学者ロトカでした。

**土壌**に関する初めての科学的研究は、ドイツの農学者や化学者によってなされました。土壌学という用語も、ドイツ人アルバート・ファロウが、土壌の科学を表すために考え出した言葉です。こうした初期の研究によって、土壌は化学的、物理的な特性だけでなく、土地の気候条件によっても評価できることが明らかになります。

ロシアではイワン・イワノビッチ・ドクチャエフ、パーベル・A・コスティチェフ、ドイツではヘルマン・ヘルリーゲル、ウォルニー、ラマン、フランスではジャン=ジャック・テオフィル・シュレーザン、ピエール=ポール・ドエラン、アシール・ミュンツ、ルイ・グランドー、そして地味なところではイギリスのジョン・ベネット・ローズやジョセフ・ヘンリー・ギルバート、R・ウォリントンが、19世紀終盤における土壌学の発展に貢献しました。

なかでもロシアのドクチャエフが行った研究は、土壌研究の基礎となるもので、彼が用いた「土壌学」という用語は、その後ヨーロッパの数々の国でも採用されました。フ

Bruno Porlier

**土壌の研究**
生態学のアプローチを取り始めたことで、充実したものになりました。

159

ランスでは、土壌遺伝学の専門家アルベール・ドゥモロンの影響で、1934年以降にこの言葉が普及しました。フランスの土壌学を発展させたのは、ドクチャエフとドゥモロン、それにA・ウーダンです。

さて、もともとサンクト・ペテルブルク大学の鉱物学陳列室の学芸員だったドクチャエフは、ある経済的・社会的に大きな問題を背景に、ロシア南方へ赴きます。彼は住んでいた村の小麦仲買人たちから、1853～75年の苛酷をきわめた干ばつのせいで、穀物が足りなくなる恐れがあると聞かされていたのです。土壌研究は1877～81年にわたってなされ、それにもとづいて発表された報告書は、86年に執筆が終了するまで14巻の長さに及びました。1883年に発表された『ロシアの黒色土』は、総合的にまとめられた報告書としては最も重視されています。このタイプの土壌は、いまでもロシア語で「黒色土[*1]」を意味する「チェルノーゼム」の名で呼ばれていますが、こうした黒土に恵まれた土地は、暗色で炭酸カルシウムに恵まれた肥沃な土地でした。

ドクチャエフは、この土壌について、「日光、暑熱、湿気、大気中の電気といったすべての気候要素による結合作用で形成された表面をもつ岩に覆われ、地面には植物と、微生物と、肉眼で見られる有機体による必然的な競争がある」と書き記しています。空間と時間のなかで変化する自然物として土壌をとらえることで、ドクチャエフは遺伝学的土壌学の祖となります。なお、ロシア土壌学の学派における科学的方向性は、地球規模でシステム科学的な特徴、つまりまさに生態学的な特徴をもっています。

1891年、新たな干ばつの波が襲い、ステップ[*2]の農地に大打撃を与えると、ドクチャエフはステップに最適な土地整備の方法を考案するという新たな任務を命じられます。彼は1892年、『ステップ、その過去と現在』という書物を著し、地質や土壌、土地の気候条件といった主な要素に関するしっかりとした調査をもとに、地球規模で天然資源の保護と価値づけを行うという整備案を提示し、3つの地帯に実験的に測候設備を据え、防風用生垣の植樹、傾斜からくる土壌流出への対策、貯水壕といった当時としては最先端のアイデアを用いながら、ステップ整備の可能性を探ります。

その一方、林務官であり、化学者・微生物学者でもあったロシアのコスティチェフは、1886年に土壌という新しい科学について初の手引書を著し、ドクチャエフのように気候条件を重視するのではなく、土壌の組成物のなかでも

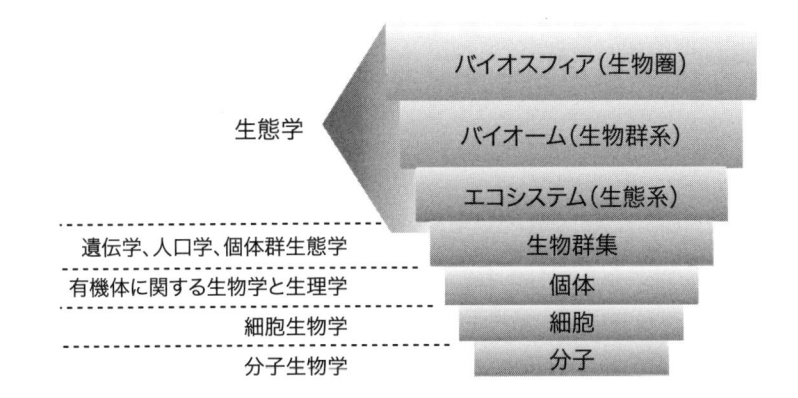

```
                      ┌──────────────────────────┐
                      │ バイオスフィア（生物圏）    │
          ┌───────────┤                          │
          │           ├──────────────────────────┤
          │           │ バイオーム（生物群系）     │
          │  生態学    ├──────────────────────────┤
          │           │ エコシステム（生態系）     │
          └───────────┼──────────────────────────┤
  遺伝学、人口学、個体群生態学 │ 生物群集                 │
─────────────────────┼──────────────────────────┤
  有機体に関する生物学と生理学 │ 個体                    │
─────────────────────┼──────────────────────────┤
         細胞生物学    │ 細胞                     │
─────────────────────┼──────────────────────────┤
         分子生物学    │ 分子                     │
                      └──────────────────────────┘
```

**生物圏における組織体のレベルと生態学の分野**
あらゆる学問がさまざまなレベルの研究に関与しています。

母岩が担っている役割に目を向けました。こうしてコスティチェフはドクチャエフ、また彼の弟子であったセルゲイ・ニコライエビッチ・ウィノグラドスキーとともに、ロシア土壌学会の名を世界に知らしめます。ちなみにウィノグラドスキーは、1949年に『土壌微生物学』という大部の書（800ページ）を著し、土壌微生物学の創始者となりました。

ドクチャエフの弟子だった地質学者のウラジミール・イワノビッチ・ヴェルナツキーも、オーストリアの地質学者エドアルト・ジュースが1875年に定義した生物圏の概念を発展させながら、生態学分野の基礎づくりに貢献します。しかし1940年代にエコシステム理論が飛躍的展開を迎えるまで、ヴェルナツキーの存在は注目されませんでした。

ヴェルナツキーは1926年、『生物圏』をまずロシア語で、その3年後にフランス語で出版します。彼のねらいは、「地球の化学現象を定量的に研究することの重要性に対し、博物学者、地質学者、とりわけ生物学者の注意を喚起すること」でした。同書のなかで生物圏(バイオスフィア)とは、地球に古くから存在し、生物の生息場所となった地殻部分からなるひとつの地質学的現象とされています。また生物は、「宇宙からの放射線を地上において利用可能なエネルギーにする変換者」と考えられています。また無機栄養生物（緑色植物）、有機栄養生物（動物、菌類）、生物からの生成物質（化石燃料など）、生体不活性物質（水、堆積岩、大気の下層部）は、生物圏をめぐる化学的要素を構成するものと考えられています。

### 地球規模化と数学モデル

　ヴェルナツキーの門下生たちが、地球規模における生態学の概念を擁護したことは想像に難くありません。しかし、ジャン=ポール・ドレアージュによれば、生物圏の研究で実際にスケールの大きな計画を抱いたのは、アメリカの物理学者・人口学者・統計学者だったアルフレッド・J・ロトカです。彼は、ヨーロッパで19世紀に行われていた地化学と熱力学の研究方式を、のちに1940年代のサイバネティックスを生み出すこととなった数理モデルと組み合わせて発展させます。

　『生物物理学の基本要素』（1925年）の中でロトカは、世界を空（気圏または大気圏）、水（水圏）、陸（地圏または岩石圏）の3圏からなると説明しています。この3圏の化学成分を分析したロトカは、これらの成分が太陽エネルギーによって、主に水を通して流動していると推定します。ドレアージュはロトカのこの方法について、産業資本主義が絶大な信頼を得ていた世界恐慌以前を生きた物理学者たちのそれだったと指摘しています。当時、炭素と肥料の循環を研究することには、明らかに経済的利益があったのです。しかしヨーロッパとアメリカの生態学の研究で幅をきかせていた博物学の研究方法では、生物地化学的循環の研究は重視されませんでした。そのためこうした研究は、1940年代になってアングロサクソン系のアメリカ人である偉大な生態学者G・イブリン・ハッチンソンが研究を始めるまで途絶えることとなります。

　このように博物学者たちに受け入れられなかったことで、生物地化学的循環の研究は遅れます。同一の問題を、理科系のさまざまな学問の専門家たちに地球生態学として研究させるのは難しく、そのことも研究の遅れを助長したといえます。もっとも、オゾンホールや温室効果や酸性雨が世界全体の問題であり、地球規模での問題解決を求められていることは、今日では明らかです。

　温室効果はとくにそれを実証するもので、地球生物圏に対するグローバルなアプローチとして最古の例でもあります。地球では、水蒸気やその他の様々な温室効果ガス（一酸化炭素、二酸化炭素、メタン、窒素酸化物、オゾン、フロンガス）によって、一定量の熱を「取り込む」効果が生じています。しかし、化石燃料の利用によってこのガスの割合が増えると、気温が上昇します。どんな影響が起こるのかという算定は難しいとはいえ、こうした現象の元凶が人間に

あることは確かです。とはいえ、このガスのサイクルについては、依然としてわかっていない部分もかなりあります。排出規制の効果やフィードバック効果[*3]のメカニズム（ポジティブ・フィードバックであろうと、ネガティブであろうと）はまだモデル化が難しく、現在進行中の数々の研究からは、互いに食い違った結論が得られることもしばしばです。

　温室効果と呼ばれるこの自然現象については、18世紀の終わりにすでに関心がもたれていました。フランスの数学者で物理学者でもあったジョゼフ・フーリエは、1820年代に初めて、不可逆の熱の流出プロセスを説明した方程式を確立しました。有名なフーリエの三角級数[*4]です。しかし、「温室効果」の理論を述べたのはスウェーデンの物理学者で科学者のスバンテ・オーギュスト・アレニウスでした。19世紀終わりのことです。

　研究者たちが数々の結論から導き出す解釈は、世紀を経るごとに大きく変動しました。確かにアレニウスの時代、彼は大気中の二酸化炭素の割合が増えると平均温度が上昇することを予測していました。ただしそれは、農産物の生産にとって適切で好ましい気候条件といった、人類にとっての利点を見出していたにすぎなかったのです。

## 第13章
## ヨーロッパの生態学派
### Les Écoles européennes de l'écologie

　19世紀以降のヨーロッパでは、「ゲニウス・ロキ」すなわち「土地の精霊」が植物地理学に息を吹きかけ、生態学の最初の学派をいくつか誕生させます。フランスの地中海地方、アルプス地方、スカンジナヴィア半島、ロシア平原といった土地から生態学者たちが輩出し、彼らは地元の景観に大きな影響を受けた生態学派を構成しました。生態学の基盤がまだ確立されていなかった当時、やがて「ゲニウス・ロキ」から自由になって地球全体のシステムを研究するうえで、こうした多様性は緊張を生じることとなります。

　ネオダーウィニズム[*1]を擁する生物学や、相対性理論を取り巻く物理学と違い、生態学は学界全体で使用されるような理論体系の発展を見たことがありません。すべての生態学者が基準にできる「生態系」という概念だけはうまく定義されたものの、体系、手法、専門用語はとても統一できない状態です。

　カタロニア地方の偉大な生態学者ラモン・マルガレフはこうした状況を憂慮し、次のように述べています。「生態系は物理的環境の影響を受け、またそれを研究する生態学者は、対象とする生態系が発展・成熟する土地の影響を受ける。つまり、生態学の学派はいずれも、その土地の地形から生まれた"ゲニウス・ロキ"（土地の精霊）に大きく左右される。（中略）ここ数千年あまり、人間の介入にさらされてできあがった地中海地方やアルプス地方の多様な植生があったおかげで、ブラウン=ブランケを代表とする植物社会学学派であるチューリヒ=モンペリエ学派は創出された（中略）。それとは異なり、植物相があまり豊かでないスカンジナヴィアでは、どんな新芽にも目を向ける傾向が生まれたのである」。

## 地中海学派の先駆者たち

マルガレフは、ロシアとアメリカの学派についても言及し、こうしたさまざまな学派がどんな風に誕生したのか、その歴史へと私たちをいざないます。とりわけヨーロッパでもっとも権威的だったのが、チューリヒ=モンペリエ学派です。この学派は、きわめて肥沃な腐植土でできた土地を背景に発展しました。

地中海地方における植物学の研究方法は明らかに豊富で、長い歴史をもっています。いまでもマグノリア[*2]という属にその名を残すピエール・マニョルは、17世紀にモンペリエの有名な植物園の園長でした。当時最も有名だった植物学者のジョゼフ・ピットン・ド・トゥルヌフォールと、F・ボワシエ・ド・ソバージュ、あるいは19世紀の人物、ジュネーヴ出身のオーギュスタン・ピラム・ド・カンドルは、デュナル、モケン=タンドン、P・デュシャルトルといった地元の植物相に関するエキスパートたちの手を借りながら、植物の発展に貢献しました。こうしたエキスパートの多くは、通常であれば愛好家の範疇に入れられる人々でした。

### 植生の景観

フランス南部のように、長いこと人間の手が入ってきた地方では、植生の景観づくりにおいて、より原生自然の残っている地方や、植物相が豊かでない地方で生まれた手法とは異なる生態学的アプローチが好まれました。

19世紀における植物地理学研究によって、世紀の後半には生態学で最初の学派の確立に必要な材料が出揃います。初めての学派は1870年、『モンペリエの植物相』という書物を出版したH・ロレとA・バランドンによって誕生したと考えることができます。この書物の導入部は、のちに生態学プログラムの基礎となり、地元の博物学者たちのさまざまな学会で採用されます。バランドンは、エロー県の植物がどんな理由で分布しているかについて、気候、地形、地質の要素にもとづいた研究に着手するよう提案しました。1880年代からは、ベジエの自然科学研究協会もその道を追求します。こうしてエロー県では、自然のさまざまな植物相や、植物地理学でいうところの植物群集が、土地の勾配や湿度、土壌の塩分、物理的特性に応じて特定されます。このことはつまり、環境状況の分析から群集が決定されたということです。1890年代からは、オード県の科学研究協会でも、県の状況に応じて同様のプログラムに着手

し、オード県とコルビエール山地の2つのエリアにおける盆地を研究する目的で10カ所の自然区域が決定されます。その研究は通常、協会の植物学者たちがそれぞれの住いの近くにある小さな領域を受けもつという方法で行われました。一方で、ガストン・ゴーチェ（ナルボンヌ、コルビエール、ルシヨン、ピレネー、スペイン）、エドモン・ベシェール神父（カルカソンヌ）、アベル・アルベールとエミール・ジャンディエ（バール県）、J・ルヴォル（アルデシュ県）など、ロレとバランドンが着手したプログラムによる研究のもと、さまざまな学者たちのグループと関わりながら、1910年まで発表を続けた植物学者もいました。

### フラオーの闘い

モンペリエ大学の偉大な植物学者で植物地理学者シャルル・フラオーは、地元の学会でなされていた研究に大きな関心を抱きます。フラオーは植物学と植物地理学の知識の発展に貢献した人々に敬意を表しましたが、こうした研究が県という狭い行政単位の域を出ず、植物相の本来の境界を見出せずにいたことに手厳しい評価を下します。もちろん、植物は行政上の境界線などおかまいなく、われ先にと繁殖します。土地の植物分布地図を作成する目的で、植物地理学の真の研究を行い、植物相の自然境界を見出し、植物地理学の観点から見た異常をマークし、植物群集を決定するためには、他の区分が必要でした。

フラオーは、土地の自然区分に基づいた地図作製プロジェクトをどうして

**シャルル・フラオー**
モンペリエの有名な植物地理学者だったフラオーは、植物分布図を作成するというプロジェクトのもと、植物学会のメンバーを束ねようとします。フラオーのプロジェクトは、それまでのように県という行政区分にとらわれることなく、植物の分布状況をもとに、自然の境界を決定することにもとづいていました。

Bibl. centrale Museum National d'Hist. Nat., Paris

も打ち出したいと考え、それを試行するために地中海地方を選びました。しかし、周囲を説得して腰をあげさせるのは並大抵のことではありませんでした。実際、彼は調査に慣れた植物学者たちからなる堅牢な「軍団」を指揮したいと考えていたのですが、学者数名を説得することには成功したものの（とくにオード県科学協会と、カルカソンヌの芸術科学協会）、その数は目論見どおりの効果を生むには不十分でした。

もっとも同時期、彼は海外で科学者として名を上げます。自国でプロジェクトを呼びかけながら失敗に打ちひしがれていた植物地理学の活動家フラオーは、自分の考えの一部を海外で受け入れてもらうことに成功したのです。

当時、植物地理学の専門用語については、科学者どうしで一致した見解はありませんでした。この学問が大きな「混乱」に陥ることを危惧したフラオーは、ベルリンにおける国際地理学会議（1899年）の際、世界中の植物地理学者と生態学者に協議を呼びかけます。

そして1900年、万国博覧会の開催地パリで行われた植物学の初の国際会議で、フラオーはこの問題の検討を目的とした委員会の創設に関する決定を承認します。彼は用語の基本を示した「植物地理学用語プロジェクト」を興しました。このプロジェクトは、当時から優勢になった植物の系統を確定しようとするものでした。とくに植物相の完全な標本を作成し、植物群落における特徴的な種の定義を引き出せるようにすることをめざしていました。群落のなかにはきまって同一種が見られ、付随する列の先頭になったりすることもあるからです。ところが彼の提案をきっかけに、ウプサラ学派[*3]とモンペリエ学派の間で、植物群落の定義をめぐって論争が生じてしまいます。

同意が得られないまま開始された協議会は、こうして途絶します。

1905年、ウィーンで開かれた植物学の第2回国際会議も失敗に終わりました。ここにいたって、フラオーとスイスの植物学者カール・シュレーターは、1910年に向けて委員会の方針を隅から隅まで再編成せざるをえなくなります。フラオーの下で働いていたモンペリエ大学の教授ジュール・パヴィヤールは、ブリュッセルで開かれた植物学の第3回国際会議の成果が思わしくなかったことに失意の色を隠しません。「植物地理学の分野で始まった議論は、専門用語をめぐる根本的な問題をはっきりと解決するには遠く及ばなかった」。これは1912年、ラングドック地方の地理学会の会報に寄せた彼の言葉です。

植物景観の分散と、アメリカの生態学の概念がイギリスの委員会に与えた大きな影響。この2つが障壁でした。しかし会議では、植物群落の共通の定義が何とか生み出されるにいたります。実用にはほど遠かったとはいえ、これは大きな前進でした。

### 概念の有効性が問題に

そもそも植物群落という存在の実在性についてさえ、疑問が提起されます。自然における不連続性は、果たして存在するのでしょうか。また存在するとしたら、不連続性は人為的なもの、つまり人間の影響と結びついているのでしょうか。植物群落の発生については、こうした疑問があります。アメリカの植物学者たちの一部がいま考えているように、もし不連続性が存在しないなら、植生は緩やかに転換しながら変質していくことになります。

群落の実在を認めるとすれば、それらを区別するために採用される基準は何か、そしてその基準を生み出した原因は何かという疑問が生まれてきます。こうした植物集団の組織を統べる法則についての根本的な疑問は、19世紀にフンボルト（1805年）、グリーゼバッハ（1838、72年）、ケルナー（1863年）、ヴァーミング（1895年）まで、19世紀の多くの研究者たちの中枢的な関心となり、科学としての生態学の発生に寄与しました。

20世紀における生態学の学派は、彼らの著作から生まれることになります。

さて、スカンジナビアでは、リエッツを初めとするウプサラ学派が、アルプス地方や地中海地方に比べると貧弱で単調な植物相に目を向けました。彼らは植生の不連続性を研究するため、1920年代にいわゆる「最小面積」という手法を採り入れます。この手法は、存在する種の数によって面積が限定される均質な外観を決定するもので、最小面積は種の数が増えなくなるか、わずかしか増えない時に得られます。そのまま野生生物種の調査を続けていくと、種の数がまた増え、他のタイプの群落へと移行します。

温帯では、こうした最小面積が数平方センチメートル（例えば地衣類や1年生植物の群落）になることもあれば、数平方メートル（沿岸部の草地など）、数十平方メートル（低木だけの荒地）、数百平方メートル（森林）に及ぶこともあります。

リエッツは、さまざまな面積を比較して恒存種[*4]を決定しました。複数の階

**「最小面積」の決定**

種の数は土地の面積とともに増加し、その数が最高に達して均質の環境で安定するまで増加は続きます。植物群落はこのように最小面積に限定されます。その後、新たな種がかなりの数で生じたら、それは環境が変化し新たな群落が生まれているしるしです。

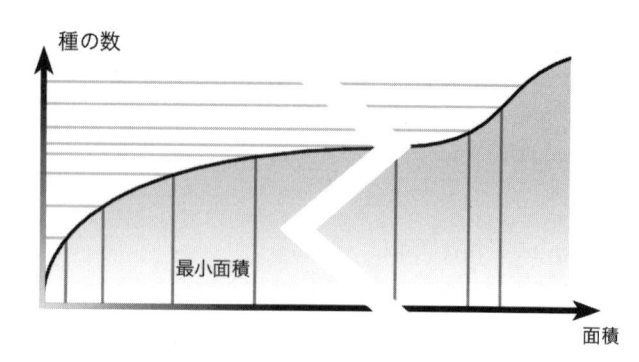

級にわたって存在する種もあります。しかしこの恒存種の基準は、こうした種が比較的偏在しやすく（つまりさまざまな環境で生育し）、生態学上の関心をあまり惹かなかったことから、まもなく取り上げられなくなります。そこでリエッツは、植生の複層的な分類を行いました。苔層（地衣類、苔、ゼニゴケ）、草本層（草本植物、亜低木、シダ、トクサ）、低木層（低木、地面近くから枝が広がっている灌木）、高木層（高木）です。この体系なら、植物相が豊かでなくても、植物社会学上の単位を見分けることができます。しかし、より豊かな植物相を持つ土地では、分析が複雑性を増します。1930 年、ケンブリッジで開かれた植物学の第 5 回国際会議で、植物社会学上の専門用語だけでも統一しようとしたリエッツでしたが、人々の反対に遭い、その願いはついにかなえられませんでした。

### チューリヒ＝モンペリエ学派と近代諸学派

しかし 1920 年代になると、最小面積の体系はチューリヒ＝モンペリエ学派で採用されました。この学派は 1913 年、チューリヒ生まれの若き植物学者でモンペリエ地中海植物地理国際実験所（SIGMA）に勤めていたジョシア・ブラウン＝ブランケとエルンスト・フュレによって正式に創設されました。2 人は、1913 年に植物群系の研究を扱った論文を発表し、たちまち世に知られます。彼らはその中で、各群集の特徴を示す種を決定するには、植物相を徹底的に探ることにより、目録による土地研究を始めることが必要だと主張しました。「群落とは（中略）、一様の外観を示し、一定の固定的条件で成長し（中略）、その地方でしか見られないか、ほぼ一定の群集でしか見られない単数あるいは複

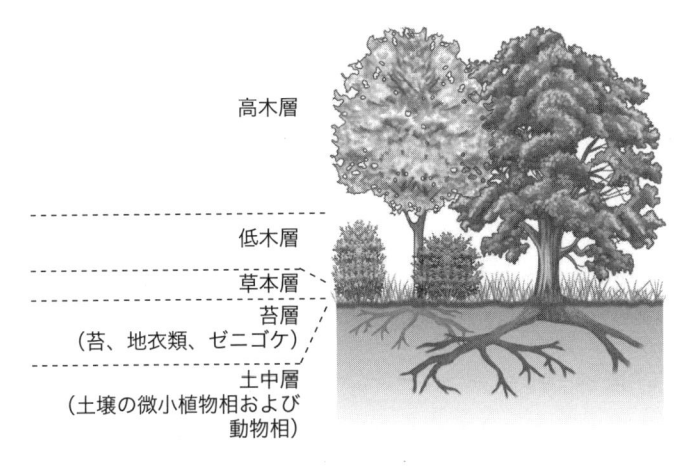

**植生の層**
温帯の森林における垂直構造の例。

高木層
低木層
草本層
苔層
（苔、地衣類、ゼニゴケ）
土中層
（土壌の微小植物相および動物相）

数の特徴種を有する特定の植物たちで構成される、ひとつの植物群系を指す」と彼らは述べ、フラオーとシュレーターが提起した定義をふたたび取り上げます。

「シグマニスト[*5]」の植物社会学者にとって、古典的な分類学のなかでみた群集は、種と同じ地位を占めます。

この体系は複雑だったにもかかわらず、強い地域特性をもった地中海地方やアルプス地方の多様な植生にうまく適合し、フランス、ドイツ、イタリア、スペイン、もうすこしひかえめな形でスカンジナヴィアなど、ヨーロッパ各地に根づきます。一方、植物共同体（ファイトシノーシス）を重視した植物社会学の少数派の流れも存在します。そこでは植物共同体を基準に、生物学的・形態学的に同じ種の集合体が定められました。

植物社会学が生態学史の中で果たした役割は根本的に重要なものでした。植物社会学は、生物学上の大きな価値をもった体系を構築したうえ、それによって植物地理学のアプローチでは解明できなかった環境の諸要素を明らかにしました。群集は環境の指標となり、実用に供することとなりました。

さて、20世紀初頭のアメリカでも生態学の一学派が形成され、ヨーロッパで基礎をなした概念をもとにしながらも独自の根本原理で発展します。それは急速に広まり、第1次世界大戦前にはアメリカの生態学がフランスに紹介されるようになります。しかしこのことは、アメリカの生態学、「フラオー派」の

植物地理学、「ブラウン=ブランケ派」の植物社会学のそれぞれを支持する人々のあいだに対立のきっかけをつくることになりました。

# 第14章
## 北米大陸の生態学
### L'écologie nord-américaine

　征服時代の若きアメリカ植民者たちは、先駆種[*1]に興味を抱きました。彼らは、旧大陸の静態生態学と訣別し、動態生態学へのアプローチを始めます。技術的な類例を挙げるとすれば、生態学と似通った道をたどったのは、映画における写真技術です。一方、最近の研究では、北米大陸での動態的な生態学、つまり生態遷移に目を向けた生態学がヨーロッパのどこに起源をもつかということもわかってきています。

　**生態**系のバランスは、過度の放牧や森林伐採がおこなわれると崩壊することがあります。このような出来事によって生じた不均衡は、一部の種に致命的な痛手を残す一方、先駆となる種には思いがけない幸運を呼び込みます。変形し、攪乱され、荒廃した生態系に、これら先駆種が最初に定着するのです。先駆種が生態系に根づくと、遷移現象が始まります。ただし、初めはその変化に抑制がかかります。進化は階層（苔層、草本層、低木層、高木層）の数が減ったときに起こるからです。退行現象[*2]は、大西洋気候下の珪土からなる土地でよく観察されます。こうした土地では、針葉樹が広葉樹にとって代わります。雨が多い場合は、酸性化やポドゾル化[*3]（溶脱）が起こって、地表面の土壌がやせます。そうなると森林はヒースの荒野へと変化していきます。

　むきだしの岩の上では、地衣類が先駆植物となり、他の植物の生長を可能にします。この場合、自然な進化がゆっくりと、徐々に自発的に起こり、まったく不毛な状態から次々と数多くの層が生み出されていくのです。温帯地域で

**ヒースの荒野**
　土壌のポドゾル化で、やせてケイ酸分が多くなった土地[*3]

Bruno Porlier

| 草原 | 低木 | 前森林期 マツ林 | 森林期 広葉樹林 |

放牧の停止
木本植物
（とげを持つ灌木、マツの幼樹）
草本類
時間→

**生態遷移の例**

Mathieu Hofseth

ここでは、温帯のある地域で放牧が停止された時、気候的極相にある森林の最終段階に向かって、植物がさまざまな段階で定着していくのがわかります。

は、それまで草原だった土地から、とげをもった灌木やマツが現れます。マツは広葉樹林の繁殖を止めるまで広がります。人間が再植林を行うと、このプロセスはさらに加速されます。

　フランスでは、パリ盆地や東部地方の石灰土からなる土地に存在するナラ－シデ林と、珪土の土地に存在する好酸性のナラ林が、クライマックス（極相）に相当します（Climaxの語源となったギリシア語のklimaxは「階層」を意味し、言外の意味として「階級の最下層」があります）。極相を変化させるものはすでに何もないので、最終状態あるいは均衡状態となり、生態系はその極相の周囲でわずかに変化するだけです。また極相は、土地の気候と地質の要素に大きく関わっています。ただし極相の概念は、遷移が始まり極相にいたる一連の漸進的変化の導き手たる例外的な特徴の予測が難しいという点から、現実的には疑問視されています。例えばヨーロッパでは、遷移に必要な条件が旧ユーゴスラビアとオーストリアの一部の地帯でしか揃いません。実際には、植物の繁殖現象のほとんどが不毛な状態と理論的・抽象的な意味での極相の間で見られ、それが侵害されることは決してありません。

　「ミシガン湖近くの砂地で、植物が通常の初期生育場所とするのは岸辺である。こうした植物が岸辺に定着した砂丘ができ、その後、順に活動期、休止期または転換期、定着期の砂丘になる。定着した砂丘はさまざまな段階を経て、ミシガン湖地域にある中生植物[*4]からなる落葉樹林に達する」。アメリカの植物

学者で、のちに沿岸砂丘の遷移研究のモデルを作ることとなるヘンリー・チャンドラー・コールズは、1899年にそう述べています。

**遷移という概念の起源は何か**

スウェーデンの有名な博物学者カール・フォン・リンネは18世紀、『自然の経済』の中で、火事の後に土地が回復する様子や、それが土壌にもたらす植生遷移現象に言及していました。しかしリンネの問題意識は生態学的というより、神学的なものでした。リンネは、遷移が起こってから均衡のとれた状態にいたるのは、植物群系が神の計画に従って人間の役に立つべく行動を起こすからであり、神の摂理による理想的な結果が極相であると考えていました。

19世紀になると、自然現象に対する「非宗教的」アプローチにともなって、より生態学的な分析がなされます。アレクサンダー・フォン・フンボルト以降、植物学者のオーギュスタン・ピラム・ド・カンドルが、古くから植物を移入し栽培してきた人間の役割について述べます。ド・カンドルは、著書『栽培植物の起源』を構成するいくつかの要素を息子のアルフォンスに提供しました。しかし19世紀、生態史学者のジャン・マルク・ドゥルアンは、植生の変化という概念の誕生を支えたのはアドルフ・デュロー・ド・ラ・マルとアンリ・ルコックであると述べています。

アドルフ・デュロー・ド・ラ・マル（左）、アンリ・ルコック（中央）、アントン・ケルナー（右）。ヨーロッパに遷移の概念を根づかせた3人。（フランス国立自然史博物館中央図書館、パリ）

第14章　北米大陸の生態学

ノルマンディーのペルシュ地方に小さな森を所有していたデュロー・ド・ラ・マルは、植物学の観点から土地を観察し、1820年代、「植物群の中で、植物種の再生産に見られる選択的な遷移現象は、自然の一般法則かどうかという問題、すなわち世代交代」というテーマで論文を発表します。この考察は、適切に管理された森林における収穫の循環と遷移に関する博物学的観察、パリの芝地の氾濫を助長させた状況への注目など、古くから見られた文化的慣習がもたらした結果を再認識することでもありました。デュロー・ド・ラ・マルはそこから、世代交代の理論を導き出します。彼は世代交代を「あらゆる存在物の創造者によって植生に課された基本法則」であると結論しています。
　クレルモン＝フェランで博物学の教授をしていた植物学者アンリ・ルコックは、『ヨーロッパ植物地理学研究』（1854～58年）という目新しい一連の刊行物でその名を知られていました。1844年には『飼料用植物に関する概論』を出し、輪作の問題を提示します。そこでは輪作の長所が、森林環境における遷移の事例によって補強されていました。その他、オーストリアの植物学者アントン・ジョセフ・ケルナーもまた、植物社会学の出現に間接的に貢献しました。彼も1863年以降、植物群系の繁殖に対する研究を行います。そしてデンマーク生まれの植物学者で初めての生態学概論の著者であるユーゲン・ヴァーミングは、著書の普及によって初期の北米生態学者に影響を与えることとなります。
　当時の農学者、森林監察官、植物地理学者、生態学者がもっていた関心は、時間の流れに沿った植生遷移の問題について19世紀ヨーロッパ研究者たちの一部が書物で言及していたのと同じもので、大部分の植物地理学者たちが抱いていた疑問とは共通しませんでした。実際、ヨーロッパ植物生態学の主流派が発展させたのは植生研究の静態的アプローチで、その関心の中心は、時間の流れにおける遷移についてではなく、種そのものでした。例えば、海岸砂丘から内陸地の高原にいたるまでの植生遷移のさまざまな段階は、ある種の連続的な「写真」の形態を取ります。これはのちに生態勾配[*5]（ギリシア語のklinein「傾斜する」に由来）と名づけられるものを確立することになります。生態勾配とは、ある生態学的な要素に関する漸進的な変化を表しています。岸辺の場合、その土地の地形上の勾配に応じて、土壌の塩分や風の強さ、そして優勢な風の向きといった要素がさまざまな度合いを示し、こうした要素により、その土地の植

物群系のタイプが決定されます。さらに広い範囲では、気温が無視できない要素となります。北半球では、緯度が北へと進むほど気温の勾配は減少し、温帯落葉樹林から、広葉樹と針葉樹からなる温帯の混交林、タイガ、ツンドラへと移行します。

### アメリカのアプローチ

これに対しアメリカの生態学では、時間の推移にともなう遷移現象が関心の的になります。前述のコールズや、この分野を代表する1人であるクレメンツは、デュロー・ド・ラ・マルの研究に多大な敬意を表します。

アメリカの生態学史家D・ウォースターは、それまで遅れを取っていた英国の生態学が、ヨーロッパ大陸の基礎的研究を取り込みながら、いかに迅速にその遅れを取り戻したかを強調しています。それでもアメリカの生態学界の進み方に比べると、その差は歴然としていました。植生遷移の現象について、ヴァーミングがおこなった考察のうち最高の部分を引き出す術を、アメリカの生態学者は心得ていたのです。

アメリカで生態学に関する刊行物が初めて出版されたのは、1890年代でした。そのなかでも、ミネソタ州政府に勤めていた植物学者コンウェイ・マクミランの書物は、植物の地理的分布の問題を浮き彫りにしました。ヨーロッパ生態学の概念的枠組みに組み込まれるものだったとはいえ、彼の書物にも植生に

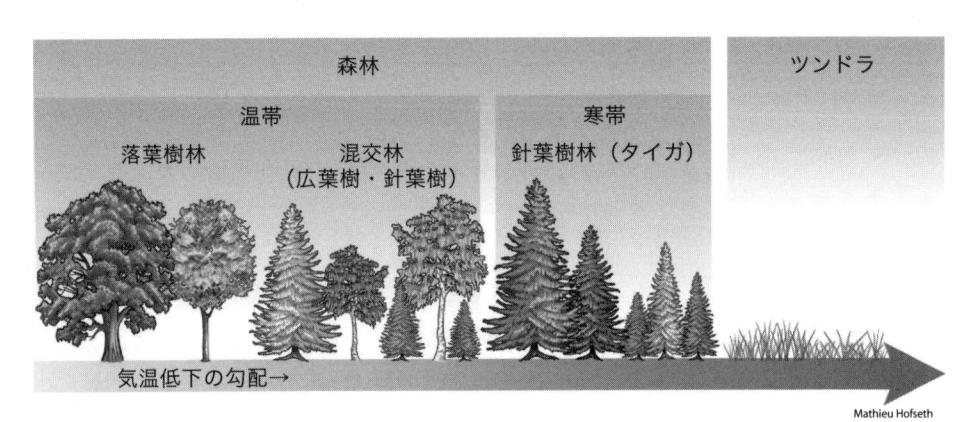

**生態勾配の例**
図では緯度の変化による気温の低下という勾配に沿ってもたらされる植生変化が示されています。

対する動態的な視点がすでに現れていました。マクミランは自らが属する組織における地位のおかげで、この学問を研究する学生たちのさまざまな論文を指導する機会に恵まれます。

　植生遷移をめぐる生態学的研究は、すでに触れたコールズの理論から生まれたと考えられています。西に向かって領土を次々と獲得していく過程で、人間が変質させた生態系の管理という問題に急速に直面していったアメリカは、理論的であると同時に実践的でもあるコールズの研究のおかげで、最も有効な予測をおこなうようになります。その後、1901 年にある大部の論文が発表されると、遷移をめぐる生態学の方向を決定した「自然地理生態学」という表現とともに、コールズの名は世界に知られます。事実、この学問を自然地形学の部門として位置づけたことによって、浸食作用による地形の遷移に順序があるのと同様、植物群の遷移にも一つの秩序があることが示されたのです。

　こうして一世代全体にわたるアメリカの生態学者たちが、遷移の生態学に着手し、その道のパイオニアとなります。とくに名を馳せたのが、やがてシカゴ学派を形成するイリノイ州の生態学者たちでした。

　その1人、フレデリック・エドワード・クレメンツは、その後およそ半世紀にわたってアメリカの生態学界に君臨します。理論家で教育者であり、技術の知識もあった彼は、さまざまな器具や装置の開発と改良にあたります。乾湿計（乾球温度計と湿球温度計という2本の温度計を用いて湿度を測る装置）を開発したり、光度計の道具一式を完成させたりしたのもクレメンツでした。彼は極相の概念に目を向け、植物群落の進化を気候と結びつけながら気候的極相[*6]を描き出します。

　アメリカの生態学界の独創性を示すもうひとつの点は、植物学者が動物学者と共同で研究をしていたという事実です。1905 年からその必要性を説いていたのが、ミシガン大学博物館のチャールズ・チェイス・アダムズでした。アダムズは動物の生活と植生の進化をともに扱う生物的発達段階に目を向けました。その2年後、シカゴ大学のV・E・シェルフォードは、生物の遷移に関する生態学のなかでも先駆的だったこの分野で、論文を発表します。続いて、現在では生物群集研究の開祖と考えられている英国人のチャールズ・エルトンが、こうした群集における動物の位置づけを表すのに「生態的地位[*7]」という言葉を使いました。

**ヨーロッパが早々と逆輸入**

　アメリカの生態学は、ヴァーミングの研究と同じく急速に大西洋を渡ります。英国の植物学者たちは、さっそく新たな概念を採り入れ、1910 年、ブリュッセルで行われた植物学の第 3 回国際会議では、委員会に大きな影響を与えます。

　こうしたアメリカ生態学の考え方がフランスで導入されたのは、両大戦間だったと最近まで考えられていました。しかしクリスチャン・ペランと著者が独自に調査したところ、実際は 1909 年以降のことで、当時の大きな科学の学会では無名だった植物学愛好家の 1 人が、ナントの南西部にあるグランリュー湖の事例に、コールズの研究と極相の概念を直接応用していたことがわかっています。

　エミール・ガドソーというその人物は、食料品店の息子で、ワインの商いをしていました。彼も大勢の植物学者の例に洩れず、地元の学会の一員となり、1889 年にはロワール河口学術協会の会長に就任し、その後フランス西部自然協会の事務局長になります。

　ガドソーは、1885 年に観察旅行をしたオート・ザルプ県で、段階的な植生遷移を目にしたのがきっかけでそれに関心を覚え、1903 年に、『ベル＝イル＝アン＝メールの植物地理学試論』を著します。この書物は、ナントに住んでいた英国生まれの植物学者で彼の指導者だったジェームズ・ロイドの影響が強く見られました。ロイドは、岸辺の植生がどのような領域で遷移を遂げていくかを研究した『フランス西部の植物相』を著しており、この作品は権威ある書物となっています。ロイドのあと、ガドソーはモンペリエ大学の教授シャルル・フラオーにも影響を受け、フラオーがまとめた植物地理学の専門用語や、植物群落の定義を活用しました。

　コールズの影響を直接受けたガドソーによる研究は、1909 年の『グランリュー湖についての植物地理学的専門研究』と題されました。その第 3 部「生物学的生態学」は、第 1 次世界大戦前のフランスにおいて、動態的な遷移の観点を紹介し、それを実践した最初のものとして知られています。「アメリカの植物学者ヘンリー・チャンドラー・コールズがわれわれに素晴らしい手本を示してくれたように、グランリュー湖は彼の分野の研究に見事に適している」とガ

ドソーは書いています。ヴァーミングによる指摘と、アメリカ生態学者たちの研究とを総合して自分のものとしたガドソーは、植物群落が中生植物からなる極相の森林へといたるまでに、断続的な一連の変化を必然的に遂げることになると付け加えます。自然地理学的な区分でグランリュー湖を見ると、さまざまな区分（水平区分）を判別することができます。まず植物の侵入によって退行局面に位置する中央部の湖岸地帯。2番目は沼地からなる周辺地帯で、水に見え隠れするのが周期的に繰り返されることからくる緊張状態のため、最も活発な動きをしています。3番目は、浸水の度合いによって（垂直的に）3分割される境界地帯、4番目はさらにその周辺にある森林地帯で、氾濫期にしか浸水しないかつての湖の一部です。ガドソーはこうした研究で、群落が活発に変化することから、群落の遷移研究は興味深いと考えます。

　それにしても、ガドソーはどんな情報源から知識を得ていたのでしょう。彼はコールズが出版した『ボタニカル・ガゼット』を読んでいたほか、フランスのル・マン（サルト県）で編集されていた植物地理学の雑誌『植物の世界』も購読していました。この雑誌を読めば、ヨーロッパとアメリカにおける生態学の重要な参考文献を知ることができました。クレメンツはこの雑誌の編集者らと定期的に連絡を取り合い、ドイツ、英国、米国、イタリアをはじめとする外国の論文のうち、何を読むべきかという情報を入手していました。

　ガドソーは、19世紀の初めに植物地理学の概念の枠組みから生まれ、植生遷移の研究に関心をもった少数派の流れに組み入れることができるでしょう。もっとも第1次大戦以前、フランスでアメリカの生態学の文献に触れた植物学者は彼1人ではありません。それでも私が知る限り、彼の仕事は他の研究者とは一線を画しています。彼の所業を前にすれば、他の研究は霞んでしまうといってもよいほどです。

　第1次世界大戦後の1922年には、コールズとクレメンツの研究がピエール・アロルジュの論文で取り上げられ、アメリカの学派とヨーロッパの植物社会学派を統合する試みがなされます。

　エマニュエル・ド・マルトンヌの『自然地理学概論』（1925～27年）と、アンリ・ゴサンの『植物の地理学』（1933年）という2つの著作では、動態的要素を導入する必要性が喚起され、遷移と極相の概念が用いられました。前者は植物社会学の考え方を否定しませんでしたが、後者はモンペリエの植物社会学

派とトゥールーズの動態学派という、根本的に異なる観点を発展させた2者間で起こった対立によって注目されます。それ以外の作品は、アメリカの生態学で有機体論を主張する何人かを批判するものでした。

## 第15章
## 生態学における有機体論
### L'organicisme en écologie

20世紀の初めにおける生態学と有機体哲学の出会いは、大きな反響を呼んだようです。それはとくに英語圏で起こった大きな論争を特徴とします。1950年代に「エコロジーの時代」が到来したことは、新有機体論の形態で人間と自然の関係を再編成しようとする新しい相互依存の倫理が、大いに高まりを見せていたことを示しています。

20世紀初頭、アメリカの偉大な生態学者F・E・クレメンツは、「植物群落は誕生し、成長し、老化し、死んでいく有機体である」と説いて大きな反響をもたらしました。この植物群落が到達する極相(クライマックス)(均衡に達した状態)は、有機体でいえば成体の年齢に相当します。このことの念を押すように、クレメンツは1936年、「極相と複雑な有機体は一対の概念である」と補足しました。同じ時期、ジョン・フィリップスは複雑な有機体と生物群集(植物群落と動物群集)を同一視しています。

いわゆる有機体論は、社会の組織形態や機能を生物のそれになぞらえた19世紀の学説[*1]に深く根ざしています。生態学の分野に適用された有機体論は、「環境の変化に対する動植物集団の反応は、集団を構成する個体の各反応を総和したものには対応しない」という考え方をもとにしています。これは「全体は部分の総和以上のものである」という考え方で知られる全体論的(ホリスティック)な考え方(全体を意味するギリシア語のholosから)にごく近いものです。

アリとシロアリの世界的な専門家ウィリアム・モートン・ホイーラーは、1920年代にこの昆虫の構成する社会が正当な有機体であると説明しました。個々のアリたちが共通の利益に貢献するような専門作業を担当できるようにな

っているアリの巣を注意深く観察したホイーラーには、有機体論の強い傾向が見られました。ホイーラーは、ロシアの入れ子人形（マトリョーシカ）に喩えることもできるモデルの知的構築作業に、まぎれもなく貢献します。すなわち彼は、生態学的序列（最も進んだレベル）の基礎として、あるヒエラルキーを据えます。それは細胞構造内レベルで「バイオフォア」（生命活動をつかさどるもの）に始まり、細胞、組織、社会集団へと続くもので、ホイーラーはその全体が互いに関係をもっているとしました。

生態学者たちは、有機体論的アプローチの正当性をプラトン、トマス・アキナス、ヘーゲルといった偉大な思想家たちに求めました。しかし、生命と地球の科学に最も直接応用できる有機体論の形態を伝えたのは、ほぼ疑う余地なくイギリスの哲学者ハーバート・スペンサーです。また、クレメンツが手本にしたのも明らかにスペンサーでした。

進化論の枠組みでとらえられていた有機体論は、スペンサーが社会を有機体と考え、そこに生物学的法則を適用する社会理論を創造するのに役立ちました。スペンサーは自分が生活するヴィクトリア王朝期の社会組織を例に取り、議会は社会の脳髄であり、「執行機関としての神経節」と結びついていると述べました。鉄道と電信線は血管と神経に喩えられ、商業取引によってこの社会という見事な有機体の栄養が確保されるというのです。こうしてスペンサーは、個体の組織と人間社会のような社会組織のあいだに、真のアナロジーが存在するとしました。そこでは人間社会こそが、絶え間なく進化する自治的な組織なのです。

英国で有機体論を唱えた哲学者、アルフレッド・ノース・ホワイトヘッドは、1920年代に活動しましたが、スペンサーからの影響は後退していました。ホワイトヘッドは自然をひとつの装置のようにとらえて分析する物質主義的・実証主義的アプローチを批判し、有機体論の時代が来ることを予見しました。ホワイトヘッドによれば、有機体論は科学者たちにとって、自然を構成する要

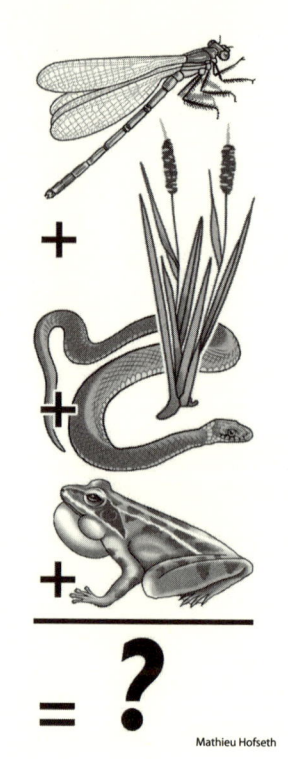

Mathieu Hofseth

**環境における生物群集の反応**
それは個体の反応を総和しただけのものなのでしょうか。

素間の関係を、伝統的な意味で理解されているような、生物組織のアイデンティティーを形成する要素間の関係としてとらえる唯一の手段でした。こうして、原子の構成要素（電子や陽子）、分子、無機的要素、細胞、植物、動物、人間社会、地球システム、そして宇宙は「有機体」であり、「社会」であり、なかには「有機体の有機体」や「社会の社会」を構成するものもあるといいます。つまりそれは、ひとつのヒエラルキーを意味することもあれば、一連の統合的レベルを意味することもあります。こうしてホワイトヘッドは、生態学がこの全体性のイメージを体現していなければならないと考えるすべての人々に、ひいては世界についての機械論的すぎるヴィジョンを拒否する科学者たちに、その論拠を与えることとなります。同時期にその哲学は、オーストラリアの哲学者サミュエル・アレクサンダーや、イギリスの心理学者コンウェイ・ロイド・モーガンがとくに展開した「創発[*2]」という概念に、ある種の結実を見ます。

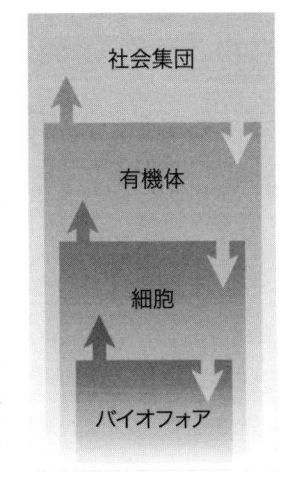

ホイーラーの生態学的序列

アリの巣の機構にインスピレーションを受けて構築されたもの。

アレクサンダーによれば、自然の実体は、さまざまなレベルに階層化され、各階層がより上位のレベルを生み出すこともあれば、「自己制御」や「自己増殖」といった特別な性質や法則を出現させることでレベルを超越することもあるといいます。このようにして革新が生じる生物学の対象もあるのです。ある種の有機分子では、自己を再生産するための能力が創発されるといった例をここでは引用することができます。

モーガンは、あるシステムの状態を総合的に知れば、その「創発的進化」を予見することができるとしました。彼は創発の3段階を引き出します。すなわち物質、生命、精神で、彼の学説はこの3つから出発してひとつの体系を成し、そのなかで各段階が不断に増大しました。モーガンは、創発は急進的にすぎるぐらい新しいものなので、下位レベルに下がることは不可能だと述べました。こうして、与えられた条件のなかにA、Bというふたつの実体を加えるとき、2者が分かちがたい混合状態のなかにとどまるかどうかは定かではなく、予測不可能で新たな特性をもったCという実体を創造するシステムを生み出すかもしれません。ここでも有機物質の例を引用するなら、特定の条件を適用

することのできるある種の混合が、生命を特徴づける属性を獲得します。

### 論争

有機体論の問いかけが生態学の分野に浸透し始めるのは、20世紀初頭における植物群落の研究においてでした。事実、有機体論の問題が十分に提示されるには、生態学が真の意味でバイオシノーシス、すなわち生物群集の研究と同一視されるのを待つ必要がありました。

クレメンツは個体機能の規則をそのまま集団に当てはめたわけではなかったのですが、イギリスの植物学者、アーサー・G・タンスレーからすぐさま激しい批判を受けます。「個体機能の現実を結論づける必要があるのは、個体の集合が同一の場所であたかもひとつの有機体のように連携していると見る方がわかりやすいからではない」──「準有機体」という言葉をむしろ好んだタンスレーは、アナロジーの発見的価値を認めながらもこのように反論します。1935年、この論争のさなかにあって、タンスレーは非生物的要素と生物的要素を同一のシステムに統合するひとつのカテゴリーを創造するため、エコシステムという用語を提案します。タンスレーはこれによって、有機体論の袋小路を解決しようとしたのです。彼によれば、有機体論にアメリカの動態的生態学が見出せるのは、とくに有機体論という言葉の使用が不適切であったり、有機体論的アプローチが、抽象的で意味に乏しいと彼が見ていた全体論的原則の集団行動への導入を意味していたりするためでした。タンスレーにとって集団は、集団を構成するものが孤立して自然のなかに存在するということはあり得ないので、もしそのように存在した場合に何が起こるかということを問うことなしに検討すべきものでした。

同じく反有機体論者のヘンリー・アラン・グリーソンは、植物群落に個体主義的概念を適用しました。グリーソンは、「それぞれの植物種は好き勝手に生長する」としました。皮肉にもグリーソンのこの表現と同様、ある種の個体主義的、原子論的アプローチは、一種の「隠れ有機体論者」と見なされました。もしある植物が勝手気ままに生長するのだとしたら、なぜそこらじゅうに

**ハーバート・スペンサー**
このイギリスの哲学者によって展開された有機体論は、生態学にも応用されました。

根を張って、集落を好きなように変質させてしまわないのでしょうか。さらにグリーソンは、植物種が環境条件や移動の可能性にも左右される偶発的な集団を構成すると述べています。集団の定義も問題になります。こうしてグリーソンは、人間社会の構成員と同種の行動が植物にもあると見なします。

　タンスレーの生態系の概念には、日の目を見ない部分があったことも事実です。彼は1950年代の生態学を特徴づけたオダムの同志たちによる創発的分析や、ジョエル・ド・ロズネイが『マクロスコープ』のなかで示したような有機体論的な読み解き方をした人々の批判にさらされます。「エコシステムとは単純な『生活環境』をはるかに超えたものである。ある意味で、それは生体組織なのである」と、タンスレーはエコロジーについての章に書いています。

### ついえた希望、新たな追究

　このように諸派の立場を浮き彫りにする論争によって、タンスレーとグリーソンは間接的にもせよ有機体論に手を貸すこととなりました。バイオーム（大陸のマクロエコシステムを形成する動物と植物の群集全体）を「アメーバ組織」と喩えた動物学者ヴィクター・エルマー・シェルフォードには、より直截にそれが見られます。

　生物群集という概念の発展をともなったこれらの考察は、比較的独立した単位のモデル化に、そしてのちには生態系理論に貢献することとなります。

　シカゴ大学のグループによって提唱された、人間生態学への有機体論的考察の適用は、さらに冒険的で、結果において風刺的でさえありました。

　なかでもとくに熱心な代表者のひとり、シカゴ大学の教授でアメリカ生態社会学会会長であり、公然たるクエーカー教徒だったウォーダー・アリーは、シカゴ大学で「生態学グループ」を形成していた他の大学職員と1949年に、『動物生態学原理』を著します。彼らによれば、有機体論はもっと豊かなもので、人間社会に移入することのできる有機体論生態学の概念でした。1941年、シカゴ大学創立50周年の機会に、このグループは有機体と社会は単に類似しているだけでなく、実質的に同一のものだと断言します。この有機体論者を代表するもう1人の人物となったE・W・バージェスは、すべての構成要素を統合した生物の組織を「都市の成長」と同一視します。こうして有機体論熱――生態学史家のドナルド・ウォースターの表現を借りれば――は、シカゴ大学で

生命科学を教えるほとんどの教授たちの関心をとらえたのです。1941年の動乱期、彼らは世界的統合を訴え、現実味のない闘争を生み出しました。シカゴ学派の人畜無害な理論に最も熱を上げていた何人かの有機体論者は、完全に統合主義的な全体主義的イデオロギーに疑いを抱くようになります。彼らはすこし後になって、自分たちの構造にもうすこし科学を取り込まなければならないことに気づきます。1950年代、とくにウォーダー・アリーの退官後、有機体論は分散しました。

　この時代には、レイチェル・カーソンの有機体論的アプローチにもかかわらず、生態系の要素還元論的分析が新実証主義を背景として優勢になります。[*3]そして生態系はふたたび物質とエネルギーの流れによって説明され、生態系管理の分野で意見が述べられるようになります。言説に詩的なものが不足しているとき、科学は成果を上げるものなのです。

　有機体論者の生き残りと見られる人々は、近年にも幾人か見られますが、そうした人々はどちらかというと、生態学用語を歪曲して自らの感覚を満たそうとする知的遊戯やファンタジーの分野に属します。その結果、グローバル・ビジョンや「マクロスコープ的」といった口実のもと、地球を生態学的で経済的な機能をもった生物組織と同一視したり、また地球を「人智圏」[*4]（精神と思考の圏）という集合的認識形態によって構成される脳と同一視したりするために、生態学的科学を利用することがはびこっているように思われます。そこでは生態学という科学分野が、世界の生態系を包括できると思われています。生態学の領域では、動物や植物の集団に近づくように人間集団に近づくことはしないという留保つきでいえば、その限界は認識論的なものというより、技術的なものです。

　ウォースターによれば、有機体論とは、アングロサクソン世界で第2次世界大戦後、「エコロジーの時代」の名のもとにはっきりとした形をもった思想運動から生まれてきたものです。有機体論は、人間を「生態学的原形」に属するものと認識し、相互依存の新しい倫理を追求したりすることを特徴とします。

　「科学」という虚飾を施した（とはいえしばしば帯に短く、襷に長い）この種の新有機体論に価値を認めることに嫌悪をもよおす科学的生態学と、これらの実証に熱狂する公衆とのあいだには、溝ができています。この状況は民主主義にとって危険なものです。

## 第16章
## エコシステム理論
### La théorie des écosystèmes

　生態系理論の起源を1877年までさかのぼって考えると、真の理論化のプロセスは1930年代に始まっていることがわかります。近代生態学は、その頃生まれた研究に直接の恩恵を受けています。とくにアメリカのレイモンド・リンデマンは、1941年から42年のあいだに科学知の宇宙をよぎった「彗星」そのものでした。この時代、生態系理論では湖水のモデルが多く用いられます。

　1877年、それまで動物や植物の集団として知られていたものを定義するための用語が、生態学の歴史で初めて創案されました。バイオシノーシスです（ギリシア語のbiosは「生」、koinosは「共通の」を表します）。この言葉を造語したドイツ人動物学者のカール・メビウスが行った研究は、バイオシノーティック（生物群集の研究）を予告するもので、生態学も1920年代からはその一部をなすと見なされるようになります。しかしメビウスの研究は、記述的で定性的なアプローチにとどまるものでした。1881年に生態系ピラミッドの構造について初めての試論を書いたカール・センパーもそうでした。センパーと同じ時代に、アメリカの動物学者S・A・フォーブズは、バイオシノーシスの概念に近いミクロコスモス[*1]の概念を提案し、湖の事例に適用します。フォーブズは、アメリカ中西部の小さな湖の自然の要素、すなわち動物相と植物相で形成される関係を研究しました。ただしここでも研究は記述的なものでした。

AKG, Paris

**カール・メビウス**
　環境との関わりにおける動植物の群集を意味するバイオシノーシスという用語の創始者。

さらに、実際的な秩序に関する固定概念で直接記述された研究によって、捕食者と被食者、寄生者と寄主(きしゅ)を説明する最初の食物連鎖がモデル化されます。綿の木に見られるハナゾウムシの連鎖は、1912年にアメリカの学者たちによって確認されたもので、複雑な連鎖ですが数量化はなされませんでした。ハナゾウムシとは小型のゾウムシで、メスが植物の芽に卵を直接産みつけるのです。しかし経済性と実用性の両方の理由から、最初の定量的データが引き出されることとなるのは水生動物群でした。

**生態学における真の理論化プロセスはいつ始まったか**

生態学よりもはるかに長い歴史をもつ天文学は、構造や数学的比率の計算によるものとなったときを境に、単純な記述から理論になりました。より哲学的にいえば、理論とは、首尾一貫したシステムを構築するために、科学の領域に属する法則を統合できるものと定義できるでしょう。ニュートンが万有引力の法則に関して行ったのもそれで、月と地球の物質についてなされるあらゆる計算を統合するものでした。

つまり理論とは、いまここに強調したような統合化の役割によって性格づけられるものですが、同時に方法論的、発見的、説明的、予見的価値によっても特徴づけられます。

パスカル・アコは、エコシステム理論の起源を見出すためには、バイオシノーシスやミクロコスモスのような実体を構成・統合している内的なメカニズムを分析しようとする最初の傾向が、いつ始まったかを知ればよいと述べています。

生態ピラミッドの現在の表現は、そのため数量化によって生態ピラミッドを考え出した人たちによる表現とは違っています。個体数のピラミッドであれ、乾燥重量のピラミッドであれ、エネルギーのピラミッドであれ、これらを図で表すと、ある集団とべつの集団の栄養段階の重要さを視覚化し、数量化することができます。最下部は生産者(緑色植物とある種のバクテリア)で、数量的な図ではつねに最も重要です。その上に来るのは草食動物のレベルで、その上が肉食動物です。

定量化と数式化は、それゆえ必然的にたどる道ということになります。

もともと計算とサンプリングには、方法上・実際上の問題がありました。チャールズ・エルトンは『動物生態学』（1927年）を発表し、ノルウェーのスピッツベルゲン諸島で極地帯の動物集団に関する研究の先鞭をつけています。エルトンはとくにホッキョクギツネの観察からヒントを得ていました。動物生態学の定量化と数式化の分野における先駆者といえば、真っ先にエルトンの名が挙げられるのはそのためです。この方向でなされた動物学の研究がもとで、1913年に設立された最初の生態学学会、「イギリス生態学会」の発意にもとづき、1932年から『ジャーナル・オブ・アニマル・エコロジー』が刊行されることになりました。

　それぞれ独立して活動していた2人の数学者、アメリカ人のアルフレッド・J・ロトカとイタリア人のヴィト・ヴォルテラは、1925年から1935年までのあいだ、数学を生物学に応用することにおいてエルトンよりもはるかに先を行くことになります。彼らの理論は、ある生物種が他の生物種に（急速に、または徐々に）排除されることについて、その2つの生物種の集団における周期的変異として表される微分方程式を用いて理論形式化したものでした。そこで得られた曲線は、被食者の数と捕食者の数のあいだに見られる周期を4つに分けて偏差を表します。たとえば、被食者の数が増加すると捕食者の数も増加し、捕食者の数が増加した場合には理論上は被食者の数が減少し、捕食効果が低下します。

　ロトカ＝ヴォルテラ方程式[*2]は、昆虫と微生物の研究をしていた旧ソ連の生態学者G・F・ガウゼによって実験的な立証の対象となりました。ガウゼはロトカ＝ヴォルテラ方程式から、競争的排除の原則を引き出します。これはある地理的区分において、同一の生態学的条件をもった2つの異なる生物種は共存できないとするもので、これはその後「ガウゼの原理」と呼ばれることになります。つまりそれらのうちの1種は他方を排除します。言い換えれば、この2種は同一の生態的地位を占めることができないのです。生物群集の研究から直接に導き出されたこの発見は先駆的なものでした。

　ガウゼはまた、基本的な方法論にも着目します。生物種間の攻撃をこのように数式化することで、予測できなかった生物学的要素を調べて精緻化することが大切でした。ガウゼは、ミクロコスモスにおける同一の場所を求めて競い合う2種の場合、方程式で生態的状況をうまく説明できるのに、侵入種と被侵

入種のあいだの関係では到底そこまでは及ばないとしました。ガウゼはそのことから、「バイオシノーシスの構造は、ニッチ全体が形成する構造のうえに成り立っている」と推論します。バイオシノーシスが「ニッチの複雑な網」を形成するというのです。こうしてガウゼは、生物群集研究の基礎を築きました。

　今日、「ロトカ＝ヴォルテラ・モデル」は「過去のモデル」といわれています。近年の研究者たちの記述では、このモデルにはもはや科学的価値がないものとされています。実際、それは自然環境においては非現実的なモデルとされます。しかしこのモデルのおかげで、より正確なべつのモデルを作り上げることが可能になり、そこから大きな発見的価値が生まれたのです。

　シカゴ学派もまた、エコシステム理論の方向に沿って注目すべき進歩を可能にしました。

　この学派の指導者の１人がＦ・Ｅ・クレメンツです。1920年代、クレメンツはさまざまな方向で研究を展開しますが、すべて対象が生物群集であることは共通でした。Ｖ・Ｅ・シェルフォードは、生物群集がいくつかの単位から構成されていることを詳しく述べます。生物群集の単位そのものが栄養のつながりによって確立されているのです。シェルフォードはミシガン州の魚類どうしの関係、そして森林環境に属するバイオシノーシスで見られる生態遷移を規定する要因について研究します。

　1935年にイギリスの植物学者Ａ・Ｇ・タンスレーがエコシステムの概念を創出したおかげで、こうした非生物的（物理化学的）要素をバイオシノーシスに取り込むことが可能になっていきます。陸水学者のＦ・Ａ・フォレル[*3]は、20世紀初頭に湖の研究分野でそれを試しました。彼は湖をすでに見たＳ・Ａ・フォーブズのいうミクロコスモスと考えたのです。レマン湖の研究で、フォレルは食物連鎖をうまく表現しましたが、そこには最初の連鎖の環が欠けていたのです。というのも、第１次物質の供給源であり、食物連鎖の始まりとなる光合成の物理化学的プロセスがいかに重要かをフォレルは把握していませんでした。このため、彼は外からのエネルギー供給を無視して、閉鎖系としてのミクロコスモスについてすこし考察しすぎました。しかもフォレルは、湖の食物網について考えることも、生産者、一次消費者（草食動物または食植性昆虫）、２次消費者（肉食動物または食肉有袋類）といった多様なレベルで数量化することも、まだしていませんでした。

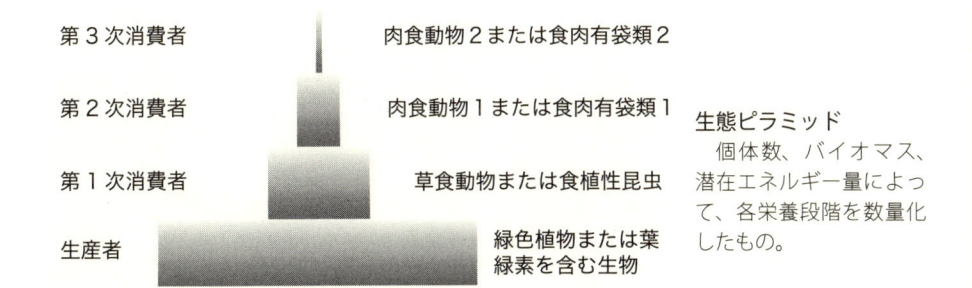

```
第3次消費者              肉食動物2または食肉有袋類2
第2次消費者              肉食動物1または食肉有袋類1          生態ピラミッド
                                                         個体数、バイオマス、
第1次消費者              草食動物または食植性昆虫            潜在エネルギー量によっ
                                                         て、各栄養段階を数量化
生産者                   緑色植物または葉                  したもの。
                        緑素を含む生物
        分解者
```

ただしフォレルは、有機物と無機物を結びつける関係性には円環状（直線でなく）の性格があると直感していました。ですからレマン湖について研究した『湖沼学提要』のなかで、彼はあらゆる大きさの有機物が互いに食い合い、それによって有機物質が「より複雑化・高度化する連続的な受肉」を通過すると説明しました。反対に、「腐敗という微生物の作用は、有機物の変質のサイクルを閉じ、有機物を原初の形態もしくは出発点に戻す」と説いています。

### リンデマンと近代生態学

シャンシー・ジュデーが、栄養学系の化学者たちによって確立された等値関係をもとに水中有機体のエネルギー価値を計算するよう提案したのは、ようやく1940年のことでした。ジュデーはプロテイン1グラムあたりのカロリーを6650カロリーと算定しました。なぜこのことを思い起こす必要があるかというと、物理学で使われている単位が生態学にも適用されているからです。それ以来、太陽の放射も考慮に入れながら、バイオシノーシスの食物網はエネルギー用語で記述されるようになります。

近代生態学の基礎は、このようにして1940年代に提案されます。そして重要な理論の最終段階であり、バイオシノーシスとビオトープで構成されるタンスレーのエコシステムは、この2つの構成要素を部分的に統合した総体となっていきます。この統合の取り組みは、偉大な生態学者G・エブリン・ハッチンソンの教え子だったレイモンド・リンデマンが研究のなかで実行したもので、以後彼はその研究を拠り所としていきます。

若き生物学者リンデマンは27歳で夭逝しますが、彼もまた湖を研究しまし

**食物網**
　栄養段階にしたがって、動物の大きさが増大しています。

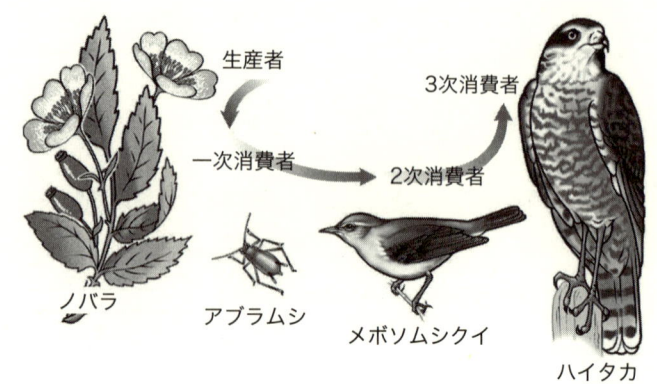

生産者　一次消費者　2次消費者　3次消費者

ノバラ　アブラムシ　メボソムシクイ　ハイタカ

Mathieu Hofseth

た。彼のモデルのひとつは、ミネソタ州の小さな湖で、その後彼はあらゆるタイプの生態系へと分析対象を拡げていきます。彼のアプローチは栄養学的、物理学的と性格づけてよいでしょう。2度の出版（1941年と1942年）のあいだに、リンデマンはいまも生態系理論の基礎となっているいくつかの概念を導入しますが、なかでも注目すべきは、連鎖的な働きをもった食物網に統合される部分と考えられる独立栄養生物（光合成をする植物）の概念です。リンデマンはまた、さまざまな栄養段階の結びつきに関する定量的データをエネルギー価値に転換しました。これはアメリカの生態学が開発した生態遷移の考え方では、経時的な変化とも考えられていたものです。事実、湖の歴史を見ると、一連の変化による埋没の段階をへて、最後は森林にまでいたります。そしてリンデマンは、生態系の非生物的構成要素と生物的構成要素のあいだに古くから見られる分化は人工によるものだと一気に結論します。こうしてタンスレーの考え方が自分にとっては興味深いものに思えたので、リンデマンはヴェルナツキーの研究成果を生物地理化学の分野に導入したのです。

　したがってリンデマンにあっては、エコシステムは生態学の基本的単位となりました。そこに限界があると考えたり、複数の生態系の包括的統合という別のレベルへ飛躍したりする人はいるものの、リンデマンは今日もその地位を保っています。

　物理的・数学的な問題のコンセプトは、こうして本来生物学の一分野でしかなかったエコロジーという科学に適用されます。そのおかげで、生態学は経済学にも応用される科学になることができたのです。「生態系的思考」は、出

現したときからすでに話題になっています。そしてその頃から、さらなる理論的進歩が可能になりました。それは最初、生物の熱力学の分野に見られ、次にはサイバネティックスの分野に起こりました。

しかし、いわば「科学知の彗星」だったリンデマンは、その光明が生態学を明々と照らした頃にはすでにいなくなっていました。その光はその後も瞬きましたが、ふたたび輝いたのは1950年代だけでした。リンデマンと同じくハッチンソンの教え子であったユージン・P・オダムとハワード・T・オダムという2人の兄弟によってです。現代のすべての生態学者が知るところとなるオダムの作品『生態学の基礎』(1953年)は、リンデマンの統合理論を定着させるものとなります。ハワード・オダムはこの書物で、物質フローとエネルギー・フローの問題を扱うとともに、人間生態学も担当しました。

# 第 17 章
# 物質とエネルギーの流れ
## Les flux de matière et d'énergie

1940年代に形成された生態学的な思想は、物理学や数学といった生態学以外の分野における方法や概念の使用を特徴とする、新しい生態学へのアプローチを可能にします。そこでの研究は、生態系の構成要素間そのものよりも、むしろそこに見られるエネルギーや物質の移動に関心をもつ人々によって着手されました。ここにいたって科学的エコロジーは、その起源に痕跡を残した博物学的アプローチ、そして有機体論的アプローチとのつながりを断つこととなります。

アメリカの偉大な陸水学者で生態学者のジョージ・イブリン・ハッチンソンは、1942年にこう書いています。「もっとも生産的な分析手法は、生物学上のあらゆる出来事の相互関係をエネルギーの観点に限って見ることである」。この考えは、ハッチンソンの教え子だったレイモンド・リンデマンの研究を決定的に方向づけました。

ジャン・ポール・ドレアージュは、1941～42年にさかのぼるリンデマンの研究から約20年後、とくにハワード・T・オダムが行った分析のおかげで、エネルギーのパラダイムが認められたことに注目しています。

エドガー・N・トランソーは1926年以降、「生態エネルギー的」な分析を試みました。おそらく生態学の歴史において初めてのことです。イリノイ州にあったトウモロコシ畑の実験に没頭したトランソーは、農学者たちの研究も踏まえて、苦心のあげく「1エーカー（約50アール）のトウ

Bruno Porlier

畑
　セイヨウアブラナ（写真）やトウモロコシなど、あらゆる作物の畑は、物質とエネルギーを変換する大掛かりな工場です。それはもちろん野生の植物集団にもいえることです。

1エーカーのトウモロコシ

太陽から受け取る潜在エネルギー：20億4300万キロカロリー

光合成の効率：1.6%

潜在エネルギーの生産量：3300万キロカロリー

**生態学的エネルギー分析**
イリノイ州のトウモロコシ畑でトランソーがおこなったもの。

モロコシ畑は8743キログラム相当のブドウ糖を光合成する一方、太陽から20億4300万キロカロリー相当のエネルギーを受け取っている」と算出しました。トランソーはそのことから、トウモロコシ畑の光合成効率を1.6パーセントと推論します。彼はこの結果を汎用すれば、農夫にもっと収穫を高めるよう発破をかけるかどうかの境界が決定できるとしました。こうした境界は、光合成効率という農夫の力の及ばないところで問題になってくるのです。

C・ジュデーとR・リンデマンの研究では、この生態学的境界の問題に対し

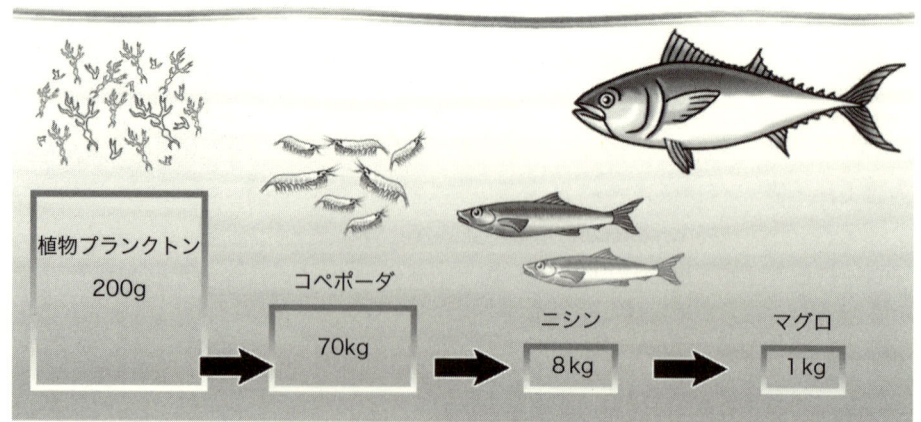

植物プランクトン 200g → コペポーダ 70kg → ニシン 8kg → マグロ 1kg

**物質変換**
食物網の原点、植物プランクトンからはじまる海洋環境の例。

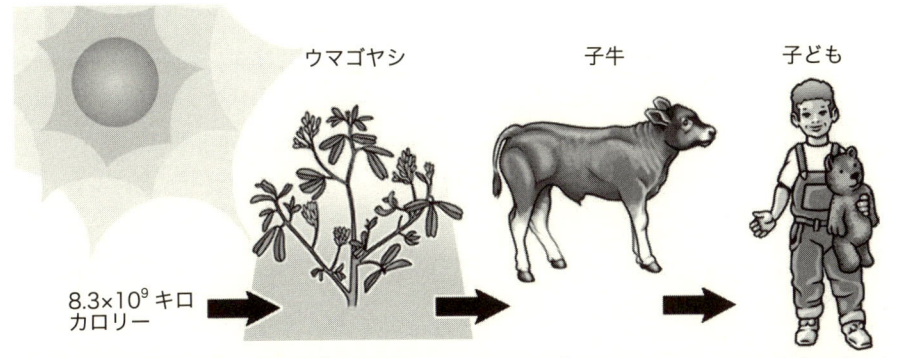

ウマゴヤシ　　　　子牛　　　　子ども

8.3×10⁹キロカロリー → 15×10⁶キロカロリー（8211キログラム） → 1.9×10⁶キロカロリー（1035キログラム） → 8,300キロカロリー（48キログラム）

Mathieu Hofseth

エネルギー・フロー
　陸上環境の例。

て正確なデータが適用されるようになります。その研究はまた、エネルギーの観点では何が制限要因となっているのかを湖の事例で明らかにすることとなりました。

　1910年代から、ウィスコンシン州立大学で、ジュデーはとくに地元の湖における物理化学的研究に資する陸水学的調査を実施します。1940年、ジュデーは『エコロジー』誌で自分の研究と同僚E・A・バージの研究を総合した論文を発表します。ジュデーは水に溶けているカロリーのうち、植物に利用されているのは1パーセント以下であることを算出しました。ジュデーはまた、1グラムの動物性物質を生産するのに必要な植物性物質の量は5グラムであると算出します。

　この原理はその後、よく知られるところとなりました。ジュデーは食物連鎖のモデル化で有名になります。これは確かに人工的なところもあるモデルですが、人々の意識に強烈な印象を与えました。一例を見ましょう。海洋環境では、200キログラムの植物プランクトンが70キログラムのコペポーダに変換され、さらに8キログラムのニシンと1 kgのマグロになります。物質フローをエネルギー・フローに置き換えると、陸上環境では8.3 × 10の9乗キロカロリーの太陽エネルギーが、8211キログラム（または15 × 10の6乗キロカロリー）のウマゴヤシを生産し、1035キログラム（または1.9 × 10の6乗キロカロリー）

の子牛と 48 キログラム（8300 キロカロリー）の人間の子供を生産します。子牛の肉しか食べない子などいませんが、この種の食物連鎖が少なくとも栄養効率性の低さを表しているのは明らかです。この点でベジタリアンが正しいといえる理由は、植物だけを消費しながらエネルギーの浪費を抑えているからです。突き詰めて考えれば、ベジタリアンはいっそのこと、ウマゴヤシだけを食べるようにすべきでしょう！

### リンデマンのサイクル

1942 年、シーダー湖についてリンデマンが書いた論文は、生命現象を物理計算と数学的公式に還元する原理に異を唱える人々とぶつかり合います。一方ハッチンソンなどは、そこに最も生産的な一般化と理論化の可能性を展望します。新しいアプローチは、エコシステムという生きた有機体の力学をエネルギー変換の観点から表現することにありました。生産にせよ消費にせよ、各レベルの生態系は熱力学システムとして扱われます。

湖についてリンデマンは、ある二重サイクルを確立しました。第1のサイクルは、植物プランクトンから始まり、2番目がヒルムシロ属です。異なる要素（動物プランクトン、プランクトン捕食者、バクテリアなど）のあいだの関係は、物質フローとエネルギー・フローを示す矢印によって表されます。リンデマンは呼吸係数（呼吸量／成長量）を算出し、それが生産者からさまざまなレベルの消費者へと移るにつれて増えてくることを示しました。この結果は、呼吸によって失われるエネルギーのパーセンテージが生産者から消費者へという方向で増大していくことを意味しています。同じ分野の学者たちがほかの湖でおこなった類似の研究との比較から、リンデマンは生物生産力[*2]の定義を一歩進めます。彼は生物生産力も呼吸係数と同様に、栄養段階が上になるにつれて増えていくことを示しました。リンデマンはまた、最も重要度の高いもうひとつの一般原理についても明瞭に述べています。消費効率は栄養段階が高まっていくと増大するというものです。呼吸で失われるエネルギーの量が栄養段階の方向で増えて行くという事実とは明らかに矛盾しますが、これはなるべく多くの被食者と出会えるように行動する捕食者を、それより下位に位置する有機体と比較しながら観察することで解決します。

これと同じ熱力学的アプローチを適用することで、リンデマンは時間の流

れに沿った湖水生態系の進化についても研究します。彼はこの進化を生産性の観点から解釈しました。

### 地球規模の熱力学へ

リンデマンの研究を引き継ぎ、精緻化し、拡張した人物が、もともと核化学の専門家であったことは注目に値します。ハワード・T・オダムです。フロリダ州中心部にある水源、シルバー・リバーの研究で、オダムはエネルギー曲線を確立しました。ただし、熱力学で慣例的に研究されてきたシステムとは違い、それらの生態系は「システムは最大エントロピー[*3]に対応する均衡状態、すなわち最も無秩序な状態へ向かって変化していく」という熱力学の第2法則に従っていませんでした。言い換えれば、もし宇宙のエントロピーが増大するのなら、生物のシステムは特異なケースであり、存在するそばから見過ごされてきた熱力学的例外ともいえます。生体組織が、栄養摂取機能によって死と闘っているように、エコシステムも低エントロピー状態を維持しているのです。

ロトカの「生態数学」の研究にも基礎を置いていたH・T・オダムによれば、生態系と人間社会の熱力学は、同一の基本原理を動員することによってモデル

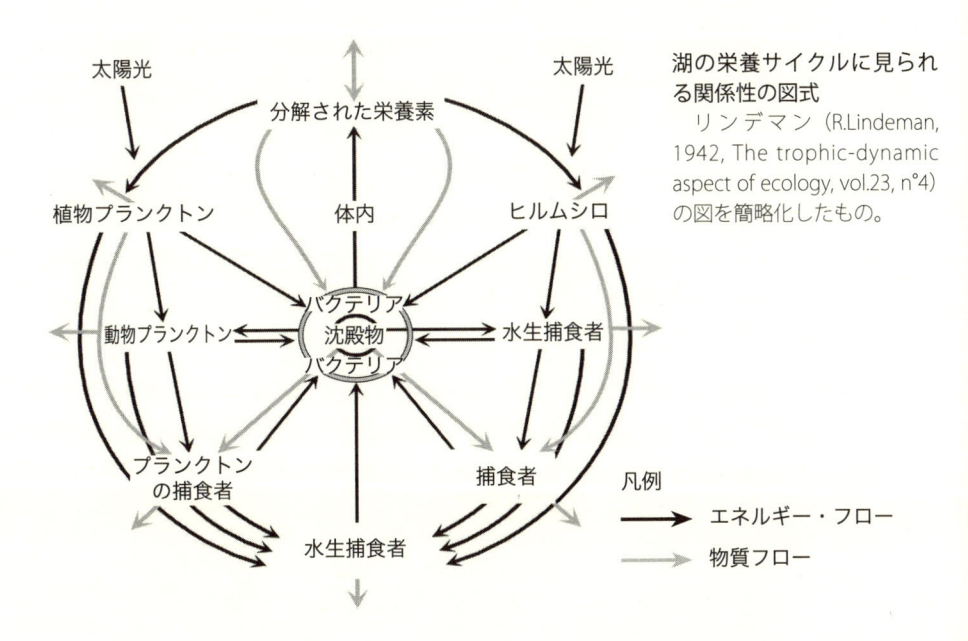

**湖の栄養サイクルに見られる関係性の図式**
リンデマン（R.Lindeman, 1942, The trophic-dynamic aspect of ecology, vol.23, n°4）の図を簡略化したもの。

化が可能でした。

　1971年、オダムはのちに5歳年下の弟が『エコロジー』と題する作品で取り組むこととなる研究プログラムに着手しました。この著書は、1940年代にエコロジーとその源流である生物学とを分化させたことも扱っていました。新しいエコロジーは、物理学・化学・数学を応用し、社会システムもモデル化する学際的な科学です。開発後の生態系や農業生態系のケースでは、それらを統べるエネルギーの原理を理解することにより、生産性を最適化することができます。

　とくにフランスでは、博物学の伝統があったため、北アメリカ発祥の生態系の考察がもつ物理化学的還元主義に対して懐疑的でした。

　その後、巨大なサーモマシンとしての「地球という機械」のイメージはよく知られるようになったものの、極端な機械論者の見方とは異なり、地球をひとつの生物として認識するヴィジョンも生まれました。この考え方は古代の創世神話にあやかっています。ギリシアの詩人ヘシオドスの神統記に「ガイア」として出てくる地球は、ウーラノス（空）と、山々と、ポントス（海）を生んだ祖先です。ジェイムズ・ラブロックが現代的に構築したことで知られる「ガイア仮説」では、生命が地表を統制しています。このことは、物質フローやエネルギー・フロー、生化学的サイクル、統制の現象をその目的とのかかわりにおいて考察すべきことを示しています。言い換えれば、生命に不可欠な状態を保全するため、生命そのものが物理化学的環境と不断の相互作用を行っており、その環境とともにひとつの生命体を構成しているといえます。

　20世紀初頭、ヴェルナツキーは統合（régulation）の代わりに転換（transformation）という言葉を使いました。彼以前には、スコットランド人のジェイムズ・ハットンが「地球システム」によって「ガイア仮説」の最も古い創始者の1人となっています。

　ガイア仮説についての議論と論争は白熱し、とどまるところを知りません。批判者たちがおこなってきた最も重要な指摘は、ガイア仮説の目的論的な性格に関するものでした。

## 第 18 章
## 共用防除、生態系管理、生態学戦争
Lutte intégrée, gestion des écosystèmes et guerre écologique

　第2次世界大戦後、生態学理論の分野では管理生態学が発展します。管理生態学はその後、農業を初めとする自然資源管理や、狩猟といったさまざまな分野に適用されます。現代では、生態学戦争という形態でも利用される可能性があります。

　**19**50年代以後、生態学の研究はよく知られた生物群集の動態だけでなく、生態系の管理、とくに保護区域、禁猟区、農業生態系などの管理をも対象とするようになりました。その結果、生態系理論の用途が見つかります。例えば破壊的行為による生態系の荒廃に関連する研究分野で、経済的・科学的な利便性が見出されます。

　こうした研究は、第2次世界大戦のすこし前にまずアメリカで展開しました。「害虫・害獣」への対策と狩猟の管理にとって、環境への働きかけは不可欠だということを初めて考えた人物の1人が、アメリカ野生生物管理の草分けとされるアルド・レオポルドです。1933年に発表された彼の著作『狩猟鳥獣管理』は、野生生物の専門家たちの間で必読書となります。しかしレオポルドは、同時代人たちと同様、「害虫・害獣」対策の必要性に直面していました。生産第一主義者たちのイデオロギーに反し、

Bruno Porlier

**「有害な」生物種**
　上の動植物（テン、子ギツネ、ヌートリア、ビロードモウズイカ）は、人間が生活の必要から牧畜や栽培をしている生物種の捕食種・競争種にあたるため、「有害」とされていました。

レオポルドが捕食者の役割を考え直し、一定区域内で捕食者の個体数を守った方がよいと考えるのは、ようやく1935年になってからのことです。この考え方は、当初この措置に反対していた生物学調査所でも実践されます。自然公園で捕食動物を公式に殺すことが、1936年から廃止になったためです。「撲滅」という合い言葉がそのときから「管理」に変わり、コヨーテは害獣の地位から保護種の地位になります。害獣の定義は移ろいやすく、時代とともに進化し、博物学者、生態学者、狩猟家、農民といった立場によっても変わります。たとえば農民にとって、齧歯類、昆虫、それに「害草」は（植物学者にとっては魅惑的であっても）、害があると見なされます。

### 自然のなかの化学物質

　それだけに、第2次世界大戦の初め頃、DDTの略語で知られる殺虫剤ジクロロジフェニルトリクロロエタンや、一連の有機塩素剤が開発されたことは、農家にとっては救いでした。こうして大規模な生物学的管理が本格的に始まったのです。

　生態学者のフランソワ・ラマドは、こうした殺虫剤は水に溶けにくいため、およそ10年間は土壌にとどまり、撒布されるごとに蓄積されている可能性があるとしています。それにともなって、「生体内蓄積」の現象が起こり、生体組織の内部にこれらの物質が食物連鎖に沿って蓄積されます。さらに地表面でも、こうした殺虫剤が繰り返し使用されることで選択的抵抗力を身につけた昆虫が増大し、新しい集団をはびこらせます。合成された殺虫剤と除草剤の二次的結果（生態毒物学上を含む）や、収穫にはっきり現れる効果が見られたことから、種の生物学的管理に関する調査がさかんに行われました。

　もうひとつの研究方法は、ある生物種に対して同じ生物種を用いるという、なんとも皮肉で陰謀めいた発想から展開されます。これが自滅的防除です。

　自滅的防除は、それまでの古典的な生物学的対策、たとえば有害と判断された被食者に対して捕食者を用いることとは違っています。従来の対策は、自然界に見られる生物種どうしの関係にもとづいています。食虫性の動物種では、アブラムシを食べるテントウムシの事例がよく知られています。この被食―捕食関係にもとづく生物的対策の形式を最もよく利用したのは、第2次世界大戦後のソビエト連邦だったようです。

**「エコロジー戦争」の影響**
ヴェトナムでエージェント・オレンジによる爆撃を受けた森林。被害を受けた土地は、いまも農耕に適しません。

　自滅的防除による対策の場合、たとえば有害な個体群に生殖力のないオスを放したり、致死遺伝子を導入したりします。この技術では、有害種を自滅させる新しい種の導入によって、生態系の攪乱が避けられます。この場合、再生産性と結びついた生物種間の関係の要素に依存することとなります。[*1]

　ただし、現在では複数の方法を共同で用いることが、ますます頻繁に推奨されるようになっています。その方が効率性の面で利点があるためです。生物学的対策と化学的対策は相乗効果を生みます。実際、これらの方法は併用されるだけでなく、ひと組で使われる[*2]こともあります。それによって、撒布される化学物質の量を減らし、生物や微生物を使った対策の効果を高めることができます。たとえば、殺虫剤によって衰弱させられた昆虫は、その環境に導入された微生物の作用を受けやすくなることが知られています。

　そのためには、生態系の分析をまず実施する必要があります。これは生態学的対策に生態系理論を適用する場合に見落とせない点です。

　20世紀で最も長い戦闘となったヴェトナム戦争のあいだ、ヴェトナムは最初のエコロジー戦争の戦場と化しました。戦略的な理由から、生態学的な闘いは森林の木陰、農地、マングローブに対して計画され、適用されました。この特異なジャンルの戦争は、空から降らせた不可解な「オレンジ色の粉」で中毒

となった人々と同様、生態系にも爪痕を残します。1970年から、つまり戦争終結（1975年）以前から、ヴェトナム戦争で使われた除草剤は強い有毒作用を与えていることが早くも知られていました。

**遺伝子組換え生物の場合**

さらに近年になると、あとで述べるように、遺伝子を組換えた生物種を生態系に導入した結果、生態系の体系的な調査が必要となったため、管理生態学や共用防除の分野から、遺伝子組換え生物（GMO）の使用に関する激しい論争が起こります。

1983年、遺伝子組換えと明らかにつながりのある歴史が始まりました。この年、ドイツの研究者が除草剤への抵抗力をもつ遺伝子をタバコに組み込んだのです。細胞核に入り込んだその遺伝子は、子孫にまで安定的に伝達されました。

この作物の実験が行われる以前、遺伝学者やバイオ技術者たちは「有用」と判断される微生物の性質について研究していました。たとえば寄生植物を拒否または破壊する寄主の性質、あるいは殺虫剤や極端な気候条件などへの抵抗力をもつ性質といったものです。対象となる遺伝子は、まず単離されたあと、栽培植物の未分化細胞に「注入」されます。その後、連続してなされる有糸分裂によって、こうした性質は細胞を通して子孫へ伝達されます。この方式は、19世紀のチャールズ・ダーウィンが感心した現象、つまり研究で明らかとなった性質を保存および増大させる方法として近縁多種間で行われてきた従来の選択的異種交配とは、明らかに違っていました。

2つの遺伝子情報を組み込んだトウモロコシの例を考えてみましょう。ひとつは除草剤耐性遺伝子、もうひとつは昆虫耐性遺伝子です。遺伝子組換え生物の生産プロセスで使われたもの、すなわち異質な遺伝子を受容した細胞を同定したり選択したりすることのできるマーキング遺伝子は考慮に入れないものとします。

トウモロコシを遺伝子的に変換すると、すべての「有害な草」を破壊する殺虫剤全体に対して独自の対処ができます。遺伝子組換えトウモロコシは、その新しい遺伝子があるために殺虫剤の作用を受けないので、種まきと同時に雑草処理を可能にし、開発に値する経済性を生みます。昆虫のなかでは、アワノメ

イガがトウモロコシにとって恐ろしい存在です。その幼虫は葉を貪食し、成虫の大きさに達してもなおトウモロコシのなかに通路を掘ってとどまっているため、トラクターによる殺虫剤撒布で退治することすら不可能です。そこでヘリコプターでの処理が必要となりますが、これはとても高くつくうえに全部は処理しきれず、収穫率を5～10%は下げてしまいます。従来使われてきた処理は、微生物が生産した有毒性の高いタンパク質をアワノメイガに吹きかけることです。しかし、トウモロコシのゲノムにこうした「殺害たんぱく質」を暗号化して組み込むことにより、トウモロコシ自体は生産状態が保たれます。これによって、伝統的な化学的処理を避け、環境中への有害たんぱく質の撒布を減らすことができます。ところが残念なことに、この遺伝子組換えトウモロコシは、チョウを食べるハムシも殺してしまうことになります。チョウの幼虫が食べるのは……トウモロコシです。ここに三すくみの関係が生まれます。システマティックな分析がいまひとつ足りなかったのでしょうか。

　もうひとつの例として、1994年にアメリカ人が生産した非腐敗性の（3カ月間腐らない）遺伝子組換えトマトがあります。これはイギリスで、1996年から集中的な形態で商品化されました。アメリカ、カナダ、アルゼンチンでは、さらに1200万ヘクタールの遺伝子組換えによるトウモロコシ、大豆、綿花が栽培され、中国では100万ヘクタールのタバコとトマトが、フランスでは3万ヘクタールのトウモロコシが栽培されました。

　一見したところ、こうしたさまざまな遺伝子組換え作物の利用は、環境と農業経済に即座に有利な影響を与えます。しかも、最小のコストで高い収穫を上げるため、途上国では急増する人口による食糧ニーズへの対策としても期待がかかります。フランスのINRA（国立農業研究所）は、次のような表現で遺伝子組換え作物をひとくくりにすることがあります。「複数の悪から最も小さな悪を選び取ること」。アワノメイガの場合、収穫の低下を容認するか、化学的処理を行うか、抵抗力のある遺伝子に頼ってあまり汚染することなく収穫を維持するか、いずれかの選択になります。三番目の解決方法は誰が見ても魅力的には違いありません。大方の生態学的議論では、遺伝子が変換された生物種は合成除草剤の使用をいちじるしく減少させ、そのため土壌や水の汚染も少なくすると説明されています。

　遺伝子組換え生物を利用することによって、農業は負担が少なく持続可能

な方向へ、ひとことでいえばよりエコロジカルな方向へ向かうことになるかもしれません。しかしその場合、なぜ遺伝子組換え生物をより「生物学的」な農業の産物と見て、「トランス・バイオ」のラベルを貼らないのでしょうか。

こんなことをいうのも、ある「遺伝子汚染」のリスクが問題になっているからです。

たとえば菜種のような植物は、耕作地の周辺に分散するものが3％程度あり、1％は耕作地から10メートル、0.01％は数キロメートルのところに分散することが実証されています。ずる賢いことに、遺伝子組換え菜種は収穫のとき、「伝統的な」菜種よりも多くの割合で種を飛ばします。除草剤への抵抗力をもった遺伝子は、他家受粉[*3]によって他の植物に伝達され、栽培種もしくは野生種となる可能性があります。いわゆる近縁種になるのです。その場合、遺伝的に獲得された選択的な優位性によって、それは蔓延性と抵抗力のある「有害植物」のたぐいになることがあります。

しかし、他家受粉は少ない現象で、しかもきわめて近縁の種に限られているため、リスクが低すぎ、科学的に測定するのは不可能です。南米原産の植物であるトウモロコシは、ヨーロッパでは近縁種と接触することがありません。そのかわり、菜種はアブラナ科という多くの仲間（キャベツ、カブラ、ニオイアラセイトウ、カラシナなど）をもつ植物で、そのためフランスでは、1998年7月31日の決定により、遺伝子組換え菜種は禁止されています。この2番目の例では、予防原則[*4]が働いています。現在、遺伝子組換えトウモロコシはフランスの耕作地では認められていますが、「汚染された」菜種や大豆は畑から消えました。

潜在するリスクとしては、さらに油断のならないものがあります。遺伝子組換え植物の根に生息する細菌が変化しないという証拠は何もないのです。これらの微生物が土壌のバランスに貢献していることを考えれば、結果は予想を超えたものになりかねません。さらに、遺伝子組換え生物を消費する動物も同じ作用を受ける可能性があり、それを皮切りに食物連鎖全体についても同じことが起こり得ます。

とどのつまり、人間にとっての遺伝子組換え生物のリスクは、基本的に新しい物質と直面したときに起こり得るアレルギー反応にあります。菜種について10年前になされた研究では、遺伝子組換え植物の無害が証明されています。

しかし物質の有害性というものは、何十年も経ないと現れないことがよくあります。

実際は表向きの説明として、遺伝子組換え作物に国営または民間の企業が記載しているのは、人々へのリスクが「ほとんどない」ことを説得しようとする内容です。いずれにしても遺伝子の拡散が起こったときには、いつでも使用を中止するという原則が第一です。

### 判断しにくい問題

著者の年代、いわゆる「ベビーブーム世代」は、原子力に関する次のような言説に翻弄されてきました。「原子力には少しも危険はなく、もし事故が起こるようなことがあれば、といってもまずあり得ないが、すべて事前に予測して国民の安全を確保できる」。ところが1986年の春、見えない放射線の雲がヨーロッパの一部を通過しました。そのときフランスは放射線雲を免れたとされましたが、その後の対策の結果が報道されたことで、こうした公式発表は用をなさなくなりました。近年のある教育科学大臣の文章には、原子力発電所から排出される水はまったく放射性を帯びていないとも書かれていました。ところが、放射性を帯びた一定量の排水の廃棄が、通常運転において許可されていることもわかっています。

私たちが不信を抱くのも理由のないことではありません。第2次世界大戦後に生まれた私たちにとって、酸性・放射性の雨が降ろうが槍が降ろうが、まったく不思議ではないからです。

遺伝子組換え生物については、サントル地方で1998年から1999年にかけての冬に「市民」というテーマをめぐって開かれた討論会に参加していたINRA（国立農学研究所）の研究者が、2つの姿勢を取っていることを認めました。まず科学的な姿勢としては、変換されたゲノムの伝達に不可避のリスクが存在することを認めるというものです。もうひとつは市民の姿勢として、予防原則をより厳重に適用するというものでした。彼は、いずれにしてもそこには2つの市場が発展する可能性があるとつけ加えています。それは「バイオ」の市場と「遺伝子組換え農薬」の市場で、どちらを選択するかは「消費者＝市民」にゆだねられているといいます。つまり、市民の姿勢と科学者の姿勢とのあいだで生じる緊張と矛盾は、同じ1人の人間のなかで結びつく可能性があるのです。

結局、この研究者が結論として述べたことのひとつは、次のような考察でした。「社会の選択が科学的な真実と一致する必要はない」。

　彼も他の研究者たちも、とくにCCSTI（科学技術工業文化センター）の場でなされているような「科学と社会」、「科学と市民」、「科学と民主主義」というテーマについての議論を始めることが緊急課題のように思われます。こうした意見交換に対する市民の関心をとらえれば、カフェで対話する機会を拡大することもできるでしょう。とくに科学者、歴史家、哲学者、心理学者などによる、学際的な性格をもった集中的な考察を進める必要があります。

# 第19章
## 熱帯生態学派
### Une École d'écologie tropicale

　中米の真ん中にある小さな国、コスタ・リカ。その首都サン・ホセに生まれた学派が開発し、応用した体系は、1947年から1967年までのあいだ、「生活帯」という概念の確立に貢献することとなります。この学派はシステム科学の研究者、レスリー・R・ホールドリッジによって創出されました。ヨーロッパではあまり理解されなかったこの学派でしたが、多くの国で生態学研究と生活帯の地図作成に寄与しました。また、ヨーロッパの考え方とアメリカの考え方を合成し、生態学における独自の観点を発展させます。それは真に常識を覆す革新を意味していました。

　**19**40年代の終りに、レスリー・R・ホールドリッジ博士は、熱帯植物が生い繁った土地の生態学を考察するには、ヨーロッパやアメリカで生まれた従来の生態学の体系では不十分だということを確証しました。ホールドリッジは1971年にこう書いています。「グローバルに説明しようという意図をもっていた初期の分類システムは、実際はまず冷帯で作られており、通常は12区分未満という、比較的少ないカテゴリーが考えられていた。同様に、少数の基本的なタイプに分類されていた地圏の生態系区分は、多くの場合は大雑把すぎて生態学研究では使いものにならず、観察者の多くが正確を期するうえでこの分類を避けてきた。とくに熱帯環境では、より正確で詳細な体系が求められていた」。

　こうした判断は、それ以前になされていた考察からヒントを得たものです。1937年の植物学論文で、ファン・スティニスはすでにこう書いていました。「植生に関する研究

James K. Lawton

**コスタ・リカの熱帯景観**
　冷帯・温帯の地域に特有の性格をもつヨーロッパ生態学と北米生態学をもとにした理論と研究成果は、赤道地域には必ずしも適していません。

の大部分はヨーロッパに由来するが、私見ではこれらの研究は、研究材料不足のため本末転倒の視点で開始された。多くのタイプの植生を比較したり関係づけたりしながら研究する場合、理屈からいえば最も豊かな植生から始め、そこからあまり複雑でない、選択的に生じた貧弱なタイプの植生へと進むべきである。種の数、容量、密度が最も豊かな植生タイプは、熱帯の植生のなかにある。研究の出発点とすべきは、人類ヨーロッパ起源論的に見た植生ではないのだ」。P・W・リチャーズによって1952年に英訳されたこの見解は、カタロニアの生態学者ラモン・マルガレフによってほかの関係についても同様に検討されました。マルガレフは1968年、ヨーロッパにせよアメリカにせよ、生態学の諸学派は生まれた土地の風景に注目しすぎたのだと嘆いています。彼はこうして、原点で生態学派の性格を決定している「土地の精霊」(ゲニウス・ロキ)について言及したのです。できたばかりのホールドリッジ学派の存在をまだ知らなかったマルガレフは、次のように続けます。「生態系の最も完全かつ複雑なモデルである熱帯雨林が、生態学者の輩出に適した場所でないのは残念だ」。レオン・クロイツァも1958年出版の『汎生物生態学』のなかで熱帯の視点を展開しています。

　ホールドリッジとその弟子たちは、当時まだ主流であり続けていた視点を覆し、生態学におけるまさにコペルニクス的転回を実現させることになるのです。

### 生態学に捧げた一生

　1907年にコネチカット州で生まれたホールドリッジは、その職歴をつつましく田舎の小学校教師からスタートし、ついで中学教師となります。彼の大学時代は1930年代の大不況と重なっていたため、ダソノミー（森林管理と山林生態系の研究）の学位を得て卒業したばかりの彼が、今日でいう「アルバイト」で生活を一時しのぐということはできなかったのです。

　ホールドリッジが初めて熱帯に出会ったのは1932年のことで、当時彼はプエルト・リコ行きの貨物船乗組員として雇われていました。そのことから、彼は熱帯の魅力に生涯取り憑かれます。この地を何度も繰り返し訪れた結果、ホールドリッジはプエルト・リコの米国森林局に雇用されます。彼がミシガン大学で植物学の博士号を得たのは、40歳のときのことでした。1947年のこの論

文は、「世界の生活帯システム」に関するもので、同年『サイエンス』誌に発表されました。

マラリア対策のきわめて重要な構成要素であるキナの木をホセーファ・トシとともに研究する目的で、1949年にコスタ・リカへ渡ったホールドリッジは、首都サン・ホセから約60キロ東のトリアルバ米州農業科学研究所で生態学とダソノミーの教員兼研究者となりました。彼はここに11年間とどまります。同様に、更新可能天然資源サービス長の責務も負い、コスタ・リカと国際連合のため森林開発プログラムで生態学とダソノミーの民間顧問を務めました。

ルイス・ポヴェーダ、アーリン・H・ジェントリー、ギャリー・ハートショーンといった樹木学者たちや、ホセーファ・トシが評価したおかげで、ホールドリッジの「生活帯システム」も学界で認められました。それは熱帯の多くの国々で応用され、またそれよりは地味な形ですが、温帯地域や北極圏でも応用されています。ホールドリッジの率いる調査団によって1964年から1966年までコスタ・リカとタイで行われ、1971年に発表されたある重要な研究は、「システム」が未来を予測するものであるという考えが信頼を得ることに大きく貢献しました。さらにNASA（アメリカ航空宇宙局）では、気候変動の結果をモ

**熱帯林の植物を見る**
熱帯科学研究所が主催したエクスカージョン。

第19章　熱帯生態学派

デル化するために彼の研究が採用されました。

　ホールドリッジの仕事を効果的に普及させ、彼の「システム」の創出を助けた研究所は、ホールドリッジ自身がJ・トシ、ロバート・ハンター、チャールズ・ランケスター、フランク・ジリック、フェルナンド・カスタネーダとの協力で1962年に設立した熱帯科学研究所です。現在、このセンターはコスタ・リカ人の研究者たちが過半数を占めます。熱帯科学研究所は、人間と、熱帯における生物的・物理的資源との関係について、知識を獲得し、応用することを目的とした非政府組織です。この目的のため、同センターは環境保全と持続可能な開発の分野で、研究プロジェクトの計画・準備・実施といった行動を率先しました。また熱帯科学研究所は、教育、研究、エコツーリズムを発展させるために、民間の生物保護ネットワークも設立しました。

### 統合モデル

　ホールドリッジの「システム」は、何に関する研究の前例を統合し、どんなところがオリジナルだったのでしょうか。

　生活帯[*1]というコンセプトは、鳥類学者で生物調査研究所所長のC・H・メリアムが、北米における野生生物の地理的分布を調査していた際に考え出したものです。それは1884年、気温・湿度とのかかわりにおける動植物の分布を研究したワシントン生物学学会元会長、ギル教授の研究にもとづくものでした。彼はそれによって、「動物学的領域」として9つの大陸、5つの海洋を決定しました。19世紀の先行する研究を補完し、結果を関連づけ、まぎらわしいものを減らしながら、メリアムは7つの「ライフ・エリア」を定義し、そこから「ライフ・リジョン」の範囲を規定し、さらに「ライフ・ゾーン」（生活帯）と呼びました。同一のゾーン内では、動物と植物の全生物群が確定されます。北米の生物学的地域分類のこの先駆的な傾向は、メリアムの提案によってあらゆる自然史博物館で一般的なものとなりました。

　この分類は相観分類[*2]といい、気候データに基づいています。ドイツの研究者、アレクサンダー・フンボルトが1805年に創始し、デンマークの植物学者E・ヴァーミングが1895年に植物生態学概論のなかで統合したのがヨーロッパの相観の伝統で、相観分類はこれにヒントを得た研究の道を開くことになり、1950年代まで重要な研究とシステム構築の機会をもたらします。1948年

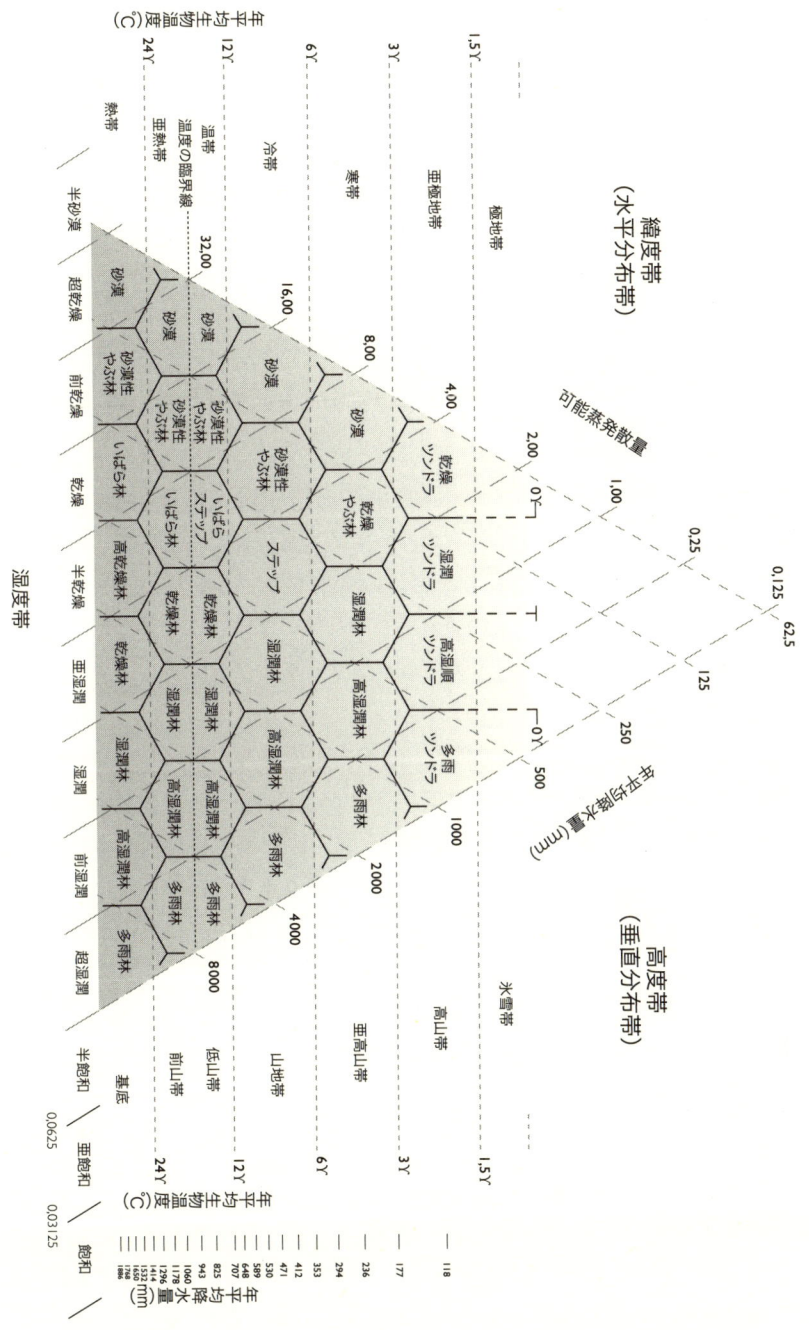

簡略化したホールドリッジの図

この図は気温（生物温度）、降水量、湿度という基本的な3つの気候データを組み合わせたもので、生活帯に対応する六角形の単位を用いて、各パラメータが3つの軸を形成しています。

第19章　熱帯生態学派

にC・B・ソーンスウェイトは、蒸発の基本的な概念を導入し、「生活帯システム」の基礎となる研究を行いました。

ところでホールドリッジは、彼の「システム」にも統合されている「生物温度」という概念の創始者です。また可能蒸発散量は、十分な水供給があると考えた場合に、植物分布の総量、土壌、生物群によって大気中に戻される理論上の水分量のことです。ホールドリッジは可能蒸発散量を生物温度と降水の働きと見ました。生物温度は年間平均気温に相当し、植生の成長や物理的活動（光合成や呼吸）を可能にします。それは0℃と30℃のあいだとされています。

ホールドリッジの「システム」構造の研究は、このようにその歴史的起源を研究することで明確になります。気候の簡単な3つのデータ（気温、降水量、湿度）は、生物温度、降水量、可能蒸発散量という3つのパラメータの形で表されますが、ここから出発してホールドリッジは、大きく分けた植生グループを規定します。これらは「全世界をカバーする大区分となるもので、植生や離れた地点間の環境の一般的な比較を容易にするものである」と、1950年代にホールドリッジはトリアルバ[*3]での講義で説明しています。このように「生活帯」は、地上において観測された3つの気候パラメータの変化によって範囲を定められた同質の地理的区域に相当します。

「生活帯」の内部には、土壌や地形、水や大気の個々の状況との関わりでさまざまなバリエーションを見せるサブユニット[*4]、あるいは生物群集が存在します。生物群集は、「システム」の第2水準を表しています。それは北米の生態学によってもたらされた、クライマックスと呼ばれる均衡段階にいたるまでの植物遷移の各段階の研究によるデータを統合したものです。自然の遷移、動物や人間による介入によって生まれるこうした地上の変化は、「システム」の三番目の水準を構成します。

3つのパラメータは、対数的に漸増する3つの軸のもとで六角形の単位が網目状に組み合わされた図を構成します。つまり図形全体は、蜂の巣の穴のような形をしています。しかし、約30の六角形（の「生活帯」）を表現した二次元的表現は、三次元的な読み取りのきっかけを与えるものとなります。これは「システム」を検討するすべての人々に認識されていたわけではなかったことですが、緯度や経度と関わる外観的変化を考慮に入れると、地球全体では「生活帯」が130以上にのぼることとなります。また赤道地帯から極地帯へ行くと、

**熱帯の樹木学コース**
　コスタ・リカのサン・ホセにある熱帯科学研究所でおこなわれている講習。

「生活帯」の数が減少するのは明白です。
　「生活帯システム」は、農業、林業、観光業、生態学の分野における土地の計画や持続可能な利用に用いられています。この方法を用いて、植物群集を同定し、その保全の観点から植物群集の相対的重要性を示すことができます。コスタ・リカは、森林破壊で荒廃するまえに、少なくとも国土の主な「生活帯」の標本をすべて保全できる自然公園と自然保護区のネットワークを確立しました。

### 実証事例
　他の2つの応用例は、システムの重要性をとくによく実証しています。ひとつは直接コスタ・リカに、もうひとつは地球全体に関わっています。
　コスタ・リカの北東に位置するアレナル湖は、もともと大西洋へ流れ込む小さな川に注いでいました。しかしコスタ・リカで消費される電力の48%を供給する水力発電所の建設によって、この地域の地理と水脈は変貌しました。グァナカスト山脈とティララン山脈の支脈のあいだにあるアレナル湖は、それ以来、北西へ向かって流れるいくつかの川に水を注ぎ、かつて農耕可能だった

太平洋側斜面地域を灌漑しています。つまり大西洋側斜面の水の一部が、2基のタービンによって太平洋側斜面へ注がれています。こうして9万ヘクタールの土地が、グァナカストとリオ・テンピスクの平原で灌漑されています。

　水理学と気象学の初期の研究は、コスタ・リカ政府の委託により、1960年からコスタ・リカ電気研究所で行われました。開発されたダム（17億5万立方メートル）の水理学的、生態学的、経済学的研究を深めるため、コスタ・リカ電気研究所は熱帯科学センターから研究者を動員し、1979年の9月と10月に調査を行いました。

　同センターは、引水した土地を保護し、堰における侵食と沈殿を抑え、経済社会的な発展プログラムを計画するためのデータを準備する必要がありました。自然保護、農業、牧畜のための保有区域の制限を提案して合法化し、観光の影響評価を行い、国立公園の境界を定める必要もありました。J・トシの研究にもとづき、標高50メートルから2028メートルの間に、7つの生活帯の正確な位置が決定されました。各生活帯の研究（水収支、植生、気候的特徴）により、もっとも合理的かつ持続可能な方法で土地を開発するための指示がなされました。ホールドリッジの「システム」は、太平洋側斜面に流れ込む水の量を計算し、水を最もうまく利用することを可能にしたのです。熱帯科学研究所の報告書にもとづいて、アレナル森林保全区が設けられました。1992年からアレナルの保全区域は、この地の生態学的計画策定の集中的実施をめざしてきました。ここはコスタ・リカの電力供給源になると同時に、現在も活動中のアレナル火山によって占められる自然保護区の恩恵もあって、エコツーリズムの大きな関心の的となっています。

　もうひとつの事例は、熱帯林の炭素固定の問題と関わっています。熱帯科学研究所が行った研究は、温室効果による地球温暖化の観点から意味があります。

　光合成の過程で森林に固定され、保存される炭素量の測定は複雑です。それは森林のタイプや、人間に起因する介入や破壊の度合いによってさまざまです。森林のタイプと気候の関係をすでに確立していた「生活帯システム」は、こうした調査に適しています。実際、「生活帯」で固定される炭素量がはっきりすれば、類似するすべての「生活帯」、すなわち同じタイプの森林にそれを汎用化できるのです。それによって、新しい方法を開発する手間が省けます。

トシ博士は、実際の蒸散量に定数を掛けた量だけを用いて、乾燥重量による年間一次生産量を算出する公式を提案しました。こうして政府プログラムの枠内において、コスタ・リカの生物保護区と国立公園における炭素固定量が測定されています。

「生活帯」を利用すれば、森林がどのように進化し、その結果としてどのように炭素固定が進んできたかを知ることができます。気温が 2.5 度上昇した場合と 3.5 度上昇した場合とで、2 つのシナリオが提案されています。このシナリオによれば、いくつかの「生活帯」データに該当する種の森林は消失し、とくに標高 400 メートル以下で現在植物が生産されている地域は非生産地域になります。こうした地域は過度の温度上昇によって「ストレス」を受けることになります。したがって、農業生産に適した「生活帯」は緯度の彼方へ、すなわちごく限られた辺境の土地へ追いやられてしまいます。

ホールドリッジ学派の確立された経緯、その概念の豊かさ、誕生した場所 (生物地理学の影響が大きい中央アメリカの地峡) は、ホールドリッジにひとつの希望を抱かせました。生態学の発祥以来、この学問への強い痕跡を残し続けてきた「土地の精霊」を解放したいという希望です。ここに取り上げた 2 つの応用例と、現在までに作成されてきた多くの生活帯地図は、ホールドリッジ自身が望んだ「地球規模化」の方向へ向かっています。1999 年 6 月 19 日に亡くなったホールドリッジは、熱帯生態学派をこの世に残し、彼の「システム」の可能性はいまでもそこで研究されています。

さらに、その後創出されたホールドリッジの認識論的な位置づけは独特のもので、まさに 19 世紀ヨーロッパと 20 世紀北米の生態学の創始的な概念を統合することによって構築されたものです。と同時に、熱帯の視点を採用するにあたって北の慣習的な視点に回帰しようとするような、近年の伝統にも立脚しています。

## 第20章
## 持続可能な開発
### Le développement durable

　ここでは政治的安定と生物多様性で知られるコスタ・リカを例に取り、持続可能な開発のコンセプトがいかにして途上国に適用可能かを考えます。1992年にリオ・デ・ジャネイロで開かれた国連環境開発会議（地球サミット）では、先進国と途上国の関係が、持続可能な開発の枠組みのなかで新たに取り上げられました。

　**持続**可能な開発の考え方は、環境に有害影響をもたらす生産・消費形態が存在するという認識にもとづいています。持続可能な開発の目的は、経済発展のニーズと、自然・生命・人間社会の保全ニーズを両立させること、つまり妥協点を見出すことにあります。それゆえ成長の限界の問題が提起され、開発の新しいモデルを追求することが提案されているのです。

　その第1の特徴は、時間という変数が考慮されていることです。それは提案されている持続可能な開発のモデルが、どんな場合にも守らなくてはならない生物的・地理的なリズムに合致するよう、生態系を補償し、改良し、修復していくための基礎的な生態学データを根拠としています。その目的は、この生態系が将来世代のニーズを満たすための環境容量を減少させることなく、現在世代のニーズに応えることです。つまり、今日の発展が明日も容認されるものでなければなりません。経済の目的が量だけでな

James K. Lawton

**コスタ・リカ**
　いまコスタ・リカは、持続可能な開発の意義を担った興味深いプロジェクトの事例を提供しています。

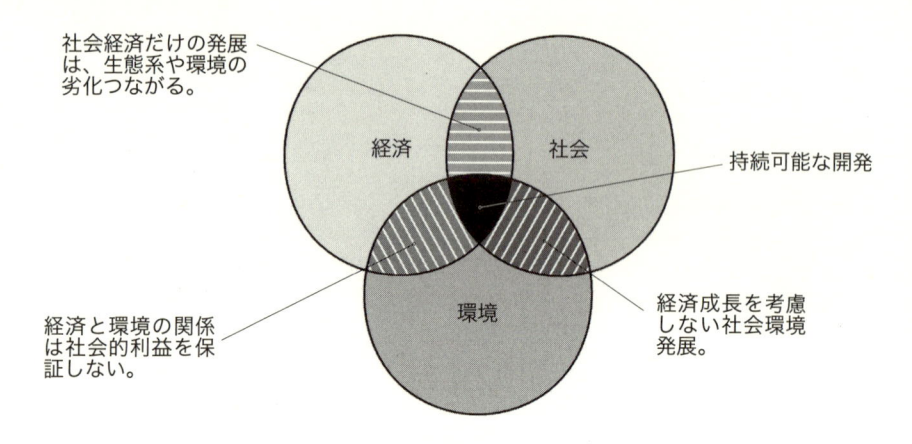

図中ラベル:
- 社会経済だけの発展は、生態系や環境の劣化つながる。
- 経済
- 社会
- 持続可能な開発
- 環境
- 経済成長を考慮しない社会環境発展。
- 経済と環境の関係は社会的利益を保証しない。

**持続可能な開発のカギになる要素**
上の3つの要素のうちひとつでも犠牲になれば、開発モデルの持続性は危機にさらされます。

く、質にも関わってくるのです。生態学が経済の法則を導入しなければならない一方で、経済は発展の要素として生態学的変数を取り入れる必要があります。この点から見て、1948年に創設された国際自然保護連合(IUCN)の役割は、生態経済学派の研究とともに特筆すべきものです。IUCNは、人間に生態系の責任を負う生物種の地位を与えています。つまり人間は、維持できなくなった環境に対する責任を負う一方で、生存に耐え得る環境を保証しなければなりません。経済学者のなかには、このような動きの先駆的な人物がいます。R・コスタンツァ、C・J・クリーヴランド、J・ピートです。

「切なる要望」とは

107人の政府首脳と3000の非政府団体、9000人のジャーナリストを集め、1992年にリオ・デ・ジャネイロで開かれた「地球サミット」では、3万人以上の参加者たちが「人間の共同体、とくに最貧国の開発を可能にしながら環境破壊を食い止めるにはどうすればよいか」というひとつの大きな問題に取り組みました。

先進国と開発途上国の対立もしばしば見せながら、次の5つの提案がディスカッションやディベートの課題になりました。

・「地球憲章」の策定。これは結局、地球の「合理的な生態学的管理」の基

礎となる「リオ宣言」[*1]となりました。文書はおおむね合意を見たものの、条約に落とし込むことは困難と判断されました。

・森林に関する条約策定。その並外れた慎重さは、熱帯木材の生産者・消費者の双方からの圧力を表していました。
・生物多様性に関する条約策定。ただし先進国も途上国も、これがほとんど拘束力をもたないように望みました。先進国は工業用地を確保したいと考え、途上国は国家の主権を守りたいと考えていたためです。
・気候変動に関する条約策定。温室効果ガス排出削減について、倫理的な誓約を導くにとどまりました。
・持続可能な開発のための行動計画「アジェンダ21」の策定。各国は具体的な分野（水質汚染、森林開発など）の行動に取り組むこと、またそのための財源確保を誓約しました。実際には、締約国の大部分は、さまざまな国際的基金への貢献を高めることで合意しました。

　ただし、「アジェンダ21」は、政治的な取り組みや、法的枠組の計画における最善の環境配慮を求めています。この点は、ストックホルム会議（1972年6月）の人間環境宣言をべつの言い方で再認識したものです。人間福祉と世界自然遺産・文化遺産の存在を前提としており、これらは他国と共有する環境、とりわけ海洋環境に損害を与えることなく国家主権を維持することと両立させるべきものです[*2]。

　「アジェンダ21」で定められた2番目の規定は、マーストリヒト条約の130r条[*3]に見られるように、あらゆるセクターの政策にわたって環境への配慮を統合する必要があるとしています。つまり環境を保全しながら開発に貢献することです。こうした行動の進め方は、貧困や持続不可能な生産・消費を抑えることになります。それは先進国の責任ともいえます。

　第3の規定は、「汚染者負担」の原則です。ただしこれは、支払い手段のある者に対して与えられた汚染の権利と言い換えることもできるでしょう。

　第4の規定は、いわば公平の原則です。これは隣接国に対して、自国に適用している環境保護規定以上に不利益となる環境保護規定を強制することはできないというものです。越境汚染問題と国際貿易に目を向け、環境面から見た国家間の良識ある行動を規定したものです。しかし生産国の廃棄物や、使用が禁

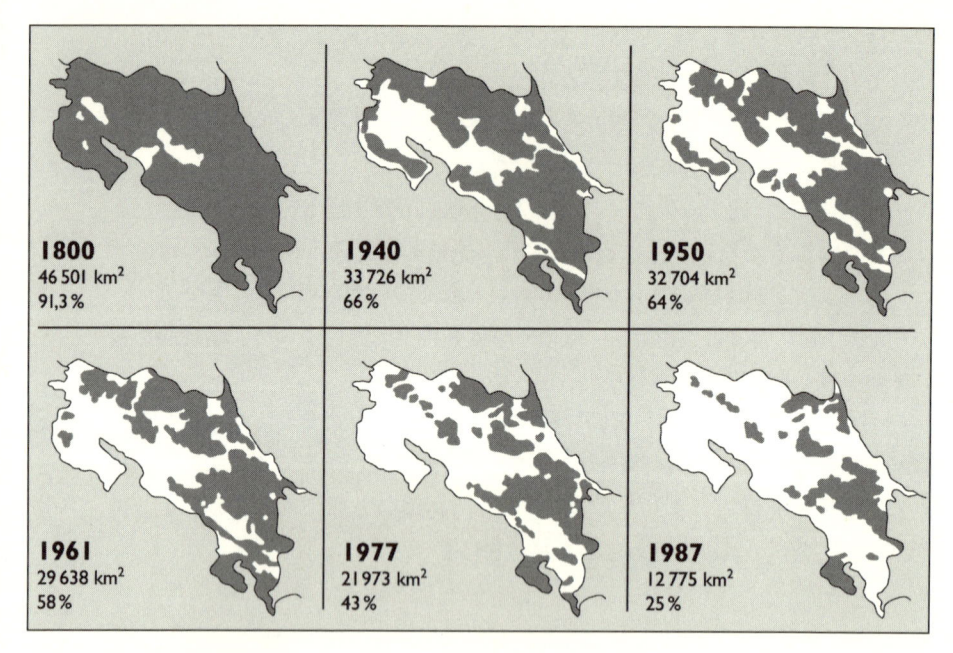

**コスタ・リカの森林面積変化**
　森林破壊は 1970 年代、コスタ・リカで記録的規模に達しました。

　止されている農薬の輸出は、一定の条件で可能になっています。環境が、貿易競争を左右する問題のひとつになってきたことは明らかです。
　第5の規定は、環境保護を参加型民主主義や連帯の考え方と不可分のものとしています。この規定は、環境危機の際の情報提供・助言・支援を義務づけています。
　第6の規定は、「予防原則」の適用を必要としています。この原則では、とくに核、オゾン層の消失、遺伝子操作といった検討課題の分野において、よく把握しきっていない活動に影響を及ぼしたり、逆に対策に二の足を踏んだりしてはならないということになります。
　最後に第7の規定は、影響評価、生態学的規範の設定、合理的な生態系管理（とくに「生物学的破壊」が深刻な森林における）といった手段により、生物多様性の消失原因を予測し、予防することと関わっています。
　多くの意味で決定的に重要だったリオの会議は、理論的な考察の基礎を提起するとともに、論争の過程で南北対立をあらわにしながらも、先進国と途上

国のあいだの対話続行を可能にしました。上記の勧告全体が、南北関係の本質について、各国の政治的方向性について、そしてリージョナルおよびローカルな発展のプログラムについて、森林管理・生物多様性保全・都市管理・都市汚染などの分野で熟考すべきことへの示唆になりました。また、開発に関する意志決定機関の形成という問題も提起することになったのです。

### コスタ・リカの事例

コスタ・リカでは、森林保護の問題が極端なかたちで持ち上がりました。コスタ・リカの森林破壊は、農業の機械化と牧畜の拡大によって1940年代からとくに深刻化しました。国際市場の需要、とくに牛肉需要に応じるため、コスタ・リカ政府は農業金融を50％まで牧畜用に留保しました。現在、コスタ・リカは15カ所に散在する原生林の植物群系をとどめるだけです。これは国土の25％にあたり、約19％は保護された土地です。

それでも、コスタ・リカはまだ50万種以上の動植物種を保有しています。地球表面積のわずか0.03％という狭い土地に、地球の生物種の5～6％に相当する生物が存在します。この並外れた生物多様性は、生物地理学的、気候学的、地理学的、地学的な秩序の例外的な影響が偶然に符合した結果なのです。

約30年前、森林破壊を食い止め、森林の残っている土地を保全するために、コスタ・リカの集落は、より持続可能な開発の新モデルを推進しようと試みました。2つの事例が、これらのモデルを地域に適用することの利益と限界を示しています。第1のモデルは平原、第2のモデルは山地です。

コスタ・リカの北西にあるニコヤ半島は、森林が最も古くから、そして最も激しく破壊された地域です。1970年代の末、グァナカステ地域は、コーヒーと肉の世界的な下落による壊滅的な社会経済状況のもと、まったく森林がなくなり、旱魃と土壌浸食による生態系危機に直面しました。すでに先進国では禁止されたものさえある農薬の大量使用で、土壌ももちろん汚染されていました。

こうした危機に対処し、地域経済を再生するため、コスタ・リカの中央平原の農民グループが1986年、グァナカステ森林開発協会（AGUADEFOR）を創設しました。ニコヤ半島の6つの小郡に広がったフィンケーロ（農場主）が、119の中小規模生産者による中核グループを構成しました。このミッション

は、持続可能な開発を可能とする生態学的原則に生産者の活動を適合させる目的で生まれたもので、環境保全と生産活動の両立をめざしています。こうしたフィンケーロは、決して理想主義に燃えてエコロジストになったわけではなく、必要があってそうなったのです。

1996年以降、AGUADEFORは約5000人のメンバーを集め、約20の小郡連盟と協同組合による強い組織になりました。そしてさらに組織を強化するため、コスタ・リカ政府、国際組織、地方組織の支援を受けます。その目的は、森林破壊、旱魃、土壌浸食を食い止め、とくにコーヒー栽培で農業生態系を創出することでした。

提起された課題は2種類です。ひとつはフィンカ（農園）を長期的に管理する必要性について認識してもらうよう、意識変革を行うこと。もうひとつは銀行と小規模農業経営者の対立を解消することです。

AGUADEFORは、彼ら小規模農業経営者の借金返済を保証することで、信用を得るとともに、フィンケーロが樹木の栽培を始める前にそのための費用を捻出することができます。つまりそれは補助金ではなく、収入の前金です。AGUADEFORは技術支援も提供しています。この協会は、自らの介入によって得られた利益の10～12％を天引きすることで報酬を得ています。さらに協会は、プロジェクト、教育、情報の企画や実行に援助を行い、学校経営にも携わっています。

1995年、1万5000ヘクタールの土地が再植林され、ベネフィシオス（コーヒー会社）がその栽培に参入します。林地は副収入（木材、果実）を生み出して、日陰や風よけを提供し、土壌を維持し、栽培者の雇用で地域を豊かにしています。

生産者を多様化し、新たな国際標準に対応する品質をもった生産物を提供することにより、いずれ生産物を多様な国際価格に適応させる必要があります。そこで、生物学的農業も開発されています。農業組合のCOOPEPILAN-

### コスタ・リカの生物コリドール（右図）

モンテヴェルデのパイロット・プロジェクトが出発点となる生物コリドール（生物の移動通路）は、さらに広大な「中央アメリカ生物コリドール」に統合されます。実現は2006年の予定。その目的は、かつて中央アメリカ地峡が南北に長く形成していた森林内の生物コリドールを再生させること。この巨大プロジェクトは、莫大な資金と、世界銀行などの実施機関が動かしています。期待されている経済的・生態学的な効果も相当のものです。

グァナカステ山脈

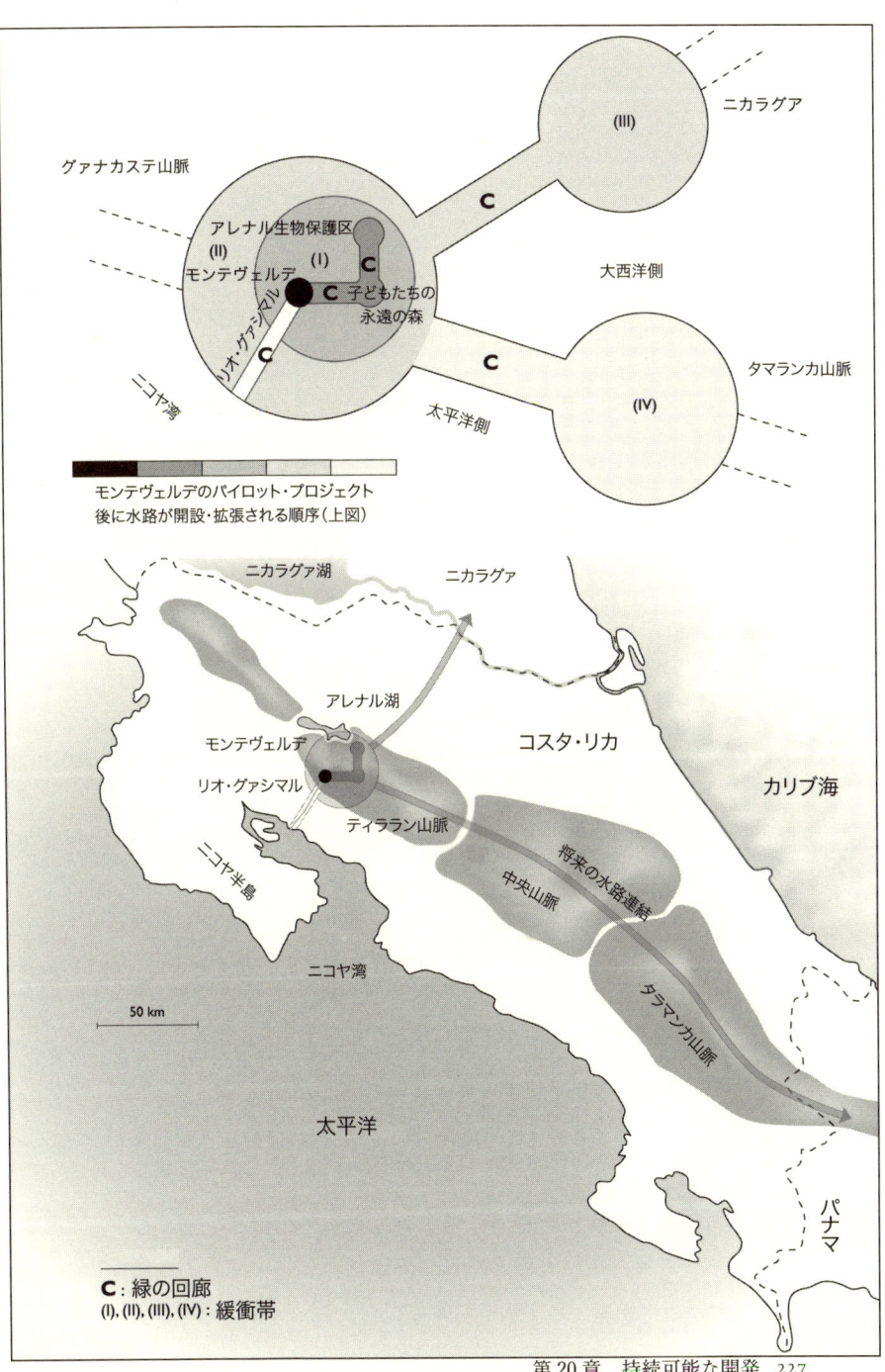

ニカラグア

(III)

アレナル生物保護区
(II)
モンテヴェルデ
(I)
子どもたちの永遠の森

リオ・グァシマル

大西洋側

タマランカ山脈

ニコヤ湾

太平洋側

(IV)

モンテヴェルデのパイロット・プロジェクト
後に水路が開設・拡張される順序（上図）

ニカラグア湖

アレナル湖

ニカラグア

モンテヴェルデ
リオ・グァシマル

コスタ・リカ

カリブ海

ティララン山脈

中央山脈

将来の水路連結

ニコヤ半島

ニコヤ湾

50 km

タラマンカ山脈

太平洋

パナマ

**C**：緑の回廊
(I), (II), (III), (IV)：緩衝帯

第20章　持続可能な開発　227

GOSTA は、ひとつの成功モデルになりました。この組合はフォレスタルと呼ばれるエコロジカルなコーヒーの生産と管理を行い、スイスの WWF（世界自然保護基金）のサポートによりヨーロッパ市場に輸出をはかっています。

AGUADEFOR は、1994 年から木材の持続可能な利用と商業化を可能にする産業プログラムを展開します。このように同協会は、国際機関と対等の自治を獲得できるように動いています。

### 生物コリドール

もうひとつの事例は、ティララン山脈の山間に見ることができます。それは数家族のクエーカー教徒（友愛協会）がそこに定着した 1950 年に始まる話です。その集落ができたとき、コスタ・リカは内戦（1948 年）から脱したところで、新大統領ホセ・フィゲーレスが軍備を廃棄したばかりでした。集落の家族たちは当時、小さな民主主義国家、平和主義国家への希望を抱いていました。彼らは快適な気候と熱帯林のある場所として選んだ地域をモンテヴェルデ（緑の山）と名づけ、そこにセンターを創設し、ある開発プロジェクトの出発点とします。プロジェクトは1980年代、モンテヴェルデ保全連盟（1986年設立）をはじめとする組織のネットワークとともに力をもつようになり、家族、音楽、劇場、持続可能な建築、エコロジカルな生産活動などに重点を置いて、文化や教育の分野におけるさまざまな活動を開始し、推進するようになります。連盟は、アメリカの大学、コスタ・リカの大学、そしていくつかの機関から財政支援や活動支援を受けています。

ここに取り上げるプロジェクトは、1993 年に開始されました。このプロジェクトは野生生物の生物コリドールを創出するために打ち立てられたもので、この土地で英語を話す人々から「グリーン・ネットワーク」と呼ばれているものです。この森林再生回廊は、自然保護区をつなぐ役目を果たします。実際、調査によるとこれら分散して存在する野生生物のサンクチュアリには、通行や移動を必要とするいくつかの生物種がいて、それらは危うく生息不能に陥るところでした。

これらの区域で生物が生息できるようになったのは、生物コリドールの創設によってであり、その面積と特異な構造は、ピューマのような動物の通行や、種子の撒布、昆虫・鳥・蝙蝠による授粉を復活させるために考えられたも

のでした。

　このパイロット・プロジェクトは、回廊によって「子どもたちの永遠の森」とつながるモンテヴェルデ自然保護区から始まりました。この回廊はもともと存在していたもので、東に向かって継続的に土地が買収されていったために維持され、強化されたのです。自然保護区における生態系の侵略を食い止め、狩猟・牧畜・木材開発によって森林面積が減少するのを防ぐため、緩衝地帯が設けられました。この基本単位、あるいはこの「マトリックス」から、地域をまたぐ回廊が他のユニットとつながることもあります。人造湖をもつアレナル山脈地域がそうです。いずれこの地峡の回廊は再生し、南北方向へ、そして大西洋岸・太平洋岸のあいだの動物集団の移動を復活させる可能性があります。コスタ・リカとパナマの間には、アミスタード国立公園が存在します。調査はリオ・サン・ジュアンの地域でニカラグァとともに進められています。

　1990年代の初頭から、中央アメリカでは平和主義と民主主義への移行がなされ、こうした体制も自然公園の魅力を高めたり、エコツーリズムを推進することに役立ちました。

　コスタ・リカでは、樹木をどこに植えてどのように育て、苗木を家畜からいかに守るかを知るために、地主へのアドバイスが十分に行われています。樹木が土壌侵食の防止に貢献していることを事業者たちが理解し、「森林を保護すればもっと多くの乳を生産する家畜のための小屋が買える」ということに納得すれば、彼らは回廊を追加的な収入源として、また自分の土地の潜在力を高めるエリアと考えることができます。しかし残念ながら、多くの農園が小規模分散しており、農民たちは不確実な将来見通しのなかで家族とともに生存を続けていくため、狭い土地を過剰に開発しなければなりません。国レベルでは、コスタ・リカ人の三分の二が貧困層で、地方に住んでいます。1984年の公式統計では、1万6724の農場は1ヘクタール未満の土地しかなく、1722の農場が500ヘクタールを超える土地を所有していることがわかりました。こうした状況では、アグロ・エコロジーの利益を中長期的に見積もることは難しくなります。貧困は明らかに、持続可能な開発のブレーキになっているようです。しかも、コスタ・リカでは所有地の区分がしばしば不明確で、同一の農地に複数の所有者がいることさえあります。それゆえ協会の保護下に置くための買収は、複雑をきわめるのです。

### 地域の問題

アレナル・モンテヴェルデのケースは、持続可能な開発の概念そのものに関わる一連の問題を提起しています。持続可能な開発は、先進国による植民地主義の新しい形なのでしょうか。途上国に対して先進国が生態学的な介入をする権利はどの程度まで認められ、その場合、その権利は途上国と同等のものであるべきなのでしょうか。

コスタ・リカのイニシアティブで生まれた AGUADEFOR は、うまく独立して機能しているようです。逆にモンテヴェルデでは、プログラムに外部からの影響が見られます。自然保護連盟のなかで最も活動的な人々、とくにグリーン・ネットワークの発足に取り組むカルロス・ギンドンは、地域の人々が直面している問題を隠そうとしません。

実際、これらのプログラムのいくつかは、生物多様性が人類の遺産に統合された一部分であるはずだという考えで成り立っています。さまざまな国籍の子どもたちに象徴的にあてがわれた「子どもたちの永遠の森」はその例です。コスタ・リカの知識人たちは、これを正真正銘の詐欺行為とさえ考えて、こうした発想を問題視しています。

しかも、コスタ・リカ政府のいくつかの指導方針はわかりにくいものです。公式にエコツーリズムを推進しようとする自然保護主義者の論説の背後には、時としてまったく別の現実が見え隠れしています。旅行会社は、「エコツーリズム」を推進するためのいかなる資格もなしに「エコツーリズム」という言葉を使用しています。またその主たる利益は、コスタ・リカ人以外のものになってしまいます。自然公園の民有化や、日本のコンソーシアムへの譲渡さえ検討されることがあります。

いくつかのプロジェクトには、恐喝や賄賂も見られます。役人が資格もなしに森林伐採実施の許可を与えることさえ珍しくありません。森林の所轄官庁は、保護区における森林伐採を公式に許可することすらあります。さらにひどいのは、ある政府計画で、財政援助をともなう再植林プロジェクトを確立する目的で、自然の森林を伐採するまでに堕落していることです。

さしあたり、コスタ・リカに適用された持続可能な開発のモデルとは、地域的な解決法であって、その持続可能性は堕落、貧困、短期的な利益、文化的

独立性の欠如によって、また政治の世界で猛威をふるっている「生態学的認識の低下」によって、危機に陥っています。コスタ・リカの発展、その物質的・文化的存続には、真のエコロジー政策が明らかに必要です。

　もっとひらたく言えば、経済・政治・生態系の「グローバリゼーション」に代表される脅威が南米諸国でますます拡大しているのは、まぎれもない事実です。同時にアメリカは、アルゼンチン、ブラジル、パラグァイ、ウルグァイを結ぶ南米南部共同市場（MERCOSUR）を不安定化しようとしています。事実、アメリカ政府はアメリカ自由貿易連合（LAFTA）という間接的な手段で自国の利益に役立つ自由貿易の広大な領域を創造したいと考えています。そのため、クリントン元大統領はアルゼンチンに対してためらいもなくNATOの外での同盟を提案しました。そのことは、軍拡競争の再発や、ブラジルとアルゼンチンの国境地帯での紛争再燃につながる危険があります。そうなればMERCOSURにも間違いなく影響します。

　そのうえ、OECD（経済協力開発機構）のなかで非公式に協議されているMAI（多国間投資協定）と呼ばれる悪しきものが、国家権力を多国籍企業の利益に結びつけようとしています。「MAIほどの支配力をもって、より強力な、侵すべからざる権利を認識させるには、最も支配力のあった植民地協定にまでさかのぼらなければならない」。1998年2月発行の『ル・モンド・ディプロマティーク』にはそう書かれています。こうした状況で途上国が最初の犠牲になることは明らかです。OECD全加盟国（フランスを含めて29カ国）が協定に署名すれば、環境に関する法規制と、あらゆる形式の政府決定が重大な脅威を受けることになります。

　生態学的認識の欠如、政治的な任務の放棄と諦めは、コスタ・リカや途上国だけの専売特許ではありません。べつの開発モデル、すなわちグローバリゼーションの用語のもとに示された考えに代わる新しい考えの創造をめざした討論を緊急に国際化する必要があります。エコロジーの仮面をかぶった新植民地主義に慢心することをやめれば、先進国はもっと謙虚に、持続可能な開発に関する南の経験がもっと充実していることを認めることができるでしょう。

　最後に強調しておきたいのは、地球サミット以後の取り組みがかんばしくないことです。数々の美しい約束事は、ほとんど実を結んでいません。リオから現在まで、大気中の二酸化炭素は増加し続けています。1750年から21世紀

初頭までに2倍となり、いまから西暦2100年までに3倍となる恐れがあります。地球は20世紀の間に0.3〜0.6度温暖化しました。バングラデシュとインドでは、ガンジス川のデルタで毎年、暴風雨と津波の被害が起こっていますが、これらは温室効果の最初の犠牲のひとつかもしれません。海の平均水位がゆっくりと上昇しているため、塩水が地下から地面に沁み出し、砂漠が広がり、その結果として淡水が減少しています。ユーフラテス川周辺のように、地球の特定地域では、水をめぐる戦争が激化しているところもあります。太古において肥沃な三日月地帯を潤していたこのメソポタミアの大河は、今日ではますます塩害を受け、汚染されているのです。

## 第 21 章
## エコロジーの社会的ニーズ
### La demande sociale en matière d'écologie

「環境」、「エコロジー」という用語は、1960年代から頻繁に使われ始めました。フランスでは71年に最初の環境省が設立されています。この時期に創設された多くの団体があるため、現在では全体数がつかみにくいほどの状況になっています。そうした団体は、ローカルでグローバルな環境論議の重要性を引き出すという社会的要請を反映しています。

「きみたちにとって、自然や環境ってどういうものなの？」

最近、私は11～12歳の小学生にそう尋ねてみました。

「学校、町、家、庭、それにぼくの部屋」。

多くの子どもたちにとって、環境とは身のまわりのことを意味しているようです。

環境にはこのように、自然の要素と人工の要素が付随しています。人間には人間の居住地があり、またその居住環境を構成する多くのものが人間に属します。「自然は？」と聞くと、この子たちは「それよりも大事なもの」としっかり答えます。「種を撒いていなくても生える草花とか、野生の動物たち」が見つかるのが自然だと言います。この子たちにとって自然とは、「人間が入り込んでいない場所」です。環境と違って、自然は人間のものではなく、人間が出かけて行ったり、大切にしておいたりする場所のようです。ゴミを捨てたり、草花を引き抜いた

Bruno Porlier

**若い世代**

未来の環境問題への対応を担う子どもたちは、たとえ職業選択の正確な方向性がまだ定まっていなくても、自然やエコロジー活動を必要とする市民の大部分を代表しています。青少年に対してこうした教育を保証することが、エコロジー活動という分野の原動力となります。

り、鳥を脅かしたりしてはいけない、と子どもたちは言います。つまり自然のなかでは、ある作法にしたがって行動し、行儀よくしなければならないわけです。ほとんどが都市部や郊外で生まれているフランス内陸平原の子どもたちにとって、自然を訪ねることは森を訪れることにほかなりません。

「ところで、君たちが『自然』と呼んでいるのは、歴史や文化が生み出したものでもあるよね？」と私が言うと、この子たちの自然や環境に対するイメージは、不意にはっきりした輪郭を失ったようです。自然の森と思われているランド松の植林の歴史に私がふれると、子どもたちは大いにしどろもどろになりました。

### 用語の歴史

さて、この子どもたちが使っている「環境」や「エコロジー」という用語が広まったのは、比較的最近のことです。

「環境」はまず、1921年にフランスの地理学派で使われ始めた専門用語に導入され、その後は使われなくなりました。復活したのは1961年のことで、アメリカの"environment"という言葉から訳されたものですが、『ラルース大百科事典』にも見られるように、その意味は以前よりも拡がりました。そして生態学者や動物学者がふたたび取り上げる前に、彫刻家や建築家、都市計画者に使われるようになります。環境とは、字義通りには「すぐ近くの（隣接する）状況」を意味します。しかし1970年代からは、複数の語義や曖昧な内容が付されるようになります。環境を構成する要素は、生態系であると同時に人間社会です。環境は「将来世代」に伝えるため保護すべき、「人類共通の遺産」ともなります。

こうした状況で、環境から生じるすべての研究を調査した書誌目録の境界を、いったいどこからどこまでとすればよいでしょうか。それは1971年、この主題に関する書物を著したピエール・ジョルジュの研究で規定されました。

国際フランス語評議会によって公認された"environnement"の定義は、生態学のあらゆる用語解説のなかに見出せるものです。「生物と人間活動に直接・間接の、即時的・長期的な影響をもたらすと考えられる物理的・化学的・生物的なすべての作用と社会的要因」。

ところが、一方では言葉と意味のあいだに、他方では言葉とその対象への

理解とのあいだに、隔たりがあるのです。科学研究によってこの言葉に与えられる客観的性質と、出来合いの言葉や理にかなった言葉のすべての意味を理解するわけではない人々の主観性との間には、少なからず緊張があります。

　1866年に創出され、19世紀末に生物と環境の関係を研究する新しい学問の専門家たちに使われるようになった「エコロジー」という言葉は、1938年に『キエ百科事典』に入ってきました。そこに「エコロジスト」の語が見えるようになるのは1977年です。それよりも一層広く普及している1956年版の『新版プチ・ラルース辞典』は、この新語にひとつの定義を与え、広めるのに役立ちました。1983年には、『グラン・ラルース』が、運動家としての「エコロジスト」と、生態学者としての「エコロジスト」を分けています。

**つかみにくい輪郭**
　エコロジーと環境がフランスでは1960年代に顕在化したというのはそのためです。フランスに最初の環境省が創設されたのは、1971年でした。自然保護や環境保護を目的とする多くの団体が生まれたのは、1960年代末のことです。現在でも、フランスでは毎年2000近くの団体が創設されています。同様に、ベルトラン・ド・ジュヴネルが創り出した「政治的エコロジー」という表現も知られています。

　このように、エコロジーや環境に関する仕事のニーズを理解しようとすると、構築されたネットワークの形態より、曖昧な形態の団体活動を規定することもあり得ます。そうした団体活動は、ローカルとグローバルを連結するという新たな発想による活動を特徴とします。「地球規模で考え、足元から行動しよう」は、エコロジーと環境の未分化状態や、その構成要素の自律性・多様性を維持したいという思いをうまく表現したスローガンといえます。

　こうした活動分野の全体像をつかむのが難しい理由は、さまざまな要素が混ざり合った性質、定着のしにくさ、団体の存続期間が短いこと（3年から10年）、枠組みが変化しやすいこと、参加する顔ぶれが「総花的」になりやすいことなどがあげられます。さらに、創設の日付が自治体に正式登録されていることはあっても、解体の日付が公の記録に残ることはまずありません。こうして多くの団体は、創設理由になった問題が何らかの方向で解消すると、途端に休眠状態となってしまいます。いくつかの団体だけが、ときどきもう一度現れ

ては警鐘を鳴らすぐらいです。

　このような形態のネットワーク組織でも、人間どうしの直接のつながりをとくに重視する傾向があります。「エコロジーと環境の混沌状態」は、人間どうしのネットワークによって把握することができ、支援を提供する団体のネットワークによって進化していきます。団体どうしが競合関係よりも補完関係にある理由のひとつはそれです。情報は人間のあいだでは媒介なしに流通します。

　この奇妙な現象について調べてみるには、いくつかの入り口があります。たとえば、団体に関する1901年の法律に従って、創設された団体を登録している県や市町村のリスト。このようなリストをもとに、網羅的なものをめざした名簿を作成することができます。一方、DIREN（地方環境指導部）が発行しているリストでは、安心できる相談先と考えられる組織が重んじられています。団体が配布しているニュースレター、自治体の調査報告書、目録頭書の要約などからは、その他の情報、とくに目的や行動についての情報が入手できます。しかしこうした調査方法では、この分野の活動範囲を実際に判定できたことにはなりません。

　たとえば、数ある狩猟家や釣り人の団体についてはどうでしょうか。「狩猟のマナー、農地や作物への配慮」、「密漁の抑止」、「自然遺産の救済」といったエコロジスト的、あるいは環境主義的な目的を声明している団体があります。ウィーンに創設されたある団体は、「狩猟は自然の友」と名乗っています。「狩猟家ナチュラリスト」という新しい世代は、「善意の狩猟家」が実行している秩序あるふるまいは生態系バランスの維持に役立つ、と主張しています。同様に、釣り人の協会も河川の汚染に反対しており、川魚を増やすよう主張しています。反対に、こうした団体のリストに入れてもらいやすい自然愛好家協会は、まだ立場を決めかねている部分があるようです。研究成果を自然保護や自然の土地の救済といった目的に使ってはいるものの、19世紀の学識者の伝統にしたがって純粋な科学的研究だけを行っている団体もあります。とはいえ、専門知識を提供し、さらに環境を守る闘いに直接参加していく団体は、純粋に知識のみの追求から自然保護へ、さらに環境保全へと移行していくこともあります。これまでの団体一覧表をもとにした公式リストに従うなら、パリ市内で約200〜250の団体の存在が知られています。ここで注意したいのは、これ

Philippe Giraud / Sygma

**エコロジーへの社会的要請**
　それはますます強まっています。上の写真は 1995 年 6 月、タヒチのパペエテでおこなわれた反核デモ。

らの団体が基本的に地方で活動しているか、または郊外の土地、つまり新しく公害が発生している都市へと移行中の農村地帯で活動していることです。これらの団体の活動家は、ほぼすべてが都市出身者です。アンケートはさまざまな回答者が対象とされ、団体のネットワークのイメージは収集された情報によって形成されます。つまりここには、アンケート調査者がその規模を予想しなかった主体的ネットワークがあるのです。ひとつあるいは複数の特定団体を調査し、活動や参加形態に注目することもできます。

### 統一される活動体制

　本来の活動がある程度の独立性を要するものであっても、エコロジー活動は制度化および職業化のプロセスを免れないように思われます。指導的な集団（基盤になるいくつかのグループのスポークスマンとなる資格をもった人々）は、政策決定機関や行政機関の環境配慮に対してますます監視を強めています。選挙で選ばれた代議士たちは、「選挙期間の NIMBY 症候群[*1]」になってはならない

第 21 章　エコロジーの社会的ニーズ　237

でしょう。

　それゆえローカル・ネットワークは、より組織化されて事業精神もあり、プロフェッショナル集団化した団体（自主財源をもち、フランス森林公社、フランス電力、議員とも交渉できる特権をもつ団体）を中心として、そのまわりに構成される傾向をもつこととなります。そういった団体は環境教育、自然環境のエコロジカルな管理、専門家、自然ツーリズムを志向する団体です（エコール・エ・ナチュールのネットワーク、鳥類保護連盟、オーベルニュ環境・景観保護協会など）。もうひとつの中心は、志が失われるリスクを望まない団体で、たとえ財源は少なくとも、より自由を有する団体が集まっています。

　地域の公共事業は、環境団体が結集するための十分な理由づけになります。たとえば高圧送電線工事、リムザンのウラニウム採掘、ヴィエンヌ県でのシヴォー原子力発電所建設、高速道路、ごみ焼却炉、公共廃棄物処分場、大気質や水質の汚染、騒音公害などです。ナチュラリスト、環境活動家、自然文化遺産保全派の3者の姿勢には、しばしば互いに相容れないものがあります。簡単にいうと、環境活動家はより好戦的ですが、自分たちのよくわからない自然環境の保全という結論へ行き着くことが多いのに対して、ナチュラリストは自分たちの専門分野で知識をもっており、一般に保全活動にはあまりコミットしていません。そのためナチュラリストは、環境保全活動家の人間中心主義を非難します。ただし、自然と文化の次元に基礎を置いている「自然文化遺産保全派」の懸念は、持続可能な開発への関心が高まっているのと同様に、「地球サミット」として有名になったリオ・デ・ジャネイロの「環境と開発に関する国連会議」以来高まっています。

　国家規模、あるいはヨーロッパ規模の地域環境問題に照準を定めている団体もあります。他方、逆に地球規模から出発して地域の問題意識を束ねようとしている団体もあります。そうすることによって、NIMBY症候群に陥ることを避けているのです。これは市町村での廃棄禁止が決まった途端、公共廃棄物処分場の設置に関心を示さなくなる地区団体の事例がもちあがって以来、たびたび皮肉られてきたことです。

　フランスの環境活動は、国内だけにとどまるものではありません。しかし世界に先駆けてきたわけでもありません。先駆者の地位はアングロサクソンの国々によって占められており、そこではフランスの活動と同様に多くのものが

入り混じっています。加盟国の数、財政力、専門知識のレベルによって、こうした国々はフランスの活動よりもはるかに強い影響力をもっています。大規模な国際組織（グリーンピース、地球の友、グリーンアクション、アースファースト）は、フランスの運動よりも攻撃的な形態で行動を展開しています。

生態学者やエコロジストといった「エコ派」は、CNRS（国立科学研究所）の研究所長でこの問題を社会学的な観点から研究しているアンドレ・ミクー氏が革新的に打ち出したひとつの立場を取り始めました。喜ばれようと惜しまれようと、自然保護や環境保全の団体が現れたことは、単なる流行の次元を超えたひとつの社会的現実なのです。30年にわたる健全かつ誠実な活動期間を経て、最初の「エコ派」となっていた多くの人々は少しずつ引退し、新世代へ、すなわち21世紀に生じる環境問題と取り組む後輩たちに道を譲りました。

「先進的」といわれる民主主義のもとで、市民（のちの「エコ市民」）が自らの表現手段を見つけ出せるという事実は、「エコロジーと環境運動の混沌状態」によって証明されました。インターネットによって、この「混沌」はますますとらえどころのないものになるでしょう。サイトの構築、メールによる請願書、ディスカッション・フォーラムなどによって、運動はますますグローバル化を強めています。

## 第22章
## 生態学の探求は続く
### Une écologie qui se cherche

1950年代以降にグローバル化や要素還元主義の道をたどったあとも、生態学の探求はさらに続き、今日も新しい傾向が生まれています。この探求は、生態学に対する科学・倫理・社会・環境のますます強い要請が引き起こす緊張のなかに存在します。

第2次世界大戦後、生態学の分野ではいくかの研究方向に進展が見られました。博物学や有機体論のアプローチと訣別し、まず要素還元主義が模索されたのです。こうして物理学、化学、数学に由来する研究手段のモデル化と活用が、管理生態学[*1]を特徴づけることとなりました。

1950年代の初め、生態系の理論とともに、「新しいエコロジー」が急速に進展します。1920年代から植物社会学、生物群集研究、初期の人類生態学の流れを発展させてきたフランスに、この「新しいエコロジー」は遅れて入ってきました。

戦後のこの時期の諸学派のなかで、ひときわ目立つのは個体群生態学です。これは個体群が個体数の密度によって自己統制をするというイギリスの鳥類学者デイヴィッド・ランバート・ラックの説で注目されました。続いて数学者でプリンストン大学生物学教授のロバート・ヘルマー・マッカーサーと、アリを専門とする昆虫学者で社会生物学の創始者でもあり、1986年に「生物多様性」という言葉を初めて使うエドワード・O・ウィルソンは、1967年に島の生物地理理論[*2]を発表しました。これは生物群集の実際の生殖率が、理論上の生殖率よりも必ず低くなるという事実を考慮した理論でした。この2人の研究者は、直

観的に引き出した規則性を島の生物地理学に当てはめます。それは、ある生態系が占める地表面積と、そこに生息する生物種の数のあいだには、つねに一定の関係があるというものです。さらに彼らは河川の支流、回廊林$^{*3}$、沼地、森林内の空き地、生垣、洞窟なども生態学地図上の島と考えることによって、島の定義を拡大しました。こうした生態学上の島、たとえば農業地域や都市地域に囲まれた自然保護区で、生物多様性が損なわれるのを避けるためには、自然保護区をネットワークする必要があります。こうした相互の結びつきがないと、避けがたい変質が起こり、保護された生物種も希少種へ、次いで絶滅危惧種へと変り、決定的な状況を迎えた場合は絶滅にいたります。

1950年代には、生態学者がほかの専門科学者らとともに、人口増加をモデル化し、地球人口問題への対応策を検討しました。

近年では、オーストラリアの物理学者ロバート・メイが行った研究に続いて、カオス現象が研究されました。そこで得られた生態学的な結論のひとつ

Bruno Porlier

**生物多様性**
生物群集を構成する生物種の数と多様な広がりは、博物学の専門家たちによる研究のおかげで知られるようになりました。

は、人口のゆらぎにおいて観察される不均一性が、そのシステムに固有のひとつの性質だということです。言い換えれば、たとえすべてのパラメータを知ることができたとしても、長期予測は不可能なのです。気象分野でいうと、「カオス理論」では、蝶の小さな羽ばたきも長期的予測に影響を与える可能性があるとされます。

　戦後の生態学に要素還元主義が影響を与えたことは、ジャン＝ピエール・ガスク、ピエール・ジュヴァンタン、フランソワ・ラマドといった生態学者たちによって批判されました。彼らはそうした還元主義の傾向が、1920年代にフランスの学校教育で影響力をもっていた博物学文化の消失を意味していると嘆きます。博物学は「過去の科学」だとしても、生物多様性分野の専門家要請には必要なのです。こうした専門家たちは、ギアナの森からフォンテーヌブローの森にいたるまで、世界中で毎年1万5000種以上の生物種を発見しています（1988年には、フォンテーヌブローの森でトリバガ科の新種が発見されました）。

　生物多様性は3つのレベルで考えられています。生態系レベル、生物種レベル、遺伝子レベルです。明らかに、生物種レベルがもっとも取り組みやすく、博物学者たちの競争を直接引き起こしている分野です。

　ウィルソンによれば、21世紀に主流となった生物学の新しい傾向は、要素還元主義の研究を放棄し、より統合的な方法で複雑系の理解の仕方を研究することです。要素還元主義的なアプローチでは、分子レベルの探求はできても、エコシステム・レベルの探求はできません。遺伝子学や分子生物学が一般の生物学において支配力を強めたことは、生態学の進歩にとっては有害だったかもしれません。いずれにせよウィルソンは、ジャック・モノーとジェームズ・デューイ・ワトソンという2人の近代遺伝学の創始者が、生態学を誤って解釈していたという見解を述べています。

　さらに、科学研究が博物学的アプローチに別れを告げたといっても、博物学的な考え方と訣別したわけではなく、ジャン・ドルスト教授は「つつましい植物やちっぽけな昆虫は、現代の最も驚くべき建築よりも壮麗で神秘的にできている」とまで自然を誉めそやします。最も基本的な自然のリズムや生態学の法則が、収益性や目先の利益のまえで黙殺される功利主義の時代にあって、このような自然の神聖視は精神衛生に良いかもしれません。生態学的な科学や認識の欠如は、クライブ・ポンティングのいう文明による「地球の侵害」を生み

出し、また最悪の結末につながる可能性もあります。

こうした研究者たちは、古くからある分裂を早く克服する必要があるといいます。自然のための闘争は、結局のところ人間のための闘争にたどり着くのでしょうか。現存する動物種や植物種のうち、少なくとも半分が21世紀末には消滅するかもしれないということを踏まえれば、問題ははっきりします。遺伝子的に見て取り返しのつかないこの喪失は、食糧問題や健康問題のような本質的問題の解決策を自然のなかに探求する人間にとって、未来を危うくする可能性があります。つまり、「人間と自然」という考え方を棄て、「自然のなかの人間」について考える必要があるのです。

ヴェルナツキーが1920年代に創始し、ハッチンソンが1940年代に発展させた地球生態学は、21世紀の初めに著しい進歩が見られました。

しかし、科学としてのエコロジー研究はさらに続きます。それは現在、エコロジーが本質的な一部分をなす自然史（博物学）と、近年のエコシステム理論と、カオス数学に分岐している状態です。概念上・意味論上の難解さや、生態学者の間でも対立するシステムおよび研究方法の多様性を超えて、生態学は相互作用の分析を目的としているということを再認識することが必要です。

生態学は、全体でとらえると、厳密な意味での科学の領域を大きくはみ出す知の領域を含んでいます。生態学は今後、リンネが18世紀に想像したよりももっと複雑な、そして新形態の「自然の経済」を管理していく必要があります。人間は、生存に適した条件をたえず提供する制御システムの存在をいかなるレベルでもまったく保証することなく、そこに介入しているのです。ですから生態学は、ある人間活動の結果を修復するための解決策を探求する役割を担っています。ということは、社会科学であろうとする必要はないまでも、社会関係や経済システムと関係せざるを得ません。また、新しい形態の知を装う必要もありません。そんなことをすれば、レイチェル・カーソンが『沈黙の春』を書いたときのような、既存の体制を打破しようとする気概を失うことになりかねません。

ジュネーヴにある高等開発学院のジャック・グリヌヴァルトによれば、生態学の未来は、気候変動や地球システム科学（NASAの研究）といった広汎な研究プログラムを収斂させることにより、生物多様性や気候変動のようなさまざまな問題の橋渡しをすることにあります。

## 結び
### En guise de conclusion

　この本を最終章まで読み終えた人も、まだ生態学史の散歩道にいる人も、ぜひ読んでください。この結びは皆さんへのメッセージです。

　**ラン**ドネ[*1]に行ったときは、ゴミを持ち帰る。
　　　　家庭ゴミを分別する。
使用済みの電池を屑カゴに捨てない。
公共交通を利用する。
エネルギー消費の少ない電気器具を使う。
外国産の動植物を持ち帰らない。
室内やガレージの灯りはこまめに消す。
カーエアコンは使わない。
水を節約する（浴槽よりもシャワーを使う）。

　最近、フランスのマスコミが普及させたこの「緑の習慣9カ条」は、実際にエネルギーや一次原料の節約、水や空気の汚染防止に役立っています。しかし教訓調のところがいまひとつ、といった感じです。教育法でも、健康や交通安全のためのマナー普及でも、強制的な言葉には大した効果がないといわれています。教師や医師や警官が、時と場合によって命令を聞いてもらえるのは、単にあとが怖いからなのです。

私は皆さんに、アドバイスも教訓も言うつもりはありません。
　私が生態学史に関心をもったのは、人間は崇高だとか、逆に惨めなものだなどと言うためではないのです。私はただ、パソコンや携帯電話と同じように、もっと広くいえば新しい科学技術と同じように、生態学も私たちの日常から始まっていると言いたいだけです。それは天災の日も、選挙のときも、公衆の面前でも、顔を覗かせています。エコロジー（生態学）が科学の一分野であるということの方が、むしろあまり知られていないだけなのです。
　科学かエピステーメーか——。生態学はひとつの長い物語であり、人類が共有する歴史です。この続きを皆さんと一緒に語り合うため、私は以下のメールアドレスをご紹介してこの本の結びとします。

estramat@caramail.com

パトリック・マターニュ

# 資　料

# 訳注

・生態学用語には英語、フランス語の綴りを付記した。

【はじめに】
1 **エコロジーの時代**　生態学的な配慮がかつてないほど求められるようになった時代。科学技術の発達にともない、軍事や産業が地球規模の影響力をもつに至った1950〜1970年代のことをいう。著者パトリック・マターニュは、エコロジー史を現代の視点からひもとくにあたって、ドナルド・ウォースターの著書『ネイチャーズ・エコノミー』(1977年) の結びを踏まえている。ウォースターはそのなかで、ニューメキシコ州の核実験、カーソンの『沈黙の春』、エーリックの『人口爆弾』を3つの象徴的な事柄として取り上げ、これらが「地球に関する広範で大衆的な生態学的関心」につながったと強調している。

　ちなみに、現在「エコロジー」の訳語として使われている「生態学」は、明治時代に三好学が初めて用いたことで知られるが、エコロジーの命名者であるヘッケルの定義とは必ずしも一致していない。ただし本書では慣例に従い、科学研究としてのエコロジーを表す場合には「生態学」の訳語をあてることにした。

2 **放射性降下物（フォールアウト）**　大気中に撒かれた放射性物質。原子核が分裂してできる放射性物質は、核兵器のほか原子力発電によっても生成される。俗称は「死の灰」。

3 **ストロンチウム90**　核分裂で生じる質量数90の放射性同位体。半減期は28年。回復不能の遺伝子損傷を起こす。

4 **人口爆弾**　エーリックが同名の著書（*The Population Bomb*）で説いた、爆発的な人口増大の危機を表す言葉。「このまま人口増加が進めば、資源と環境の破壊が進む」と警告した。発展途上国のあいだでは、こうした見方は人口問題を低所得国だけの責任にしようとするもので、先進国の政治家や途上国支配階級のイデオロギーにすぎない、とする批判もある。

5　新マルサス主義　マルサスが人口増加の抑制策として唱えた「道徳的抑制」に対し、産児制限による人口抑制策を説く立場。

6　トリー・キャニオン号　1967年にペルシア湾から原油を運ぶ途中、英仏海峡西端のシリー諸島とランズ・エンドのあいだで座礁したリベリア船籍のタンカー。船体から油が流出し、コーンウォール海岸（英国）とブルターニュ海岸（フランス）を汚染。

7　アモコ・カディス号　1978年にフランスのブルターニュ沖で座礁し、海岸線を400キロにわたり漂着油で汚染させたリベリア船籍のタンカー。

8　チェルノブイリ原発事故　1986年4月26日、旧ソ連時代のウクライナ共和国チェルノブイリ原子力発電所で起こった史上最悪の原発事故。隣接するベラルーシとロシアを含む8万2000km²に放射性降下物を撒き散らし、放射能はヨーロッパ全域に拡がった。

9　エクソン・バルディーズ号　1989年、米国アラスカ州バルディーズ港の南西にある暗礁に乗り上げて座礁したアメリカ船籍のタンカー。油の流出でアラスカの海岸線を汚染。

10　エリカ号　1999年、ブルターニュ沖で座礁したフランス船籍のタンカー。沿岸部約400キロを油で汚染。

11　ルーマニア鉱山で金をシアン化合物に……　2000年1月、ルーマニアのバイア・マーレ金鉱で、シアン化合物がドナウ川・チサ川に流入した事件。

12　ヨーロッパの研究者たち　ここでは後述のフンボルトやボンプランなどを指す。

【第1章】

1　そこから生じる思い込み　たとえば「アリストテレスは生態学の祖」といった直線的な結びつきで生態学の起源や系譜をたどってしまうこと。生態学史にかぎらず、帰納的な歴史解釈には往々つきまとう陥穽である。

2　エコロジスト（ecologist, écologiste）　第6章と第21章でも定義しているように、「エコロジスト」は生態学者や植物地理学者などの研究者を指す場合と、環境保全活動家やエコロジー政党などを指す場合とがある。前者を科学的エコロジスト、後者を政治的エコロジストとして区別することも多い。本書ではおもに、科学的エコロジストの歴史を扱っている。

3　ペリパトス学派　アリストテレスが開いた学園（リケイオン）が別名「ペリパトス」（回廊）とも呼ばれることから名づけられた学派。「逍遥学派」、「アリストテレス学派」ともいう。

4　片利共生（commensalism, commensalisme）　2種類の生物の一方が生活上の利益を受け、他方が利益も不利益も受けない関係。これに対し、他方が不利益を受

ける関係を「寄生」、双方がともに利益を受ける関係を「相利共生(そうりきょうせい)」という。

5 目的因論　アリストテレスが説いた事物の４原因（目的因、形相因、質料因、動力因）のひとつ。目的因論では、事物の行為の目的が、事物や行為そのものの存在理由となる。

6 機械論　機械論には次の２つの定義がある。
　① 物事の生成変化を因果関係によって説明する立場
　② 生物を機械と考え、生命現象を科学的法則のみで説明する立場
　この両者のうち、ここでは生命現象に重点を置いた②の意味。

7 唯物論　世界を構成するのは物質的実体であり、人間は物質の存在にもとづいて世界を認識しているとする考え方。

8 モーリシャス島　マダガスカル島の東方にあるアフリカの島で、現在のモーリシャス共和国の中心をなす島。「フランス島」の旧称や、ドードー（第２章訳注５）の生息していたことでも知られる。

## 【第２章】

1 セント＝ヘレナ島　南大西洋にある英国領の火山島。ナポレオン１世の最終流刑地としても知られる。中心都市ジェームズタウン。

2 トバゴ島　カリブ海南東部、ヴェネズエラ北東沖の島。オランダ、フランス、イギリスに領有されたあと、1962年にトリニダード・トバゴ共和国として独立。

3 フォレスト・ヒル　フランスのポワーヴルやサン＝ピエールらがモーリシャス島でおこなった自然保護は、カリブ海におけるイギリスの植民地政策にも影響を与えた。1791年、セント・ヴィンセント島に"Kings Hill Forest Act"が成立した。このときの保護対象が、フォレスト・ヒルの森を含む緑地。

4 オーロックス　ヨーロッパの森林に住んでいた哺乳綱偶蹄目ウシ科の動物。家畜としてのウシの祖先にあたるので、「原牛」とも呼ばれる。

5 ドードー　インド洋の島々に住んでいた鳥綱ハト目ドードー科の鳥の総称。

6 エピオルニス　卵と化石だけで知られるマダガスカル島の巨鳥。

7 ディノルニス　ディノルニス目ディノルニス科に分類される鳥類。これに属するディノルニス・マキシムスが、いわゆる「ジャイアント・モア」。

8 ステラーカイギュウ　ベーリング海の浅瀬に群生していた哺乳綱海牛目ジュゴン科の動物。

9 オオウミガラス　大西洋北部から北米まで分布していた鳥綱チドリ目ウミスズメ科の海鳥。別名オオウミスズメ。

10 モンクアザラシ　地中海、カリブ海、ハワイ諸島沿岸などに生息する哺乳綱鰭脚目アザラシ科の海獣。

11 中林（taillis en futaie）　フランスの林業で、高林と低林を組み合わせた森林形態を指す。
12 モンバール　ブルゴーニュ地方の小都市。ビュフォンの出身地。
13 ロージュ（Loges）　オルレアンの森に隣する村、Fay-aux-Loges のこと。
14 1827年森林法　従来の森林に関する法律をフランス革命後に制定された新しい法律と整合させるため、森林行政機関の管轄や私有林の扱いに関する規定を定めた法典。
15 生気候学　生物気候学。気候が生体に及ぼす影響についての学問。
16 カストル　南仏アルビの南方にある郡庁所在地。
17 ぶざまな権威失墜　トロシュ将軍の名 Trochu を trop chu に掛けた皮肉。
18 エグアル山　フランスの中央山塊南東部にあるセベンヌ地方の山。気象観測所がある。
19 ロシュシュアール　リモージュ西方の郡庁所在地。
20 リムザン地方　フランス南西部、中央山塊北西端にあり、リモージュを中心都市とする地方。
21 復讐心　普仏戦争でプロシアに敗北したことにより、この時期のフランスでくすぶっていた国民的な対独感情。
22 グラモン法　フランス初の動物虐待防止法。この頃、ヴィクトル・ユゴーを初代会長とする「動物実験反対連盟」も発足している。
23 破棄院　フランスの最高裁判所。
24 ビアリッツ　フランス南西部の都市。スペイン国境に近いビスケー湾に面する。
25 フランス・ツーリング・クラブ（Touring Club de France）　1890年にフランス中北部のヌイイで設立されたサイクリストの団体。
26 フランス・アルペン・クラブ（Club Alpen Français）　1874年4月2日に設立されたフランスの山岳会。
27 カラコ　女性用のジャケットの一種。
28 ボース地方　シャルトルとシャトーダンのあいだに広がるパリ盆地南部の平原。農業の集約化を進め、一大穀物生産地となった。
29 田園都市　田園のなかに独立して存在する新しい理想都市。イギリスのエベネザー・ハワード（Ebenezer Howard　1850-1928）が提唱。
30 『最後のモヒカン族』　クーパー（James Fenimore Cooper　1789-1851）の代表的連作小説『革脚絆物語』（かわきゃはん）（1823-41）の中の一編。

【第3章】
1 アマツバメ　鳥綱アマツバメ目アマツバメ科の鳥を総称する場合と、種としての

アマツバメとがある。『セルボーンの博物誌』が書かれた時代には、アマツバメもツバメ科に分類されていた。アマツバメ科の鳥は世界に分布し、鳥類のなかで最も速く飛ぶといわれる。

2 **生物季節学** フェノロジー（phenology, phénologie）。花暦学。季節の移り変わりに沿って自然界の動植物が示す変化（たとえば植物の開花や紅葉など）を研究する学問。

3 **二名法**（nomenclature） 二名式分類法。植物や動物の学名を属名と種名（種小名、種形容語）の組み合わせで表現する方法。ここでいう「リンネよりも先に二名法を提唱していた学者」とは、バーゼルのバウヒーンなどをさす。

4 **『学問の喜び』** 1749〜1769年にまとめられたリンネの学位論文集。全7巻で、その初巻（1749年）に『自然の経済』がある。

5 **『自然の経済』** この章で述べられているように、economyには本来、神による配剤や摂理といった意味合いがある。だが日本では「経世済民」を略した「経済」という訳語が、economyに最も多く適用されてきた。そこで"Economy of Nature"も、『自然の経済』と訳されることが多い。本章では、章題のみ内容にしたがって「自然の摂理」とし、他はリンネの著作物の慣例にならって「自然の経済」とした。

6 **遷移**（succession） 環境変化によって動植物が示す連続的な変化。生態遷移、サクセッションともいう。たとえば植物の場合、裸地に新しい植物が侵入すると、「地衣類・コケ類→1年生草本→多年生草本→低木→陽樹→陰樹」という順で次々に世代交代が行われ、最終的には安定した極相（クライマックス）が形成される。湖沼に土砂などが堆積して草原へ、森林へ移っていくような場合は湿性遷移という。

動物の場合も、一連の発達段階（たとえばニューデーション〔遷移のきっかけとなる環境撹乱などの現象〕→移動→定着→競争）を経て安定に達する。遷移は、主に植物についてヴァーミングらによって研究された後、アメリカのクレメンツによって確立された。ちなみに日本でも、1887年の『大日本植物帯報告』（田中譲）のなかに「林種転換」への言及があり、遷移に共通する理論と見られている。

7 **ホタルイ属** 湿地や水中に生えるカヤツリグサ科の多年草属。

8 **ワタスゲ属** カヤツリグサ科の湿地植物。

9 **クライマックス（極相）** 生態遷移の最後に形成される安定した植生。アメリカのクレメンツによる極相の研究については、第15章の冒頭参照。

10 **留巣性** 幼鳥のあいだ、飛べるようになるまで巣にとどまる性質。

11 **自然神学** キリスト教神学のひとつ。キリストの恩寵以外に、神の啓示を人間の理性によっても認知できるとするもの。

【第4章】

1 **植物群系**（plant formation, formation végétale）　植物を優占種の生活型によって分類する場合の単位。
2 **植物相**（floral, flore）、**植生**（vegetation, végétation）　植物相と植生の違いは、前者が一定の地域に生存する全植物種のカタログであるのに対して、後者は生態系を植物の観点からとらえたもので、植物種どうしがどのような割合や関係にあるかということ。
3 **相観**（physiognomy, physionomie）　植物群落を形成する種類・密度などによって示される特徴的な景観。植物群系区分などの目安にする。
4 **ガリシア地方**　スペイン北東部の地。
5 **オリノコ川**　ヴェネズエラとブラジルの国境、ギアナ高地のデルガード・シャルボー山を源流とする南アメリカ北部の川。上流部の源流から450キロメートル地点に、アマゾン、オリノコの両水系をつなぐ天然のカシキアレ水路があり、オリノコ川の水の約5分の1は、これを通ってアマゾン川の支流ネグロ川へ分流。
6 **ネグロ川**　アマゾン川中流部の支流。アンデス山脈東麓に発し、ヴェネズエラとコロンビアの国境を形成して赤道直下を流れる。
7 **オリノコ盆地**　南米オリノコ川流域にある盆地。
8 **クラレ**　アマゾン流域の原住民の毒矢。
9 **シウダー・ボリーヴァル**　ヴェネズエラ東部の港でボリーバル州の州都。オリノコ川の河口から420キロメートル上流に位置。旧称アンゴストゥーラ。
10 **カルタヘナ**　コロンビア北部、カリブ海岸の港湾都市。
11 **チンボラソ**（Nevado Chimborazo）　エクアドル中部にあるアンデス山脈中の火山。エクアドルの最高峰。
12 **フンボルト海流**　ペルー海流。南極海に端を発し、南米大陸の西岸沖を北上する。
13 **光周期**（photoperiod, photopériode）　日照時間のフェーズ。明期（光を受ける時間）と暗期（光を受けない時間）の長さの変化を組み合わせたもの。
14 **ビオトープ**（biotope）　生物が互いにつながりを保ちながら生息する場所、すなわち生態系としてとらえることのできる最小の空間。バイオシノーシスやバイオスフィアとの関係については第6章参照。
15 **サリコルヌ**　好塩性で海浜に生えるアカザ化の草木属。
16 **系統学**　現生生物と絶滅した生物の形質を比較・分析・統合し、生物進化の過程で生じた分岐や類縁関係をつきとめ、系統化する学問。
17 **ゲッティンゲン**　ドイツ、ニーダーザクセン州南部の都市。
18 **セクター**（sector）　植生差で区別される区域を表す生態学用語。

19 生理的乾燥（physiological desiccation, sécheresse physiologique）　土壌浸透圧との関係で見た植物体の乾燥。たとえば塩分の多い環境では、植物が水を吸収しないことをいう。

20 1898年に出版された著書　"Pflanzengeographie auf physiologischer Grundlage"（『生理学にもとづく植物地理学』）。

【第5章】

1　科学アカデミー　フランス学士院を構成する団体の一つ。科学研究の活性化と保護を目的に、ルイ14世統治下のフランスで1666年に設立。

2　自然史（natural history, histoire naturelle）　本書では histoire naturelle の訳語を便宜上「博物学」で統一しているが、ここでは字義どおりの解釈を優先する必要から、例外的に「自然史」とした。

3　コレージュ　フランスの中等教育課程前期4年間にあたる学校。

4　リセ　フランスにおける7年制の国立または公立の高等中学校。ちなみにリセの名称はアリストテレスがアテネ郊外に開いたリケイオン（第1章訳注3）に由来。

5　19世紀末の論調にもとづく……　博物学愛好家たちの学術団体を科学から排除すべきだとする論調。当時までの博物学愛好家たちは、科学的発見をまったくなし得ない存在と見られていた。科学史家たちも長い間この考え方に影響されていたが、生態学史の研究では、博物学愛好家たちも生態学の成り立ちに貢献したことがわかってきている。ここは著者マターニュが本書で最も強調する内容のひとつ。

6　アルカシオン　フランス南西部の港湾都市。アルカシオン動物学研究所については第11章参照。

7　人間生態学（human ecology, écologie humaine）　「ヒューマンエコロジー」と呼ばれる学問には、日本語でいう人類生態学、人間生態学、人文生態学の3つがあり、それぞれが互いに共通項をもちながらも、研究領域や対象を異にしている。たとえば、人類生態学は生物種としての人類を生態系の中に位置づける種生態学の研究であり、人間生態学は個体としての人間と生態系の関わりをとらえる個生態学（第5章訳注17）の特徴をもつ。人文生態学は、人間の社会的・文化的活動と生態系の相互作用を扱う。本書では écologie humiane を「人間生態学」で統一したが、章題では統合的な訳語として「ヒューマン・エコロジー」を用いた。

8　静態　植物群落の研究に端を発したヨーロッパの生態学を静態的（statique）とすると、遷移の理論を軸に発展したアメリカの生態学は動態的（dynamique）といえる。この両者が大西洋を隔てて対立や融合を繰り返す経緯が、近代生態学史の特徴的な文脈となっている。本書の後半でも、この対立軸に沿った記述が随所

に見られる。

9 インスティテューション化（institutionalisation）　科学が組織的・制度的な営みとなるのは、ヨーロッパで学会の活動が体制化した時期からとする見方がある。一方、それは科学が経済や軍事や政治などと密接に結びつくようになった第1次世界大戦前からだったという見方もあり、それぞれに「インスティテューション化」の趣きが異なる。ここでは明らかに前者の動きが述べられている。

10 馴化（acclimation, acclimatation）　異なった環境や気候に生物が順応することをいうが、長い時間をかけて生物の形態や生理が変化する適応に比べると、馴化は短い期間での体質や生理機能の変化を指すことが多い。

11 見本林（forêt d'étiquette）　フランス林業における森林形態のひとつ。正林、整備林ともいわれる。

12 ニオール　ドゥー＝セーヴル県の中心都市。

13 ベジエ　フランス南部の都市。

14 クレルモン・フェラン　フランス中部、オーベルニュ地方の中心地。ピュイ・ド・ドーム県の県都。

15 ロタレー　ロタレー峠（ドフィネ地方ペルヴー山地北部にあるアルプスの峠）。

16 カルカソンヌ　南フランス、オード県の県庁所在地。

17 個生態学（autecology, autoécologie）　共同体を構成する個体群や個体に関する生態学。

18 小郡（canton）　フランスの行政区分で、「区」にあたる arrondissement と、市町村にあたる commune の中間。

【第6章】

1 比較解剖学　生物、とくに動物の体内構造を比較し、系統上の類縁関係を研究する学問。

2 放散虫　放散虫目の原生動物の総称。

3 バイオスフィア（biosphere, biosphére）　地圏、水圏、大気圏を合わせ、地球上で生物の生息できる範囲全体を指す概念。日本語ではおもに生物圏と訳される。

4 バイオシノーシス（biocenosis, biocénose）　生物共同体。

5 エコスフィア（ecosphere, écosphère）　自己完結していて持続する閉鎖生態系の概念。NASA（米国航空宇宙局）がスペースコロニー開発のために作成したモデルが有名。このほか、恒星のまわりで生命誕生の条件を備えた宇宙空間を指すこともある。

6 狭鼻猿類　オマキザル上科（広鼻猿類）を除いた哺乳綱霊長目真猿亜目の総称。

7 ピテカントロプス・エレクトゥス　ヘッケルが類人猿とヒトのあいだをつなぐ種

の存在を想定して「ピテカントロプス・アラルス」（言語なき猿人）と名づけた後、オランダの人類学者デュボアがジャワで脳頭蓋と大腿骨を発見し、「ピテカントロプス・エレクトゥス」（直立猿人）と命名した。

8 エココンプレックス　生態系で、生育に必要な要素（水分など）を複合的に供給する機能を指すほか、「景観」に近い意味で用いられることもある。派生的な用法として、環境技術の研究所やインキュベーション施設の固有名詞にも使われる。

【第7章】

1 古典派経済学　18世紀後半から19世紀前半におけるアダム・スミス、デヴィッド・リカードらを中心とした経済学。

2 ロジスティック曲線　人口増加のプロセスを表すためにヴェルハルストが提案した曲線。

3 外挿法　人口予測には外挿法、規範法、循環法の3つの方法がある。外挿法は、過去の統計や数量変化をもとに時間と数量変化の関係式を作り出し、未来にあてはめる方法。これが「誤っていた」というのは、パールとリードのあとに生物学者たちが行った実験で、増加が上限に達したあと、今度は下降に転じていくというケースが報告されたことを指している。

4 ロトカ＝ヴォルテラ方程式　訳注第16章2参照。

5 ガウゼの原理（Gause principle, principe de Gause）　生態系において、生活要求の似た種は同じ場所で長く共存できないというもので、競争的排除則とも呼ばれる。

6 ニッチ（ecologicalniche, niche écologique）　生態的地位。ある生物種が環境の中で占める食物連鎖上の地位と、生息場所の地位。

7 『成長の限界』（*The Limits to Growth, Halté à la Croissance*）　世界の科学者、経済学者、プランナーなどで構成された民間団体「ローマクラブ」が1972年に発表した報告書。作業を委託された米国マサチューセッツ工科大学のデニス・メドウズの研究グループは、人口増加による地球規模の食糧不足、工業による環境汚染、天然資源の枯渇などのデータをもとに、「システム・ダイナミクス」と呼ばれる手法で世界の変化をシミュレーション。ローマクラブはその結果をもとに、「人類がこのまま進めば、数十年以内に地球上の成長は限界に達するだろう」と警告した。

【第8章】

1 用不用説（principle of use and disuse, principe de l'usage et du non-usage）

ラマルクが唱えた進化論の学説。生物の体でよく使われる器官は発達し、使われない器官は退化するというもので、進化とはそのように後天的に獲得された形質が遺伝する結果だとした。

2 **天変地異説**（catastrophism, catastrophisme）　キュヴィエが唱えた学説。もとは地殻変動によって生物分布の変化を説明したものだったが、弟子たちが神による万物創造を強調した。ラマルク以降、否定される。

3 **斉一説**（uniformitarianism, uniformitarisme）　ジェームズ・ハットンが唱えた学説。「現在は過去の鍵である」という表現で知られ、地球の表面で地質時代に起った諸現象も、現在観察されるのと同じ自然の法則で起ったとする説。急激な変動に見える現象も、じつは現在も見られる緩慢な作用によるとしたもので、キュヴィエの天変地異説と対照的。

4 **創造説**（creationism, créationnisme）　生物種はすべて天地創造にともなって神に作られたとする説。

5 **直接適応**（direct adaptation, adaptation directe）　生物種が、気温や湿度といった環境要因に直接応じた特徴を獲得すること。

## 【第9章】

1 **人文地理学**　地球表面に展開される人間活動の空間としての人文地域を研究する環境科学。人間と環境の機能的なつながりを示す人文生態系や、その表現形態としての文化景観などを研究対象とする。

2 **コスタ・リカにおけるエコロジーへの認識**　第19、20章参照。

3 **『経済表』**　重農主義者で医者でもあったケネーは、フランスの社会階級を地主階級、生産階級、非生産階級に分け、農民を生産階級と呼んだ。『経済表』は、生産物と貨幣の流通を人体になぞらえて説明した経済循環表。

4 **『北極先住民の生態学的諸関係』**　アメリカの学術誌 *Ecology*（Vol. 2, No.2, pp. 132-144.）に掲載された W.Elmer Ekblaw の論文 *"The ecological relations of the polar eskimo"*

5 **「見せかけの生態学」**　パスカル・アコは著書 *"Histoire de l'écologie"* のなかで、2つの点からシカゴ学派の都市生態学を批判している。ひとつはシカゴ学派の生態学的モデルが生態学を隠喩に使った言葉遊びの形態でしか存在し得ず、科学性に乏しいこと。もうひとつは「ヒューマン・ネイチャー」の概念に対する、人文科学側からの攻撃を含んだイデオロギー的性格が強いことである。

6 **「全体主義的」エコロジーの危機**　初期のエコロジーが全体主義を唱えるナチスに利用された歴史を踏まえ、ここでは生態学がイデオロギーの道具にされやすい側面のあることを示唆している。

【第10章】

1 生気論(vitalism, vitalisme)　生命には個々の無機的要素に還元できない固有の原理が働いているとする考え方で、機械論と対立する。本書にしばしば出てくる有機体論(オーガニシズム)や全体論(ホーリズム)も、この生気論と類似した概念である。

2 唯心論　人間は心の中にある観念を優先させて対象をとらえ、世界を認識しているとする考え方。唯物論と対立する立場。

3 腐植栄養説(theory of humification, théorie de l'humus)　腐植質に含まれる炭素化合物が植物体の形成に用いられているという説で、ターエル(Thaer, A., 1752-1828)が1792年に発表した。

4 無機栄養説(mineral theory, théorie minérale)　植物は水と炭酸ガスといくつかの無機塩で育つとする説。1840年にリービッヒ(Liebig, Justus Freiherr von 1803-1873)が唱えた。

【第11章】

1 1779年2月14日　すなわち、墓碑に刻まれているクックの命日「1778年12月14日」は誤りだった。

2 全部食べてしまった　これは俗説。ハワイ島の先住民に食人の習慣はない。ジャーナリストのトニー・ホルヴィッツによれば、クックの死体は焼却され、「聖なる力を宿す」とされる骨だけが首長たちに分配された。大腿部や腕などの肉は、塩がすりこまれていたことから、保存しようとしたものと考えられている。

3 カプブルトン湾　フランス南西部、ランド県が臨む湾。

4 アンティル諸島　カリブ海を弧状にめぐる諸島。別名カリブ諸島。

5 動物相(fauna, faune)　一定の環境、あるいは一定の地質年代に見られる動物群。ファウナ。

6 サン・マロ　フランス北西部、イール・エ・ビレーヌ県の都市。

7 バイオノミクス(bionomics, bionomique)　本文157ページの定義参照。

【第12章】

1 黒色土(chernozem)　腐植分を多く含み、黒い表土を厚く堆積させた土壌。東ヨーロッパの内陸盆地からウクライナにかけて分布する。

2 ステップ　半乾燥気候下の草原地帯を指すが、もとはシベリア南西部から中央アジアにかけて広がる大草原をいう。砂漠よりもやや湿潤だが乾季があり、降水量は一般に1000mm未満。一般に放牧が見られるが、黒海北岸の黒土地帯では耕

地となった地域も多い。
3 フィードバック効果　ここでは、アレニエフが説いた温室効果のメカニズムをひとつの閉鎖系と見るフィードバック・ループを指している。温室効果ガスの排出が増大すればポジティブ・フィードバック、減少すればネガティブ・フィードバックとなり、ネガティブの場合は排出規制による制御ということになる。
4 フーリエの三角級数　フーリエ級数。周期関数を三角関数に近似させて表したもので、フーリエが熱拡散の問題を解くために導入した。

【第13章】
1 ネオ・ダーウィニズム　ダーウィンの進化論のうち、自然淘汰の理論を拡張し、進化はもっぱら自然淘汰によって起こると説いた学説。遺伝学を用いて突然変異による形質の差を説明した。これに対して、生物をDNAに還元することはできないという構造主義的進化論からの批判もある。
2 マグノリア　モクレン属。約90種の植物種が知られる。Magnoliaの名はPierre Magnolに由来。
3 ウプサラ学派　スウェーデンのウプサラ大学を中心とする学派で、優占種による区分にもとづく植生研究を行った。
4 恒存種（constant species, espèces constantes）　特定の群集では普通に見られるが、必ずしもその群集に限定されない種。植物社会学で創始された言葉。
5 シグマニスト　モンペリエ地中海植物地理国際実験所の略称（SIGMA）をもじり、この実験所の研究者に対して用いた呼び方。

【第14章】
1 先駆種（pioneer species, espèces pionnières）　植生遷移の初期に見られる植物。
2 退行現象（retrogression, rétrogression）　退行遷移。植生が前の段階へ後退していくこと。本文は極相林の広葉樹林が針葉樹林へ退行する例。なお、人為によって極相林が二次林に変化し、森林破壊にいたる場合も含む。
3 ポドゾル化（podzolization, podzolisation）　強酸性の腐植物質によって表土の無機成分が溶脱し、灰白化すること。主に湿潤な冷温帯や亜寒帯の針葉樹林で見られるが、熱帯や温帯で見られることもある。本文でいうケイ酸質の物質はスメクタイト。
4 中生植物　湿度が中程度の、極端に湿潤でも乾燥でもない環境に適応した植物。
5 生態勾配（ecocline, écocline）　群集、群落がべつの生態系へ移っていくときの漸次的な変化。
6 気候的極相（climatic climax, climax climatique）　地域の気候との平衡状態を

保っている極相。クレメンツは、ある地域の気候に対応した植物群落だけが極相だと説いた。
7 　生態的地位→ニッチ（第7章訳注6参照）

【第15章】
1 　19世紀の学説　ここではスペンサー、コントらが唱えた社会有機体説。全体は部分の単純な総和ではなく、むしろ全体が部分に先立つという理論を社会にあてはめたもの。本章ではこのアナロジーをめぐる諸派の理論が紹介されているが、最終的には科学的エコロジーの観点に立ち、著者からの批判も加えられる。
2 　創発（emergence）　成長や進化の過程で、それまでには考えられなかったまったく新しい特性が出現すること。これも部分の総和では説明できない有機体の現象。
3 　要素還元論的分析（reductionistic analysis, analyse reductionniste）　19世紀前半をひとつの契機として、生命の秩序を細胞や分子といった部分的要素に還元し、物理化学的な法則性に従って分析すること。生物学の近代化を決定づけた方向性だが、これと対極にあるのが「全体は部分に先立つ」という全体論（ホーリズム）のアプローチ。
4 　人智圏　哲学者ティヤール・ド・シャルダンの用語。生命の進化的向上によって到達される精神世界。

【第16章】
1 　ミクロコスモス　限られた地域内で成り立っている生物と無機的環境による物質系の総称。
2 　ロトカ＝ヴォルテラ方程式　個体数で見た被食者と捕食者の関係は、被食者の数が臨界値に達するまでは捕食者の数も増加し、その後は捕食者の増加にともなって被食者が減る。さらに捕食者の数が臨界値に達すると、被食者も捕食者も減少に転じ、捕食者が十分に減ったところで被食者が再び増加に転じる。被食者をx、捕食者をyとし、定数a、b、cを用いてこの関係を以下のように連立常微分方程式で表したのが、生態系に適用されるロトカ＝ヴォルテラ・モデルである。

$$\frac{dx}{dt} = ax - cxy$$

$$\frac{dy}{dt} = -by + cxy$$

$$(a, b, c > 0)$$

3 　陸水学者　陸水域の生物や生態系の研究者。ここでは淡水生物学者。

## 【第17章】

1 **コペポーダ** 橈脚類(じょうきゃくるい)。海洋プランクトンや陸水プランクトンの主要な部分を占める甲殻類。

2 **生物生産力**（biological productivity, productivité biologique）　生物や生態系による生産力。光合成や化学合成をおこなう独立栄養生物によるものを一次生産力といい、群落で従属栄養生物が有機物を蓄積する速度を群落生産力、次いで高次の栄養段階の捕食者が栄養を貯蔵する速度を二次生産力という。

3 **エントロピー**　ドイツの物理学者クラウジウスが定義した物理学上の変数。熱力学には、「エネルギーの形態変化の前後で熱量の総和は一定」とする熱力学の第1法則と、「自然に起きる変化はすべてエントロピーの増大をともなう」という熱力学の第2法則（エントロピーの法則）がある。これに従えば、すべてのものは熱力学的に見れば無秩序化、劣化のプロセスをたどる。ただし、生物の成長や進化の過程で見られる「無秩序から秩序へ」という方向性は、本来エントロピーの法則とは逆行することになり、本文ではそのことが述べられている。

## 【第18章】

1 **再生産性と結びついた生物種間の関係**　たとえば有害種のなかに不妊虫を放飼することによって、その個体数を減少させるなどの方法。

2 **ひと組で使われる**　生物的措置と化学的措置を一対で用いることで、これがいわゆる共用防除。

3 **他家受粉**（cross-pollination, pollynisation croisée）　植物の花粉が同一個体の花のめしべに受粉し、次世代の植物をつくる自家受粉に対し、植物の花粉が他の個体の植物のめしべに受粉することを他家受粉といい、他家受粉では集団内で遺伝子の交流が安定的に行われる。

4 **予防原則**　環境や生態系などへのリスクは、科学的な因果関係がはっきりと証明されていない場合でも、未然に規制措置を取るという原則。国連環境開発会議（UNCED、地球サミット）の「リオ宣言」では原則15に付された。

## 【第19章】

1 **生活帯**（life zone, zone de vie）　地理環境条件との相互作用にともなって植生や動物群の特徴がどう変化するかを表す方式。C・H・メリアムが考案。

2 **相観分類**　相観に従った分類法。相観の意味は第4章の訳注3参照。

3 **トリアルバ**　首都のサン・ホセやエレディアなどとともに、コスタ・リカのセントラルバレーを構成する都市。

4 サブユニット（subunit） ここでは生活帯を構成する下部単位として生物群集がとらえられている。これとはべつに生化学用語としてのサブユニットは、タンパク質を構成する1つのユニットを意味する。

## 【第20章】

1 リオ宣言 「国連環境開発会議」で採択された、持続可能な開発の権利と環境保全への責任に関する宣言。「地球憲章」とする予定があったが、途上国からの反発で合意に至らず、「リオ宣言」としてまとめられたという経緯がある。
2 海洋環境と国家主権 「アジェンダ21」の一般的な評価とは異なり、海洋環境と国家主権の関係に重要な意義を見出しているのは、著者独自の解釈。本文に掲げられている7項目の規定も、『アジェンダ21』のなかでは別の内容になっている。
3 マーストリヒト条約130r条 1993年の欧州連合条約（マーストリヒト条約）では、130r条2項に「予防原則」（Precautionary Principle）が採用されており、「防止原則」（Prevention Principle）」とは一線を画すEU環境政策の原則となっている。

## 【第21章】

1 選挙期間のNIMBY症候群 NIMBYは本来、"Not in my backyard"（ゴミを捨てるなら他人の庭へ）という自己中心的な環境意識をさす言葉。これをもじって、「環境問題を考えるのは選挙期間中だけ」という姿勢を皮肉っている。

## 【第22章】

1 管理生態学（management ecology, écologie gestionnaire） エコシステムの持続可能な利用と管理を目的とする生態学。
2 島の生物地理理論（theory of island biogeography, théorie de la biogéographie insulaire） 生態学者のE・O・ウィルソンとロバート・マッカーサーが、ある島の大きさと本土からの距離にもとづいて、その島で生き残れる種の数を予測するために公式を作り、理論化したもの。あらゆる島に適用可能とされる。
3 回廊林（corridor） 動物の入れ替わりが可能な移動ルートとなる森林。

## 【結び】

1 ランドネ コースを決めて自然や都市を歩くスポーツ。競技ではないが、遠足よりも厳しく、体力強化になるので、フランスでは健康増進のためにランドネをする人が多い。

# 人名注

・人名注の見出しは、原則として姓・名の順で記し、原語表記と生没年を付記。
・著者名の前には原則的に日本語訳（邦訳本がある場合はその題名）を付した。

## 【ア行】

アコ、パスカル（Acot, Pascal 1942-）　フランスの哲学者、歴史家。生態学史を専門とし、著書に『生態学の歴史』（*Histoire de l'écologie*, 1988）がある。フランス国立科学研究センター研究員。

アダンソン、ミシェル（Adanson, Michel 1727-1806）　フランスの植物学者。ベルナール・ド・ジュシユーやレオミュールに植物学を学び、セネガルやインドで新種の植物を採集。リンネ、トゥルヌフォール、ジョン・レイによる植物分類体系を人工的な分類体系として批判。

アリー、ウォーダー（Allee, Warder Clyde 1885-1955）　アメリカの動物学者、生態学者。シカゴ大学教授を務め、動物行動の研究によって原始共同（異種生物間で依存関係なしに相互利益を生む作用）や「アリー効果」（個体群密度の低下が社会的障害となって、雌雄のつがいができなくなる現象）などを発見。主著に『動物生態学の原理』（*Principles of animal ecology*, 1949）がある。

アリストテレス（Aristotelés 前384-前322）　古代ギリシアの哲学者。論理学・自然科学・倫理学・詩学・政治学など、多岐の分野に業績を残す。このうち自然科学の主な著述としては、『自然学』『天体論』『生成消滅論』『気象論』『宇宙論』『動物誌』『動物部分論』『動物運動論』『動物発生論』がある。本書でも紹介されている『動物誌』における知識の集積と体系化は、科学史家たちが博物学の起点を古代ギリシアに求める根拠のひとつになっている。

アルタクセルクセス1世　（Artaxercès I, 生年不詳～前424年）　アケメネス朝ペルシアの王。東西文化交流を促した。

アレクサンダー、サミュエル（Alexander, Samuel 1859-1938）　オーストラリアの哲

学者。「創発的進化」の概念を展開。主著は『空間、時間、神性』(*Space, Time and Deity*, 1920)。

アレニエフ、スバンテ・オーギュスト (Arrhenius, Svante August 1859-1927) スウェーデンの化学者、物理学者。電解質の解離理論でノーベル化学賞を受賞したほか、炭酸ガスによる温室効果の理論を最初に説いた人物として知られる。

アンダーソン、アレクサンダー (Anderson, Alexander)　18世紀のイギリス植民地で、初期の環境保全運動に関わったスコットランド生まれの科学者。セント゠ヴィンセント島植物園園長を務めた。

ヴァーミング、ヨハネス・エウゲニウス・ビュロー (Warming, Johannes Eugenius Bulow 1841-1924)　デンマークの植物学者、発生学者、形態学者。ブラジルに3年過ごした後、植物学の学位を取得し、ストックホルム大学、コペンハーゲン大学などで教授を務める。植物群落の研究で今日の植物生態学の基礎を築いた。主著は『植物群落』(*Plantesamfud*, 1895)。なお、本書では初出を除き、「ユーゲン・ヴァーミング」の通称で表記した。

ヴィダル・ド・ラ・ブラーシュ、ポール ( Vidal de la Blache, Paul 1845-1918)　フランスの地理学者。ドイツ人文地理学に見られた「環境決定論」に対し、「環境は人間活動を規定するものではなく、可能性を与えるものにすぎない」という「環境可能論」の提唱者。フランス地理学校の設立者。主著に『フランス地理概観』(*Tableau de la géographie de la France*, 1903) がある。

ウィノグラドスキー、セルゲイ・ニコライエヴィチ (Winogradsky, Sergei Nikolaievich 〔Виноградский,СергейНиколаевич〕 1856-1953)　ロシアの微生物学者、土壌学者。生活環（受精、生殖、死、世代交代など、生物の集団が経験する一連の発育変化）の概念を生み出したほか、独立栄養生物における窒素固定の生物学的プロセスを発見した。

ウィルソン、エドワード・オズボーン (Wilson, Edward Osborne 1929-) アメリカの昆虫学者、生物学者。アリの研究を専門とし、生態学、動物行動学、進化論、社会生物学などの研究や論争で知られる。著書に『社会生物学』(*Sociobiology: The New Synthesis* 1975)、『生命の多様性』(*The Diversity of Life*, 1992)、『生命の未来』(*The Future of Life*, 2002) などがある。

ヴェルギリウス、プブリウス　(Vergilius Maro, Publius　前70-前19)　古代ローマの詩人。「農耕詩」で穀物の耕作、果樹とブドウの栽培、牧畜、養蜂などを主題にした。代表的な叙事詩に『アエネーイス』がある。

ヴェルナツキー、ウラジミール・イヴァノヴィッチ (Vernadskii,Vladimir Ivanovich, 1863-1945)　ロシアの生物学者、地球化学者。「生物地球化学的大循環」を説き、地球化学の基礎を築く。主著は『地球化学』(*La Géochimie*, 1924)。

ヴェルヌ、ジュール（Verne, Jules 1828-1905）　フランスの小説家。自然科学の事象を取り入れた多くの空想小説を発表し、「ＳＦの父」と呼ばれる。代表作は『海底二万里』（*Vingt mille lieues sous les mers*, 1869-70）、『八十日間世界一周』（*Le Tour du monde en quatre-vingt jours*, 1872）など。

ヴェルハルスト、ピエール＝フランソワ（Verhulst, Pierre François 1804-1949）　ベルギーの数学者。人口増加や経済発展に用いられるロジスティック曲線を提案。

ウォースター、ドナルド（Worstar, Donald）　アメリカの思想家、歴史学者。環境史が専門。マサチューセッツ州ブランダイス大学教授。主著は『ネイチャーズエコノミー──エコロジー思想史』（*Nature's Economy : A History of Ecological Ideas* 1977）。

ヴォルテラ、ヴィト（Volterra, Vito 1860-1940）　イタリアの数学者。ロトカとともに、被食者と捕食者の個体数変化についての関数（ロトカ＝ヴォルテラ方程式）を発見。著書に"*Leçons sur les fonctions de lignes*"（1911）がある。

エマーソン、ラルフ・ワルドー（Emerson, Ralph Waldo 1803-82）　アメリカの思想家、詩人。自然と人間について「超越主義」（Transcendentalism）の思想を展開。文学作品や講演などで近代アメリカの精神風土に影響を与える。著作に『エッセイ第１集』（*Essays: First Series* 1841）、『エッセイ第２集』（*Essays: Second Series* 1844）、講演に『アメリカの学者』（*The American Scholar*, 1837）などがある。

エーリック、ポール（Ehrlich, Paul 1932-）　アメリカの生物学者。スタンフォード大学教授。1968年に出版した『人口爆弾』（*The Population Bomb*）で、過剰人口がもたらす生態系の危機を警告し、人口抑制の必要性を説く。

エルトン、チャールズ（Elton, Charles Sutherland 1900-91）　イギリスの生態学者。食物連鎖や生態的地位にもとづく動物群集の研究を行い、初期の名著『動物の生態学』（*Animal Ecology* 1927）で現代生態学の方向を決定づける。1932年に『動物生態学雑誌』を創刊し、オックスフォード大学に動物個体群研究所を設立、初代所長を務めた。その他の著書に、『侵略の生態学』（*The Ecology of Invasions by Animals and Plants*, 1958）、『動物群集の様式』（*The Pattern of Animal Communities*, 1966）がある。

オダム、ハワード・トマス（Odum, Howard Thomas 1924-2002）　アメリカの生態学者。ハワード・W・オダムの息子でユージン・P・オダムの弟。フロリダ大学生態学教授。生態系エネルギーフローの原理として"Emergy"（Embodied Energy）という概念を創出。著書にユージン・P・オダムとの共著『生態学の基礎』（*Fundamentals of Ecology* 1953）、エリザベス・C・オダムとの共著『人間と自然のエネルギー基盤』（*Energy Basis for Man and Nature* 1976）などがある。

オダム、ユージン・P（Odum, Eugene P. 1913-2002）　アメリカの生態学者。生態系や生態系エネルギー論の研究で先駆をなす。弟のハワード・T・オダムとの共著『生態学の基礎』(*Fundamentals of Ecology*, 1953) は、エコシステム研究のテキストとして広く利用されてきた。その他の著書に『生態学』(*Ecology*, 1963) などがある。

オードゥアン、ジャン=ヴィクトル（Audouin, Jean Victor 1797-1841）　フランスの博物学者、昆虫学者、鳥類学者。『自然史辞典』(*Dictionnaire Classique d'Histoire Naturelle*, 1822) の共同編纂にあたったほか、著書に『ブドウの害虫誌』(*Histoire des insectes nuisibles à la vigne*, 1842) などがある。

【カ行】

ガウゼ、ジョルジー・フランチェスヴィッヒ（Gause, Georgii Frantsevich〔Гаузе, ГеоргийФранцевич〕1910-86）　ロシアの生態学者。生活空間を同一にする近縁種のあいだでは、種間競争で一方が他方を駆逐するという「競争的排除則」（ガウゼの原理）を打ち立てた。

カーソン、レイチェル　（Carson, Rachel Louise 1907-1964）　アメリカの海洋生物学者、作家。アメリカ合衆国漁業局に勤めたあと、文筆業に専念。1962年、『沈黙の春』(*Silent Spring*) で農薬禍について警告し、環境保全への意識を喚起した。その他の著書に、『潮風の下で』(*Under the Sea Wind*, 1941)、『われらをめぐる海』(*The Sea Around Us*, 1951) などがある。

カンドル、アルフォンス・ルイ・ピエール・ピラム・ド（Candolle, Alphonse Louis Pierre Pyrame de　1806-93）　オーギュスタン・ピラム・ド・カンドルの子。法律を学んだあと、植物学者となってジュネーヴ大学教授を務め、父の未完の大作『植物自然分類序説』(*Regni vegetabilis systema naturale*, 1849) を21巻まで引き継いだほか、植物地理学の研究で各地の栽培植物の起源を調査。主著に『栽培植物の起源』(*Origine des Plantes Cultivées*, 1883) がある。

カンドル、オーギュスタン・ピラム・ド（Candolle, Augustin Pyrame de 1778-1841）　スイスの植物学者。モンペリエ大学植物学教授を務め、ジュシューの植物分類学をさらに精緻化し、形態と機能の観点も導入して、植物の類縁関係を解明。1824年に大著『植物自然分類序説』(*Regni vegetabilis systema naturale*) の刊行を始めたが未完。没後は息子のアルフォンス・ド・カンドルがその仕事を引き継いだ。

キケロ、マルクス・トゥリウス（Cicero, Marcus Tullius　前106-前43）　古代ローマの弁論家、哲学者、政治家。修辞学・哲学・弁論などの著作を残す。

ギゾー、フランソワ・ピエール・ギヨーム・ド（Guizot, François Pierre Guillaume, 1787-1874）　フランスの歴史家、政治家。七月王政(1830-48)の時代に首相となり、

二月革命の勃発で国外に亡命。主著は『ヨーロッパ文明史』(*Histoire générale de la civilisation en Europe,* 1828) など。

キャトルファージュ・ド・ブロー、ジャン＝ルイ＝アルマン・ド (Quatrefages de Breau, Jean Louis Armand de 1810-1892)　フランスの生物学者、人類学者。リセ・ナポレオンで自然史を教えたあと、フランス科学アカデミー会員、国立自然史博物館人類学・民俗学長などを務める。動物学の精緻な観察者であるとともにコレクターでもあり、平明かつ力強い文体による著作も知られる。著書に『海水・淡水環形動物の自然史』全2巻 (*Histoire naturelle des Annelés marins et d'eau douce,* 1866) などがある。

キュヴィエ、ジョルジュ (Cuvier, baron Georges, 1769-1832)　フランスの古生物学者。コレージュ・ド・フランスの自然史教授、パリ植物園の解剖学教授、パリ大学総長などを歴任。激変説（天変地異説）を提唱し、ライエルやラマルクらの意見と対立。著書に『地球表面についての講義』(*Discours sur les révolutions de la surface du globe,* 1825) などがある。弟のフレデリック・キュヴィエ (Cuvier, Georges Frédéric 1773-1838) も動物学者で、『自然科学事典』(*Dictionnaire des sciences naturelles*) の編纂者。

ギルバート、ジョセフ・ヘンリー (Gilbert, Sir Joseph Henry 1817-1901)　イギリスの化学者。ベネット・ローズとともに、化学肥料の開発で知られる。

クック、ジェイムズ (Cook, James 1728-79)　イギリスの海軍軍人、航海探検者。通称キャプテン・クック。金星の太陽面通過観測や、当時存在すると考えられていた「南方大陸」などの調査を目的として、3度にわたる探検航海を実現。

クーリエ、ポール＝ルイ (Courier, Paul-Louis, 1772-1825)　フランスの作家、古代ギリシア文学研究者。

グリーゼバッハ、オーギュスト・ハインリヒ・ルドルフ (Grisebach, August Heinrich Rudolph 1814-79)　ドイツの植物学者。植物群系（植物地理群系）の研究に業績があったほか、花葉の種類と数で花の構成を表現する方式を発案。主著は『地球の植生』全2巻 (*Vegetation der Erde nach ihrer klimatischen Anordnung,* 1872-84)。

グリヌヴァルト、ジャック (Grinevald, Jacques 1946-)　スイス人の哲学者、歴史家。ジュネーヴ大学教授。地球規模のエコロジーとエコロジー経済学を専門とする。

クーン、トマス・サミュエル (Kuhn, Thomas Samuel 1922-96)　アメリカの科学哲学者、科学史家。『科学革命の構造』(*The structure of scientific revolutions,* 1962) でパラダイムの概念を提唱し、科学史にはときに革命的な変化「パラダイム・シフト」が生じることを指摘。

クレメンツ、フレデリック・エドワード (Clements, Frederic Edward 1874-1945)

アメリカの植物生態学者。ネブラスカ大学植物生理学教授、ミネソタ大学植物学教授、ワシントンのカーネギー研究所員などを歴任。野外実験にもとづく植生研究から、遷移説を確立。主著に『植物遷移』(*Plant Succession* 1916)、『植物指標』(*Plant Indicators,* 1920) がある。

ゲスナー、コンラート (Gesner, Konrad〔Conrad〕1516—65) スイスの医師、博物学者、古典文献学者。ラテン語・ギリシア語・ヘブライ語による文献の総目録『世界文献目録』(*Bibliotheca universalis,* 1545～55) で書誌学の金字塔を打ち立てる一方、『植物大鑑』(*Opera botanica* 1551～71)、『動物誌』(*Historia animalium* 1551～58) でルネサンス期博物学の集大成を残す。

ゲッデス、パトリック (Geddes, Patrick 1854-1932) スコットランド出身の都市計画家、社会経済学者。社会学に進化論や生態学を取り入れて都市計画理論を展開し、近代都市論の一人となる。主著に『進化する都市』(*Cities in Evolution* 1913) がある。

ケネー、フランソワ (Quesnay, François 1694-1774) フランスの経済学者、外科医。重農主義の創始者。人体の血液循環を模した『経済表』(*Tableau économique,* 1758) で、当時のフランスの社会階級を地主階級、生産階級、非生産階級に分け、経済循環を説明した。

ケトレ、ランベール・アドルフ・ジャック (Quételet, Lambert Adolphe Jacques 1796-1874) ベルギーの統計学者、天文学者。現代統計学の基礎を築いた人物の一人。著書に『人間とその能力開発について』(*Sur l'homme et le développement de ses facultés, ou Essai de physique sociale,* 1835) などがある。

ゴーチェ、テオフィル (Gautier, Théophile 1811-1872) フランスの詩人、小説家、文芸批評家。著書は『モーパン嬢』(*Mademoiselle Maupin* 1836) など。

コメルソン、フィリベール (Commerson, Philibert 1727-1773) フランスの探検家、博物学者。魚類学と植物学を研究し、モーリシャス、ブラジル、タヒチなどを航行して膨大な種類の植物を採集。

ゴルトン、フランシス (Golton, Francis 1822-1911) イギリスの人類学者、統計学者。ヒトの形質遺伝に統計学を適用。著書に『遺伝的天才』(*Hereditary Genius*) があるほか、生物統計学の学術雑誌『バイオメトリカ』を 1901 年に創刊。チャールズ・ダーウィンは従兄にあたる。

コールズ、ヘンリー・チャンドラー (Cowles, Henry Chandler 1869-1939) アメリカの植物学者。ミシガン湖の砂丘における植生遷移を研究し、シカゴ大学で博士号を取得。その後、合衆国地質学調査にも参加した。主著は『ミシガン湖砂丘の植物』(*Vegetation of Sand Dunes of Lake Michigan* 1899)。

コルベール、ジャン＝バティスト (Colbert, Jean-Baptist 1619-1683) フランス重商

主義の代表的政治家。ルイ 14 世の財務総監となり、財政改革を断行し、産業を奨励。林業では 1669 年に「森林大勅令」を発布。

## 【サ行】

シェリング、フリードリヒ・ウィルヘルム・ヨーゼフ（Schelling, Friedrich Wilhelm Joseph 1775-1854）　ドイツの哲学者。イエナ大学員外教授、ウュルツブルク大学教授、エルランゲン大学教授、ミュンヘン大学教授などを歴任。ドイツ観念論哲学者の一人で、いわゆる「自然哲学」の体系を打ち立てた。主著は『超越論的観念論の体系』（*System des transcendentalen Idealismus*, 1800）。

シャトーブリアン、フランソワ・ルネ・ド（Chateaubriand, François René de 1768-1848）　フランスの小説家、政治家。ロマン主義小説の先駆とされる『アタラ』（*Atala*, 1801）『ルネ』（*René*, 1802）のほか、自伝『墓の彼方からの回想』（*Mémoires d'outre-tombe*, 1848）などの作品で知られる。

ジュヴネル、ベルトラン・ド（Jouvenel, Bertrand de 1903-87）　フランスの政治学者、経済学者、法律家、未来予測学者。ケンブリッジ、バークレー、オックスフォードなどの各大学で教員を歴任。

ジュシユー、アントワーヌ・ド（Jussieu, Antoine de 1686-1758）　フランスの植物学者。モンペリエ大学で医学と植物学を学んだあと、パリでトゥルヌフォールに植物学を学び、パリ王立植物園の教授となる。

ジュシユー、アントワーヌ＝ローラン・ド（Jussieu, Antoine-Laurent de 1748-1836）　フランスの植物学者。ベルナール・ド・ジュシユーの甥。王立植物園の教授となり、ベルナールが基礎を築いた植物の自然分類体系を確立。植物を無子葉植物、単子葉植物、双子葉植物に分ける。主著は『植物の属』（*Genera plantarum*, 1789）。

ジュシユー、ベルナール・ド（Jussieu, Bernard de 1699-1777）　フランスの植物学者。モンペリエ大学とパリ大学で医学を学んだあと、ルイ 15 世にヴェルサイユ宮殿におけるプティ・トリアノン庭園の花壇設計を任され、自然分類法の構想を実践。

ジュース、エドアルト（Suess, Eduard 1831-1914）　オーストリアの地質学者。とくにアルプス山脈の地理と地質を専門とした。主著は『地球の表面』（*Das Antlitz der Erde*, 1885-1901）。

ジュデー、シャンシー（Juday Chancey 1871-1944）　アメリカの生物学者。ウィスコンシン大学で地理学と自然史の調査、動物学の講義を行う。メンドータ湖の生物研究や、ウィスコンシン湖における動物、鉱物、植生の相互作用などを研究。アメリカ生態学会や陸水学会の会長も務めた。

ジョフロワ・サンチレール、エティエンヌ（Geoffroy Saint-Hilaire, Étienne 1772-

1844) フランスの博物学者。パリ自然史博物館教授となり、比較解剖学者として動物の器官や組織の相同関係を研究。この「相同」と「相似」(当時でいう「形態」と「機能」)の関係については、キュヴィエとさかんに論争を展開した。主著は『解剖哲学』(Philosophie anatomique, 1818〜20)。前成説を否定するために創始したといわれる奇形学の分野では、息子のイジドール(Geoffroy Saint-Hilaire, Isidore 1805-61)が後継者となった。

シンパー、アンドレアス・フランツ・ヴィルヘルム(Scimper, Andreas Franz Wilhelm 1856-1901) ドイツの植物地理学者、生態学者。実験的基礎にもとづいて、植物と物理的環境の関係を生理学的に研究した。主著は『生理学にもとづく植物地理学』(Pflanzengeographie auf physiologischer Grundlage, 1898)。

スパランツァーニ、ラッツァロ(Spallanzani, Lazzaro 1729-99) イタリアの生物学者。単細胞生物の自然発生説を否定する研究や、動物の人工授精を最初に行った研究で知られる。主著は『動物と植物の自然学』(Opuscoli di fisica animale e vegetabile, 1780)

スペンサー、ハーバート(Spencer, Herbert 1820-1903) イギリスの哲学者。社会進化論と自由放任主義の思想がとくに知られているが、たえず諸科学を包括する総合哲学の方向性をもっていた。社会を維持・分配・規制の各システムに分けて有機体とのアナロジーでとらえる「有機体論」は、生態学にも影響を与えた。主著に『総合哲学体系』(A System of Synthetic Philosophy 1862-96)がある。

ソバージュ・ド・ラクロワ、フランソワ・ボワシエ・ド(Sauvages de Lacroix, François Boissier de 1706-67) フランスの医師、植物学者。モンペリエ周辺の植物種研究から始め、葉によって植物種を同定する方法を説いた"Methodus Foliorum seu Plantæ Floræ Monspeliensis"(1751)で注目される。スウェーデンのリンネと同時代人で、手紙による交流もしていた。

ゾラ、エミール(Zola, Emile 1840-1902) フランスの小説家。自然主義文学を主導し、フランス社会の現実、とくに都市貧困層の生活を克明に描いた。代表作は『居酒屋』(L'assommoir, 1877)。

ソロー、ヘンリー・デイヴィッド(Thoreau, Henry David, 1817-62) アメリカの随筆家、思想家。ウォールデン湖畔の小屋で自然の啓示を受けた素朴な生活を試行し、『ウォールデン——森の生活』(Walden: or, the Life in the Wood, 1854)にまとめる。その他の著書に『メイン州の森』(The Maine Woods, 1864)、『市民としての反抗』(Resistance to Civil Government, 1849)などがある。

## 【夕行】
大プリニウス→プリニウス

ダーウィン、チャールズ・ロバート (Darwin, Charles Robert 1809-82) イギリスの生物学者。進化論の先駆者、エラズマス・ダーウィン (Erasmus Darwin 1731-1802) の孫。学生時代から植物学、動物学、地質学の野外調査をおこない、1831年にビーグル号の世界周航に参加。この航海で南米の動物分布や化石などの観察から種の進化について確信し、自然選択説や用不用説を取り入れて進化論の論考をまとめ上げ、1859年に『種の起原』(The Origin of Species) を発表。生物、とくに人類の進化や、自然選択に関する論争を惹き起こした。進化論は生物学や生態学のみならず、哲学や社会学にも影響を与えた。

ターエル、アルブレヒト (Thaer, Albrecht Daniel, 1752-1828) ドイツの農学者。植物栄養学における腐植栄養説を提唱。著書に『合理的農業の原理』(Grundsätze der rationellen Landwirthschaft) 全4巻 (1809-1812) がある。

タンスレー、アーサー・ジョージ (Tansley, Sir Arthur George 1871-1955) イギリスの生態学者。自然条件下における生物群集の構造や変化を研究することにより、環境との相関関係を解明する動態的な生態学のアプローチを主導。オクスフォード大学教授、英国生態学会初代会長を務めた。主著は『英国諸島とその植生』(The British Islands and their Vegetation 1939)。

テヴェ、アンドレ (Tévet, André 1503-1592) フランシスコ会修道士で地理学者。『東方地誌』(1554)、『南極フランス異聞』(1555)、『世界地誌』(1575)。

テオフラストス (Theophrastos 前370頃-前288/285) 「植物学の祖」とされる古代ギリシアの学者。師のアリストテレスとともに、ペリパトス学派 (アリストテレス学派) を開いた。著作に『植物誌』全9巻、『植物発生学』全6巻などがある。

テーヌ、イポリット (Taine, Hippolyte 1828-93) フランスの文芸批評家、歴史家、哲学者。フランスの写実主義、自然主義文学に理論的根拠を与えたといわれる。主著は『19世紀のフランス哲学者』(1857刊、1868改題)、『現代フランスの起源』(1875〜93、未完) など。

デュフール、ジャン=マリー・レオン (Dufour, Jean-Marie Léon 1780-1865) フランスの医師、博物学者。節足動物、とくにクモについての研究成果を残す。『昆虫記』で知られるジャン・アンリ・ファーブル (Fabre, Jean Henri 1823-1915) にも影響を与えた。

ドゥルアン、ジャン=マルク (Drouin, Jean-Marc) フランス国立自然史博物館助教授。生態学史を研究する哲学者、自然史研究家。

トゥルヌフォール、ジョゼフ・ピットン・ド (Tournefort, Joseph Pitton de 1656-1708) フランスの植物学者。植物の分類と属の概念を説き、「植物学の父」と呼ばれた。主著は『植物学の基礎』(Éléments de botanique, 1694)、『植物学指針』(Institutiones rei herbariae, 1700) など。

ドクチャエフ、ヴァシリー・ヴァジリエヴィッチ（Dokuchaev, Vasily Vasilievich 1840-1903） ロシアの地理学者。土壌を構成する５つの要素を規定し、土壌研究の枠組みを形成。チェルノーゼム（黒色土）やポドゾル（灰白土）など、国際的な土壌学用語の多くがドクチャエフの研究に由来している。主著は『ロシアの黒色土』（*Russian Chernozem* 1883）。

トムソン、ダーシー（Thompson, D'Arcy Wentworth 1860-1948） イギリスの数学者、博物学者。生物の相対成長（身体の成長と器官の成長の比較など、個体の各部分の相対的な関係に注目した成長）に関する概念を創出。主著『生物のかたち』（*On Growth and Form,* 1917）。

ドルスト、ジャン（Dorst, Jean 1924-2001） フランスの鳥類学者。国立自然史博物館の元館長。ＩＵＣＮ（国際自然保護連合）の絶滅危惧種保護委員会の副委員長も務めた。

ドールン、フェリックス・アントン（Dohrn, Felix Anton 1840-1909） ポーランド出身の生物学者。ダーウィニスト。ナポリ臨海実験所を創設。

ドレアージュ、ジャン＝ポール（Deléage, Jean-Paul） フランスの物理学者、科学史家。オルレアン大学教授。生態学史を専門とする。主著は『生態学の歴史』（*Une Histoire de l'écologie*）。

トレヴィラヌス、ゴットフリート・ラインホルト（Treviranus, Gottfried Reinhold 1776-1837） ドイツの生物学者。フランスにおけるラマルクと同様、1802年に「生物学」の語をドイツで創始した。主著は "*Biologie; oder die Philosophie der lebenden Natur*"（1802）。

トロシュ、ルイ＝ジュール（Trochu, Louis-Jule 1815-1896） フランスの軍人。1870年に「国防政府」の統領となり、普仏戦争でプロシア軍のパリ包囲に抗戦。

【ナ行】

ノヴァーリス（Novalis 1772-1801） ドイツロマン派の詩人。本名フリードリヒ・フォン・ハルデンベルク。フライブルクの鉱山学校で身につけた自然科学の知識とフィヒテ哲学の影響により、自然や科学について独自のロマン主義的著作を残す。代表作は『青い花』（*Heinrich von Ofterdingen,* 1802）。

【ハ行】

バージェス、アーネスト・ワトソン（Burgess, Ernest Watson 1886-1966） アメリカの社会学者。シカゴ学派都市社会学の指導者。同じくシカゴ大学の都市社会学を指導したパーク（Robert Ezra Park 1864-1944）との共著に、『社会学なる科学序説』（*Introduction to the Science of Sociology* 1921）がある。

ハックスリー、トマス・ヘンリー（Huxley, Thomas Henry, 1825-95）　イギリスの生物学者。ダーウィニズムの擁護者。「神は存在するかもしれないが、知ることはできない」という「不可知論」や、生物発生説と自然発生説という対概念を提唱した。

ハッチンソン、ジョージ・イブリン（Hutchinson, G. Evelyn 1903-1991）　アメリカの動物学者。淡水生物の研究で功績をなし、「現代陸水学の父」といわれる。ハワード・T・オダムやレイチェル・カーソンの師としても知られる。

ハットン、ジェイムズ（Hutton, James 1726-97）　イギリスの地質学者。斉一説を最初に唱えた人物。地球全体をひとつの熱機関としてとらえ、隆起や沈降といった現象も地球内部の熱が地表に与える影響だとした。主著に『地球の理論』全3巻（Theory of the Earth, 1899）がある。

パリシー、ベルナール（Palissy, Bernard 1510-1589）　フランスの陶工、著述家。ステンドグラス職人から独学で陶工となり、「パリシー焼」（田園風陶器）と呼ばれる陶器を創作。主著は『森羅万象讃』（Discours admirables de la nature, 1580）。

パール、レイモンド（Pearl, Raymond 1879-1940）　アメリカの生物学者、人口学者。著書に『人口増加の生物学』（The Biology of population Growth, 1926）などがある。

ビュフォン、ジョルジュ・ルイ・ルクレール・ド（Buffon, Georges Louis Leclerc de 1707-1788）　フランスの博物学者、啓蒙思想家。パリの王立植物園（フランス革命後は自然史博物館）の管理者として博物学を研究し、1749年から『博物誌』（Histore Naturelle）を刊行。

フォークト、カール（Vogt, Karl 1817-1895）　ドイツの動物生理学者。ギーセン大学とジュネーヴ大学で教授を務めた。自然科学的唯物論者で、精神活動は大脳の生理活動によるものと主張。著書に『万物生成の自然史』（1858）、『人類についての講義』（1863）などがある。

フォーブズ、エドワード（Forbes, Edward 1815-1854）　イギリスの博物学者。著書は『英国のヒトデ誌』（History of British Star-fishes 1841）、『ヨーロッパ自然史』（The Natural History of the European Seas 1859）など。

ブーガンヴィル、ルイ・アントワーヌ・ド（Bougainville, Louis Antoine de 1729-1811）　フランスの探検家。世界を周航し、植物を採集。ブーガンヴィル海溝や、植物のブーゲンビリアにその名を残す。

ブサンゴー、ジャン・バティスト（Boussingault, Jean Baptiste Joseph Dieudonne 1802-87）　フランスの化学者。鉱山技師として南米で鉱山所長を務めたあと、フランスに帰国して化学教授となり、実験農芸化学の発展に貢献。

ブラウン=ブランケ、ジョシア（Braun-Blanquet, Josias 1884-1980）　スイス出身の

植物学者。ヨーロッパの地植物学（Geobotanik）の伝統に立って地理学の観点から植物地理学を確立。植生調査の方法（ブラウン＝ブランケ法）にも名を残す。『アルプスとピレネー・ゾリアンタルの植生——比較植物社会学試論』（La Végétation alpine des Pyrénées Orientales, étude de phyto-sociologie comparée, 1948）などを著したほか、学術誌 "Vegetatio" を創刊。

フラオー、シャルル（Flahault, Charles 1852-1935）　フランスの植物学者。パリ自然史博物館の庭園管理人として出発したが、のちに植物地理学の研究者となり、北欧の植物相を調査するスカンジナビア半島へのミッションに参加。1881年からはモンペリエ大学に植物学研究所を創設して研究職・教授職に就き、地中海地域の生態学を専門に研究した。

フーリエ、ジャン・バティスト・ジョゼフ（Fourier, Jean Baptiste Joseph 1768-1830）　フランスの数学者。偏微分方程式を解く変数分離法の研究から、任意関数の三角級数展開へと進み、いわゆるフーリエ級数、フーリエ積分の概念へ到達。また数値方程式の解法についても研究した。

プリニウス（Gaius Plinius, Secundus 23/24-79）　通称「大プリニウス」。小プリニウス（Gaius Plinius Caecilius Secundus 61頃-113）の養父にあたる。帝政期ローマの将軍、行政官、歴史家、博物学者。歴史、文法、修辞学などを研究。全37巻の『博物誌』では、天文や地理や動植物などについて解説。

プリューシュ神父→プリューシュ、ノエル＝アントワーヌ

プリューシュ、ノエル＝アントワーヌ（Pluche, Noël-Antoine 1688-1761）　フランスの聖職者、博物学者。フランスで博物学が大衆的人気を博した時代に『自然の様相』全5巻（Spectacle de la nature, 1732-50）を著し、空前のベストセラーとなる。

ブロン、ピエール（Belon, Pierre 1517-1564）　フランスの博物学者。地中海や近東の大調査旅行を行ったほか、分類学を試みる。主著は『魚類の性質と多様性』（La nature et diversité des poisons 1557）、『鳥類の自然誌』（L'histoire de la natures des oiseaux 1555）など。

フンボルト、アレクサンダー・フォン（Humboldt, Alexander von 1769-1859）　自然地理学と植物生態学の基礎を確立したドイツの地理学者。1779〜1804年にラテンアメリカの科学的探検を行い、フンボルト海流に名を残す。探検の詳細については第7章参照。主著は『コスモス』（Kosmos 1845〜62）。

ヘッケル、エルンスト・ハインリッヒ（Haeckel, Ernst Heinrich Philipp August 1834-1919）　ドイツの生物学者、哲学者。ダーウィンの進化論の普及に貢献したほか、「エコロジー」、「綱」、「ピテカントロプス・エレクトゥス」などの造語で知られる。主著に『自然創造史』（Natürliche Schöpfungsgeschichte 1868）、『人類の発生』（Anthropogenie, 1874）などがある。

ベッス、ジャン＝マルク（Besse, Jean-Marc）　フランスの地理学者。フランス国立科学研究センター。主著は『大地を観る——景観と地理に関する6つの試論』（*Voir la Terre, six essais sur le paysage et la géographie*）、『大地の偉容——ルネサンスの地理学知識について』（*Les grandeurs de la Terre*. Aspects du savoir géographique à la Renaissance）など。

ベルナルダン・ド・サン＝ピエール、ジャック＝アンリ（Bernardin de Saint-Pierre, Jacques-Henri 1737-1814）　フランスの博物学者、作家。軍隊を退役後、1768年マダガスカルへの遠征隊に参加し、モーリシャス島に滞在。帰国後はルソーらと交流しながら文筆活動や自然史研究に取り組み、1792年にパリ植物園園長となる。著書は『フランス島旅行記』（*Voyage à l'Île de France, à l'île Bourbon et au cap de Bonne-Espérance*, 1773）、『自然の研究』（*Études de la nature*, 1784）、小説『ポールとヴィルジニー』（*Paul et Virginie*, 1787）など。

ボニエ、ガストン（Bonnier, Gaston　1853-1922）　フランスの植物学者。生物地理学、生態学、植物性理学などの研究実績を残し、フォンテーヌブローに植生生物学の研究所を設立。

ポドリンスキー、セリー（Podolinsky, Serhii 1850-1991）　ウクライナ出身の医師。農業におけるエネルギーの産出と投入の比率を物理的に測定する方法を提唱し、農業エネルギー論の創始者とされる。エコロジー経済学の祖の一人でもある。

ホワイト、ギルバート（White, Gilbert 1720-93）　イギリスの博物学者。代表的な書物は『セルボーンの博物誌』（*The natural history and antiquities of Selborne*, 1789）。

ホワイトヘッド、アルフレッド・ノース（Whitehead, Alfred North 1861-1947）　イギリスの数学者、哲学者。数学ではバートランド・ラッセルとの共著『プリンキピア・マテマティカ』全3巻（*Principia Mathematica*, 1910-13）によって数理論理学を確立。哲学者としては「批判学派」に対する「思弁学派」の立場を貫いて有機体論を説く。その他の著書に『相対性の原理』（*The Principle of Relativity with Applications to Physical Science*, 1922）、『過程と実在』（*Process and Reality*, 1929）などがある。

ポワーヴル、ピエール（Poivre, Pierre 1719-1786）　フランスの農学者、植物学者。アジアやアフリカの植物を研究し、1767年に総督となったモーリシャス島で、広大な植物園を造園。

ポンティング、クライブ（Ponting, Clive）　イギリスの文筆家、スウォンジー大学名誉研究員。イギリス政府の現代史に関する著作活動を行っている。環境の視点から世界史を概観した『緑の世界史』（*A Green History of the World*, 1991）は、地球環境に関する初の通史であり、生態学的に見ても貴重な資料となっている。

ボンプラン、エメ(Bonpland, Aimé 1773-1858) フランスの植物学者。軍医として働いたあと、アレクサンダー・フォン・フンボルトの協力者として中南米探検(1799-1804)を敢行。

【マ行】

マイヤー、エルンスト(Mayr, Ernst 1904-2005) ドイツの生物学者。ネオ・ダーウィズムを形成したことで知られる。著書に『生物学の新たな原理に向かって』(*Toward a New Philosophy of Biology*, 1988)(ドイツ語版は"Eine neue Philosophie der Biologie", 1991)などがある。

マイヤー、ユリウス・ロベルト・フォン(Mayer, Julius Robert von, 1814-1878) ドイツの物理学者。「すべての物理的、化学的過程でエネルギーは一定」であることを計算と実験によって示し、エネルギー保存の法則を発見。

マッケンジー、ロデリック・ダンカン(McKenzie, Roderic Duncan 1885-1940) アメリカの社会学者。シカゴ学派を代表する都市社会学者。主著は『メトロポリタン・コミュニティー』(*Metropolitan Community*, 1933)。

マニョル、ピエール(Magnol, Pierre 1638-1715) フランスの植物学者。モンペリエ植物園園長を務め、植物のマグノリア(Magnolia)に名をとどめる。

マルガレフ、ラモン(Margalef, Ramón 1919-2004) スペインの生態学者。バルセロナ大学生物学科で生態学の教授を務めた。生態系理論の発展に寄与し、現代スペインで最も重要な科学者の一人といわれる。著書は『生態学理論の展望』(*Perspectives in Ecological Theory* 1968)、『生物圏』(*Biosphere* 1980)、『生態系の理論』(*Theory of Ecological Systems* 1991)など。

マルサス、トーマス・ロバート(Malthus, Thomas Robert 1766-1834) イギリスの経済学者。『人口論』(*An Essay on the Principle of Population*, 1798年初版)で、幾何級数的な人口増加による過剰人口が食糧不足の原因になるとの原理を説いたうえで、出生率の増加がもたらす過剰人口への抑制策として、貧困を「積極的制限」、悪徳を「消極的制限」と呼び、いずれも是認した。これに対する社会の猛反発を受けて、第2版では結婚の延期などを「道徳的制限」に追加した。

マルシグリ、ルイージ・フェルディナンド(Marsigli, Luigi Ferdinando 1658-1730) イタリアの軍人、博物学者。ヨーロッパ各地、とくにマルセイユで海洋生物を研究し、"*Osservazioni interne al Bosforo Tracio*"(1681)などの著書を残した。

マルトンヌ、エマニュエル・ド(Martonne, Emmanuel de 1873-1955) フランスの地理学者。ポール・ヴィダル・ド・ラ・ブラーシュに地理学を学び、レンヌに地理学研究所を創設。可能蒸発散量の研究で生態学や農学の発展に寄与した。著書に『人間生態学原理』(*Principes de géographie humaine*, 1922)、『アルプス山脈

の一般地理』(Les Alpes, géographie générale, 1931) などがある。

ミシュレ、ジュール (Michelet, Jules 1798-1874) フランスの歴史家。『フランス革命史』全7巻 (Histoire de la Révolution française, 1847-53) でフランス革命の精神を擁護し、独自のロマン主義歴史哲学を形成。しかしナポレオン3世にコレージュ=ド=フランスの教授職を追われ、以後は自然散文詩的な著作『鳥』(L'Oiseau 1856)、『昆虫』(L'Insecte 1859)、『海』(La Mer 1861) などを著す。

ミルヌ=エドワール、アルフォンス (Milne-Edwards, Alphonse 1835-1900) フランスの動物学者。1881年に調査団を率いてガスコンニュ湾をはじめとする海洋調査に乗り出し、その後カナリヤ諸島やアゾレス諸島でも調査を進めた。主著に『フランスの化石鳥類誌に資する解剖学的・古生物学的調査』全4巻 (Recherches anatomiques et paléontologiques pour servir à l'histoire des oiseaux fossiles de la France, 1867-72)、『マスカランジュおよびマダガスカル諸島の絶滅鳥類動物相に関する調査』(Recherches sur la faune ornithologique éteinte des îles Mascareinges et de Madagascar, 1866-1874) などがある。

メイ、ロバート (May, Robert 1936-) オーストラリアの物理学者。自然のコミュニティにおける動物個体数の動態や、複雑性と静態の関係などについて研究。1970～80年代の理論生態学の発展に主要な役割を果たした。著書に『理論生態学原理と応用』(Theoretical Ecology: Principles and Applications, 1976) などがある。

メドウズ、デニス (Meadows, Dennis) アメリカの経済学者。ニューハンプシャー大学の経営学教授。システム・ダイナミクスによるシナリオ・モデルを用いて人口増加、工業化、環境汚染、食糧生産、資源利用の危機を警告した『成長の限界』(The Limits to Growth, 1972) の主著者。

メビウス、カール・オーギュスト (Möbius, Karl August 1825-1908) ドイツの生態学者。キール大学、ベルリン大学で動物学の教授を務める。

メリメ、プロスペル (Mérimée, Prosper, 1803-70) フランスの作家。若くして文名を馳せ、1831年からは官吏として文化財の保護や修復にも功績を残した。代表作『カルメン』(Carmen, 1845)。

モノー、ジャック (Monod, Jacques 1910-1976) フランスの分子生物学者。細胞内で遺伝情報を伝達するRNAメッセンジャーを発見。1965年、ノーベル生理学・医学賞を受賞。著書に『偶然と必然』(Le hasard et la nécessité, 1971) などがある。

モーパッサン、アンリ・ルネ・アルベール・ギ・ド (Maupassant, Henri René Albert Guy de 1850-93) フランスの小説家。ゾラと並び称される自然主義作家。代表作は『脂肪の塊』(Boule de Suif, 1880)。

モンソー、デュアメル・デュ (Monceau, Duhamel du 1700-1782) フランスの重農

主義者。『農学原理』(École d'agriculture, 1759) などを著す。

モンタランベール、シャルル・ド (Montalembert, Charles de 1810-70) フランスの歴史家、哲学者。著書に『カトリック信徒への提言』(Quelques conseils aux catholiques, 1849)、『スペインと自由』(L'Espagne et la Liberté, 1870) などがある。

## 【ヤ行】

ユゴー、ヴィクトル (Hugo, Victor Marie, 1802-85) フランスの詩人、小説家、劇作家。フランス・ロマン派文学の巨匠。代表的小説に『ノートルダム・ド・パリ』(Notre-Dame De Paris, 1831)、『レ・ミゼラブル』(Les Misérables, 1862)、詩集に『オードとバラード集』(Odes et Ballades, 1826) などがある。

## 【ラ行】

ライエル、チャールズ (Lyell, Sir Charles 1797-1875) イギリスの地質学者。ジェイムズ・ハットンが唱えた「斉一説」の確立者。主著『地質学原理』(Principles of Geology 1830～33)。

ラヴォワジェ、アントワーヌ・ローラン・ド (Lavoisier, Antoine Laurent de 1743-94) フランスの化学者。燃焼とは物質が酸化することであるという発見や、化学反応の前後で物質の質量は変らない「質量保存の法則」を発見。著書に『化学要論』(Traité élémentaire de chimie, présenté dans un ordre nouveau et d'après les découvertes modernes, 1789) などがある。

ラック、デイヴィッド・ランバート (Lack, David Lambert 1910-73) イギリスの鳥類学者、生物学者。個体群生態学に主な業績を残す。主著は "Life of the Robin" (1943)、"Swifts in a Tower" (1956)。

ラッツェル、フリードリヒ (Ratzel, Friedrich 1844-1904) ドイツの地理学者。ライプツィヒ大学地理学教授。リッターが創始した人文地理学をさらに発展させ、自然環境が人類社会に及ぼす影響を生物学的に考察し、人文地理学を体系化。著書は『人類地理学』(Anthropogeographie 1882-1891)、『政治地理学』(Politische Geographie 1897) など。

ラブロック、ジェイムズ (Lovelock, James Ephraim 1919-) イギリスの科学者。地球を超有機体としてとらえた「ガイヤ仮説」で知られる。著書に "Gaia: A New Look at Life on Earth" (1979)、"Gaia: The Practical Science of Planetary Medicine" (2001) などがある。

ラマド、フランソワ (Ramade, François 1934-) フランスの生態学者。パリ第11大学名誉教授。エコロジー動物学研究所所長。全国自然保護協会 (SNPN) 会長。

ラマルク、シュヴァリエ・ド・ジャン=バティスト・ド・モネ（Lamarck, Chevalier de Jean-Baptiste de Monet　1744-1829）　フランスの博物学者、進化論者。主著は『無脊椎動物の体系』（*Système des animaux sans brtèbres,* 1801）、『動物哲学』2巻（*Philosophie zoologique,* 1809）など。動物の分類体系で業績を残したほか、全身発達や獲得形質の遺伝といった進化に関する学説（ラマルク学説）を説いた。

ラマルティーヌ、アルフォンス・ド（Lamartine, Alphonse de, 1790-1869）　フランスの詩人。二月革命期には政治家としても活動。代表的な詩集に『瞑想詩集』（*Méditations poétiques*）がある。

リヴィングストン、デイヴィッド（Livingston, David　1813-73）　イギリスの宣教師、探検家。アフリカ奥地を探検してビクトリア瀑布に到達し、白人として初めてアフリカ大陸を横断。

リエッツ、グスタフ・アイナー・デュ　（Rietz, Gustaf Einar Du, 1895-1967）　スウェーデンの植物学者。植物地理学の「ウプサラ学派」を指導した人物として知られる。

リッター、カール（Ritter, Karl, 1779-1859）。ドイツの地理学者。1820年にベルリン大学教授となり、地表の自然と人間社会の関係を科学的に研究。フンボルトとともに、近代地理学の確立者とされる。主著は『地理学』（*Die Erdkunde,* 1817）。

リードル、ルーペルト（Riedl, Rupert 1925-2005）　オーストリアの動物学者。ウィーン大学動物学研究所で教授を務め、海洋生物学、形態学、進化論などの分野で研究実績を残す。著書に"*Order in Living Systems: A Systems Analysis of Evolution*"などがある。

リービッヒ、ユートゥス・フォン（Liebig, Freiherr Justus von 1803-73）　ドイツの化学者。有機化学の定量分析法を改良し、基の理論にもとづいて有機化合物の構造を説くとともに、クロロホルムなどの有機化合物を発見。また、生物の反応は最小値に最も近い要素によって決まるという「最小の法則」（リービッヒの最小律）で生態学や農芸化学の発展にも寄与した。著書に『化学通信』（*Chemische Briefe,* 初版 1844）などがある。

リンネ、カール・フォン（Linné, Carl von 1707-78）　スウェーデンの博物学者。『自然の体系』（1735）で植物の分類体系を提唱したあと、『植物の種』（1753）で動植物を属名と種名によって分類する二名法を確立。リンネの生態学的な業績については、第2章、第3章参照。

ルクリュ、エリゼ　（Reclus, Élisée 1830-1905）　フランスの地理学者、アナーキスト。フランスで教育を受けたあと、ベルリン大学でリッテルの講義も受けた。フランスの人文地理学を創始し、言語による人類の分類も試みる。「フランコフォニー」（フランス語圏）という概念を生み出したことでも知られる。主著に『地人論』（*L'homme et la Terre,* 1905-1908）がある。

ルコック、アンリ（Lecoq, Henri 1802-71）　フランスの植物学者。クレルモン=フェラン植物園の園長を務め、植物分類の普及に貢献。著書に『植物学原理』（*Principes élémentaires de botanique,* 1828），『一般植物学』（*Botanique populaire* 1862），『ヨーロッパ植物地理学研究』（*Étude de la géographie botanique de l'Europe* 1854）などがある。

レイ、ジョン（Ray, John 1627-1705）　イギリスの博物学者。果実や種子や子葉の数をもとに植物を分類。著書に "*Catalogus plantarum Angliæ et insularum adjacentium*" などがある。

レーウェンフック、アントニ・ファン（Leeuwenhoek, Antoni van 1632-1723）　オランダの博物学者。商業を営みながら独学で生物学を研究。自作の顕微鏡で細菌、微生物、動物の精子、細胞核、繊毛など、数多くの発見をした。また、当時までは自然発生すると考えられていた昆虫について、産卵や孵化の過程があることを発見。

ローズ、ジョン・ベネット（Lawes, Sir John Bennet, 1814-1900）　イギリスの農学者。農業経営者として自ら建設した実験農場で、過リン酸石灰を使った肥料を開発。

ロトカ、アルフレッド・ジェイムズ（Lotka, Alfred James　1880-1949）　アメリカの統計学者。人口統計学の研究で知られ、主著に『生物集団の解析理論』（*Théorie analytique des associations biologiques,* 1939）がある。

ローラン、グルヴァン（Laurent, Goulven 1925-）フランスの科学史家。19世紀初頭の人類学と進化論の歴史を専門とする。フランス地質学史委員会副会長。

## 【ワ行】

ワトソン、ジェイムズ・デューイ（Watson, James Dewey 1928-）アメリカの遺伝学者。ＤＮＡの二重らせん構造を発見。1962年にノーベル生理学・医学賞を受賞。主著は『二重らせん』（*The Double Helix,* 1986）。

# 参考文献

・複数の邦訳がある場合、原則として新版を選んだ。

## 【総合文献】

Acot P., eds, *The European Origins of Scientific Ecology*, Gordon & Breach Publishers et Éditions des archives contemporaines, 全2巻 + CD-ROM, 1998.
Acot P., *Histoire de l'écologie*, Presses Universitaires de France, Paris, 1988.
Acot P., *Histoire de l'écologie*, Que sais-je?, PUF, Paris, 1994.
Bowler P. J., *The Fontana History of the Environmental Sciences*, Fontana Press, Londres, 1992.（邦訳『環境科学の歴史』全2巻、小川眞里子他訳、朝倉書店、科学史ライブラリー、2002)
Carpenter J. R., *An Ecological Glossary*, Hafner Publ. Co., New York, 1962.
Cittadino E., *Nature as the Laboratory, Darwinian Plant Ecology in the German Empire, 1800-1900*, Cambridge University Press, Cambridge-New York-Londres, 1990.
Crowcroft P., *Elton's Ecologists, A History of the Bureau of Animal Population*, The University of Chicago Press, Chicago-Londres, 1991.
Deléage J.-P., *Histoire de l'écologie, une science de l'homme et de la nature*, La Découverte, Paris, 1991.
Drouin J.-M., *Réinventer la nature, l'écologie et son histoire*, Desclée de Brouwer, Paris, 1991（1993年に *L'Écologie et son histoire* として再版。Flammarion, Paris).
Golley F. B., *A History of the Ecosystem Concept in Ecology : More than the Sum of the Parts*, Yale University Press, Newhaven-Londres, 1993.
Kingsland S. E., *Modeling Nature, Episodes in the History of Population Ecology*, The University of Chicago Press, Chicago-Londres, 1985.
Kormondy E. J., *Readings in Ecology*, Prentice-Hall Inc., Englewood Cliffs, N. J., 1965.
Kwa C., *Mimicking Nature, the Development of Systems Ecology in the United States, 1950-1975*, Université d'Amsterdam, Amsterdam, 1989.
Maienschen J., Collins J. P., Beatty J., eds, «Reflexions on Ecology and Evolution», *Journal of The History of Biology*, 19, 2, 1986, pp. 167-322.

Matagne P., *Aux origines de l'écologie. Les naturalistes en France de 1800 à 1914*, Histoire des sciences et des techniques, CTHS, Paris, 1999.

Matagne P., *Les Mécanismes de diffusion de l'écologie en France de la Révolution française à la Première Guerre mondiale*, Presses Universitaires du Septentrion, Villeneuve d'Ascq, 1997.

McIntosh R. P., *The Background of Ecology*, Cambridge University Press, Cambridge-New York-Londres, 1985.（邦訳『生態学──概念と理論の歴史』、大串隆之他訳、思索社、1989年）

Mitman G., *The State of Nature, Ecology, Community and American Social Thought, 1900-1950*, The University of Chicago Press, Chicago-Londres, 1992.

Real L. A., Brown J. H., eds., *Foundations of Ecology, Classic Papers with Commentaries*, The University of Chicago Press, Chicago-Londres, 1991.

Tobey R. C., *Saving the Prairies, The Life Cycle of the Founding School of American Plant Ecology, 1895-1955*, The University of California Press, Berkeley-Los Angeles-Londres, 1981.

Worster D., *Nature's Economy, A History of Ecological Ideas*, Cambridge University Press, Cambridge-New York, 1977（仏訳 *Les Pionniers de l'écologie. Une histoire des idées écologiques*, Sang de la Terre, Paris, 1992. 邦訳『ネイチャーズエコノミー──エコロジー思想史』、中山茂訳、リブロポート、1989年）

【章別文献】

■はじめに

Carson R., *Silent Spring*, Houghton Mifflin, Boston, 1962（仏訳 *Le Printemps silencieux*, Plon, Paris, 1963, 邦訳『沈黙の春』、新潮社、新潮文庫、1974年）

Dang-Tam N., «La guerre chimique», *La Recherche*, n°5, 1970, pp. 448-449.

Ehrlich P. R., *The Population Bomb*, Ballantine, New York, 1968（著者は1971年版を参照）、邦訳『人口爆弾』、宮川毅訳、河出書房新社、1974年）

Malthus T. R., *An Essay on the Principle of Population*, Oxford University Press, Oxford, 1878（邦訳『人口論』、永井義雄訳、中央公論社、中公文庫、1973年）Orians G. H., Pfeiffer E. W., «Ecological effects of the war in Viet-Nam», *Science*, 168, 1970, p. 553.

Ramade F., *Les Catastrophes écologiques*, Mc Graw Hill, Paris, 1987.

■第1章

Aristote, *Histoire des animaux*, Les Belles-Lettres, Paris, 1964 (Livres VIII et IX)（邦訳『動物誌』全2巻、島崎三郎訳、岩波書店、岩波文庫、1998〜1999年）.

Cicéron, *De la nature des dieux*, II, 48, E. Bréhier et P. M. Schul (dir.), *Les Stoïciens*, Gallimard, La Pléiade, Paris, 1962（邦訳『キケロー選集〈11〉』山本太郎他訳、岩波書店、2000年）

Grove R., «Colonial conservation, ecological hegemony and popular resistance : towards a global synthesis», *Imperialism and the Natural World*, J. M. MacHenzie (dir.),

University of Manchester Press, Manchester, 1990.
Grove R., «Les origines historiques du mouvement écologiste», *Pour la Science*, n°179, septembre 1992, pp. 30-35.
Hippocrate, «Traité des airs, des eaux et des lieux», *Œuvres complètes*, Paris, 1839-1861, t. I, pp. 1-93 (邦訳『新訂ヒポクラテス全集』第1巻、大槻眞一郎訳、エンタプライズ、1997年)
Jakubec J., «Éthique et écologie», *Stratégies énergétiques, biosphère & société*, n° 1/2, 1991, pp. 63-69.
Lebreton P., *La Nature en crise*, Sang de la Terre, Paris, 1988.
*Les Naturalistes français en Amérique du Sud, XVI$^e$-XIX$^e$siècles*, Y. Laissus (dir.), éditions du CTHS, Paris, 1995.
Platon, *Critias*, 111, *Œuvres complètes*, Gallimard, La Pléiade, Paris, 1950, t. II. (邦訳『プラトン全集 12』、田之頭安彦他訳、岩波書店、1975年)
Taillemite E., *Sur des mers inconnues. Bougainville, Cook, Lapérouse*, Découverte Gallimard, Paris, 1987.
Virgile, *Les Géorgiques*, Les Belles Lettres, Paris, 1956.

■第2章

Abensour C., «L'environnement», *Nouvelle Revue pédagogique*, n°5, janvier 1998, pp. 13-17.
Agulhon M., «Le sang des bêtes : le problème de la protection des animaux en France au xixe siècle», *Histoire vagabonde*, Gallimard, Paris, 1988, pp. 243-283.
Bernardin de Saint-Pierre, *Paul et Virginie*, Classiques Garnier, Paris, 1964. (邦訳『ポールとヴィルジニー』、田辺貞之助訳、白水社、1950年)
Besse J.-M., «Entre modernité et postmodernité : la représentation paysagère de la nature», M.-C. Robic (dir.), *Du milieu à l'environnement. Pratiques et représentations du rapport homme/nature depuis la Renaissance*, Economica, Paris, 1992, pp. 89-121.
Casado S., «Pioneros de la conservación de la naturaleza en España», *Quercus*, 70, Madrid, 1991, pp. 32-38.
Crossley C., «L'origine du monde dans la philosophie romantique des sciences», *Littérature et Origine*, 1997, pp. 235-243.
Dornic F., *Le Fer contre la forêt*, Ouest France Université, 1984.
Emerson R. W., *Essais*, M. Houdiard, Paris, 1997.
Gatien de Clérambault, *Tours et les inondations depuis le vie siècle*, 1910 (一部引用).
Girdlestone C., *Louis-François Ramond*, Minard, Paris, 1968.
Grove R., «La naissance de l'écologie», *Les Cahiers de Science et Vie*, n°50, avril 1999, pp. 90-96.
Harrisson R., *Forêts, essai sur l'imaginaire occidental*, Flammarion, Paris, 1992.
Hugo V., *Fragment de voyage aux Alpes*, Le Club français du livre, Paris, 1967.
Hugo V., *Les Pyrénées*, *Œuvres complètes*, Paris, 1968.
Larrère R., Nougarède O., *Des hommes et des forêts*, Découvertes Gallimard, Paris, 1993.

Luginbuhl Y., *Paysages. Textes et représentations du paysage du siècle des Lumières à nos jours*, La Manufacture, Paris, 1989.
Luginbuhl Y., «Nature et paysage, environnement, obscurs objets du désir de totalité», *Du milieu à l'environnement*, M.-C. Robic (dir.), Économica, Paris, 1992, pp. 12-56.
Matagne P., «L'anthropogéographie allemande : un courant fondateur de l'écologie ?», *Annales de Géographie*, 1992, pp. 325-331.
Matagne P., «La protection des paysages en France au XIX$^e$ siècle. Réflexion sur la législation du pittoresque et sur l'origine de l'écologisme», *La Nature, Cahiers de la Revue de Théologie et de Philosophie*, Genève-Lausanne-Neufchâtel, 1996, pp. 285-290.
Matagne P., «L'homme et l'environnement», *Les Sources de l'histoire de l'environnement, le XIX$^e$ siècle*, A. Corvol (dir.), 1999, pp. 69-83.
Matagne P., «The politics of conservation in France in the 19th century», *Environment and History*, The White Horse Press, Cambridge, 1995, pp. 359-367.
Maupassant G., *Le Horla*, Librio, Flammarion, Paris, 1997（初版 1887 年）（邦訳『モーパッサン短篇集第3-5』、青柳瑞穂他訳、新潮社、新潮文庫、1956 年）
Michelet J., *La Mer*, Gallimard, Paris, 1983（初版 1861 年）（邦訳『海』、加賀野井秀一訳、藤原書店、1994 年）
Molinier A., «Le loup en France à la fin du XVIII$^e$ siècle et au début du XX$^e$ siècle», *Pour une histoire de l'environnement*, C. Becq, Delort (dir.), CNRS, Paris, 1993, pp. 141-146.
Mornet D., *Du sentiment de la nature en France de J.-J. Rousseau à Bernardin de Saint-Pierre. Essai sur les rapports de la littérature et des mœurs*, Hachette, Paris, 1907.
Taine H., *Voyage aux Pyrénées*, Hachette, Paris, 1858（著者は 1913 年版を参照した）（邦訳『ピレネ紀行』、杉富士雄訳、現代思潮社、現代思潮社古典文庫、1973 年）
Thomas K., *Dans les jardins de la nature, la mutation des sensibilités en Angleterre à l'époque moderne (1500-1800)*, Gallimard, Paris, 1985.
Thoreau H. D., *Walden ou la vie dans les bois*, L'Âge de l'homme, Paris, 1990（初版 1858 年）（邦訳『森の生活　ウォールデン』、飯田実訳、岩波書店、岩波文庫、1995 年）
White G., *The Natural History of Selborne*, R. Mabey, Penguin Classics（序文および注）、Londres, 1977.（邦訳『セルボーンの博物誌』、新妻昭夫訳、小学館、地球人ライブラリー、1997 年）
Zola É., *La Terre*, 1887（著者は 1980 年の Gallimard 版を参照）*Bulletin de la Société botanique des Deux-Sèvres*, 1892. *Bulletin de la Société de géographie de l'Ain*, 1902. *Bulletin de la Société d'étude des sciences de l'Aude*, 1892 et 1894. *Bulletin de la Société philomathique de Bordeaux*, 1906 et 1915. *Bulletin de la Société protectrice des animaux*, 1897. *Bulletin de la Société scientifique du Limousin*, 1897-1898. *Revue scientifique et littéraire du département du Tarn*, 1888-1889. *Société d'agriculture de l'Indre*, 1835.

■第 3 章

Adanson M., *Familles des plantes*, 1763.

Blunt W., *Linné, le prince des botanistes*, Paris, 1986.
Duris P., *Linné et la France (1780-1850)*, Droz, Genève, 1993.
Jussieu A.-L. de, *Genera plantarum secundum ordinem naturalem disposita, juxta modum in horto regio parisiensis exaratam*, 1789.
Linné C. von, *L'Économie de la nature*, 序文および注, C. Limoges, Vrin, Paris, 1972.
White G., *The Natural History of Selborne*, 序文および注。前掲(邦訳『セルボーンの博物誌』、前掲)

■第4章

Acot P., «L'écologie a cent ans : hommage à Eugenius Warming», *Écologie*, t. 26 (1), 1995, pp. 5-7.
Bonnier G., Flahault C., «Observations sur les modifications des végétaux suivant les conditions physiques du milieu», *Annales des Sciences naturelles*, VI$^e$ série, vol. 7, 1878.
Castrillón Aldana A., *Alexandre de Humboldt et la géographie des plantes : le développement d'un nouveau concept de milieu*, thèse de doctorat, R. Rey (dir.), Paris, 1994.
Drouin J.-M., «L'écologie ; généalogie d'une discipline», *Écologie et Société*, F. Aubert, J.-P. Sylvestre, (coord.), CRDP Lyon, 1998, pp. 7-14.
Du Rietz G. E., *Zur methodologischen Grundlage der modernen Pflanzensoziologie*, Akad. Abhandi, Uppsala, 1921.
Duviols J.-P., Minguet C., *Humboldt, savant-citoyen du monde*, Découvertes Gallimard, Paris, 1994.
Foucaud P., *Le Pêcheur d'orchidées, Aimé Bonpland (1773-1858)*, Seghers, Paris, 1990.
Grisebach A. R. H., «Über den Einfluss des Klimas auf die Begränzung der Natürlichen Floren», *Linnaea* 12, 1838, pp. 159-200.
Humboldt A. de, *Essai sur la géographie des plantes*, Schoell et Tübingue, Paris, 1807.
Kerner von Marilaün A. J. R., *Das Pflanzenleben der Donaulaender*, Wagner, Innsbrück, 1863. (英訳 *The Background of Plants Ecology. The Plants of the Danube Basin*, Iowa State University Press, Arno Press, New York, 1951. Réédition, Arno Press, New York, 1977)
Kury L., *Histoire naturelle des voyages scientifiques (1780-1830)*, L'Harmattan, Paris-Montréal-Budapest-Turin, 2001.
Matagne P., «Aimé Bonpland botaniste aventurier», *L'Actualité Poitou-Charentes*, n°35, 1997, pp. 22-26.
Matagne P., «Alexander von Humboldt et Candolle», *Patrimoine littéraire européen*, 11a, De Boeck Université, Paris-Bruxelles, 1999, pp. 483-489 et 86-95.
Matagne P., «Alexander von Humboldt éminent voyageur», *Science et Vie*, n° 990, mars 2000, pp. 142-148.
Möbius K., *Die Auster und die Austernwirtschaft*, Verlag vonWiegandt, Hempel & Parey, Berlin, 1877. Trad., *The Oyster and the Oyster-Culture*, Report of the US Commissioner of Fish and Fisheries, 1883.

Schouw J.-F., *Grundtraek til almindelig Plantegeografie*, Copenhague, 1822.
Trystam F., « Aimé Bonpland (1773-1858) en Argentine », *Les Naturalistes français en Amérique du Sud XVI$^e$-XIX$^e$ siècles*, CTHS, Paris, 1995, pp. 227-234.
Warming E., *Plantesamfund Grundträk af den Ökologiske Plantegeografi*, P. G. Philipsen, Copenhague, 1895. Trad., *Lehrbuch der Oeskologischen Pflanzengeographie, Eine Einführung in die Kenntniss der Pflanzenvereine*, Gebrüder Borntraeger, Berlin, 1896.
Warming E., *Œcology of Plants, An Introduction to the Study of Plant Communities*, Clarendon Press, Oxford, 1909.

■第5章

Allen D. E., « The natural history society in Britain through the years », *Archives of Natural History*, 14, 1987, pp. 243-259.
Allen D. E., *The Naturalist in Britain : A Social History*, Princeton University Press, Princeton, 1994.
Bensaude-Vincent B., Drouin J.-M., « Nature for the people », *Cultures of Natural History*, 1995, pp. 408-425.
Bonneuil C., « Une botanique planétaire », *Les Cahiers de Science et Vie*, n°50, avril 1999, pp. 48-57.
Chaline J.-P., *Sociabilité et Érudition. Les sociétés savantes en France XIX$^e$-XX$^e$ siècles*, CTHS, 1995.
Crossley C., « Michelet et l'Angleterre : L'antipeuple ? », *Littérature et Origine*, 18, 1997, pp. 137-152.
Debié F., *Jardins de capitales. Une géographie des parcs et jardins publics de Paris, Londres, Vienne et Berlin*, Paris, 1992.
Fox R., Weisz G., *The Organization of Science and Technology in France, 1808-1914*, Cambridge-Paris, 1980.
*Les Cahiers de Science et Vie*, « 1000 ans de sciences III, XVII$^e$ siècle, Science anglaise, Science française », n°45, juin 1998.
Les Écologistes de l' Euzières, *La Nature méditerranéenne en France. Les milieux, la flore, la faune*, Delachaux et Niestlé, Paris, 1997.
Matagne P., « Des jardins écoles aux jardins écologiques », *Le Jardin, entre science et représentation*, CTHS, Paris, 1999, pp. 307-315.
Matagne P., « Les naturalistes au laboratoire », *Bulletin d'histoire et d'épistémologie des sciences de la vie*, 1996, vol. 3, n°1, pp. 30-41.
Molinier R., Vigne P., *Écologie et Biocénotique*, Delachaux et Niestlé, Neuchâtel, 1971.
Thomas K. *Dans les jardins de la nature, la mutation des sensibilités en Angleterre à l'époque moderne (1500-1800)*, Gallimard, Paris, 1985.

■第6章

*Dixeco de l'environnement*, CENECO, Éditions ESKA, 1995.
Duquet M., *Glossaire d'écologie fondamentale*, Nathan Université, Paris, 1995.
Haeckel E., *Generelle Morphologie der Organismen*, Reimer, Berlin, 1866.

Haeckel E., *Natürliche Schöpfungsgeschichte*, Berlin, 1868.（邦訳『自然創造史』、石井友幸訳、晴南社、1944 年）

Haeckel E., « Über Entwickkelungsgang und Aufgabe der Zoologie », *Jenaische Zeitschrift für Medizin und Naturwissenschaft*, 5, 1870, pp. 353-370.

Matagne P., « Écologie », *Dictionnaire du XIX$^e$ siècle européen*, M. Ambrière (dir.), PUF, Paris, 1997, pp. 367-368.

Möbius K., *Die Auster und die Austernwirtschaft*, Berlin, 1877.

■第 7 章

Acot P., « The structuring of communities », *The European Origins of Scientific Ecology*, GIB-EAC, Amsterdam, 1998, pp. 151-307.

Club de Rome, *Halte à la croissance*, Fayard, Paris, 1972.（邦訳『成長の限界 ローマクラブ「人類の危機」レポート』、大来佐武郎監訳、ダイヤモンド社、1972 年）

Dajoz R., *Dynamique des populations*, Masson, Paris, 1974.

Darwin C., *L'Origine des espèces*, GF-Flammarion, Paris, 1992（著者は初版仏訳本を参照）（邦訳『種の起原』上・下巻、八杉竜一訳、岩波書店、岩波文庫、1990 年）

Ehrlich P., *La Bombe P*, éditions « J'ai lu », Paris, 1971.（邦訳『人口爆弾』、前掲）

Ehrlich P. & Ehrlich A., *Population, Ressources, Environnement*. Issues in human ecology, W.H. Freeman and Company, San Francisco, 1972.

Gause G. F., *Vérifications expérimentales de la théorie mathématique de la lutte pour la vie*, Hermann, Paris, 1935.

Gause G. F., « *The principles of biocenology* », *Quartely Review of Biology*, n° 11, 1936, pp. 320-335.

Gelly R., « 1972-1992, 20 ans d'écologie », *Sciences et Avenir*, n°544, juin 1992, pp. 46-47.

Lotka A. J., *Elements of Physical Biology*, Williams & Wilkins Co., Baltimore, 1925.

Malthus T. R., *An Essay on the Principle of Population*, Londres, 1798. Trad. : *Essai sur le principe de population*, Gonthier, Paris, 1963.（邦訳『人口論』、前掲）

Pearl R., *The Biology of Population Growth*, Alfred A. Knopf, New York, 1925.

Saint-Marc P., *Progrès ou déclin de l'homme?*, Stock, Paris, 1978.

Verhulst P.-F., « Notes sur la loi que suit la population dans son accroissement », *Correspondance mathématique et physique*, 3$^e$ série, t. II, Société belge de librairie, Bruxelles, 1838, pp. 113-212.

Verhulst P.-F., « Recherches mathématiques sur la loi d'accroissement de la population », *Nouveaux mémoires de l'Académie royale des sciences et belles-lettres de Bruxelles*, 18, 1845, pp. 3-38.

Volterra V., « Variazioni e fluttuazioni del numero di individui in specie animali conviventi », *Mem. R. Accad. Lincei*, série 6, vol. II, fasc. 3, 1926.

■第 8 章

Acot P., « Darwin et l'écologie », *Revue d'histoire des sciences*, 36, 1983, pp. 33-48.

Acot P., « The lamarckian cradle of scientific ecology », *Acta Biotheoretica*, 45, 1997, pp. 185-193.

Becquemont D., *Darwinisme et évolutionnisme dans la Grande-Bretagne victorienne*,

thèse, université de Lille III, 1987.
Corsi P., *The Age of Lamarck, Evolutionary Theories in France, 1790-1830*, University of California Press, Berkeley-Los Angeles-Londres, 1988.
Darwin C. *L'Origine des espèces, op. cit.* (邦訳『種の起原』、前掲)
Darwin C., *On the Origin of Species*, facsimilé de la première édition, avec une introduction de E. Mayr, Harvard University Press, Cambridge, 1959.
Duquet M., *Glossaire d'écologie fondamentale*, 前掲
Duris P, Gohau G., *Histoire des sciences de la vie*, Nathan Université, Paris, 1997.
Gayon J., *Darwin et l'après-Darwin : une histoire de l'hypothèse de la sélection naturelle*, Kimé, Paris, 1992.
Gohau G., *Une histoire de la géologie*, Seuil, Paris, 1990.
Lamarck J.-B., *Philosophie zoologique* (1809), Bibliothèque 10/18, Paris, 1968. (邦訳『動物哲学』、木村陽二郎編、高橋達明訳、朝日出版社、1988 年)
Laurent G., *Paléontologie et évolution en France 1800-1860*, CTHS, Paris, 1987.
Stauffer R. C., «Haeckel, Darwin and Ecology», *Quarterly Review of Biology*, 32, 1957, pp. 138-144.
Tassy P., *Évolution, Dictionnaire du XIX$^e$ siècle européen*, M. Ambrière (dir.), PUF, Paris, 1997.
Tort P. (dir.), *Dictionnaire du darwinisme et de l'évolution*, 3 vol., PUF, Paris, 1996.

■第9章

Acot P., «Écologie humaine et idéologie écologiste», *Écologie et Société*, F. Aubert, J.-P. Sylvestre (coord.), CRDP, Lyon, 1998, pp. 15-24.
Bergandi D., «The geography of human societies», *The European Origins of Scientific Ecology*, G&B -EAC, Amsterdam, 1997, pp. 521-533.
Claval P., *Géographie, Dictionnaire du XIX$^e$ siècle européen*, M. Ambrière (dir.), 前掲、pp. 488-490.
Forbes S. A., «The humanizing of ecology», *Ecology*, vol. III, n°2, 1922.
Friedrich E., «Die Fortschritte der Anthropogeographie (1891-1902)», *Geographisches Jahrbuch*, 26, 1903, pp. 261-298.
Geddes P., «An analisis of the principles of economics», *Proceedings of the Royal Society of Edimburgh*, Londres, 1885.
Matagne P., «L'anthropogéographie : un courant fondateur de l'écologie?», *Annales de géographie*, mai-juin 1992, pp. 325-331.
Podolinsky S., «Le socialisme et l'unité des forces productives», *La Revue socialiste*, n°8, 1880, Paris.
Ekblaw W. E., «The ecological relations of the polar eskimo», *Ecology*, vol. II, n°2, 1921.
Müller G. H., *Friedrich Ratzel (1844-1904) : Naturwissenschaftler, Geograph, Gelehrter*, Verlag für Geschichte der Naturwissenschaften und der Technik, Stuttgart, 1996.
Raumolin J., «L'homme et la destruction des ressources naturelles, la Raubwirtschaft au tournant du siècle», *Annales ESC*, 39e année, n°4, 1984, pp. 798-819.
Raveneau L., «L'élément humain dans la géographie. L'anthropogéographie de M. Ratzel», *Annales de géographie*, vol. 1, 1891, pp. 331-347.

Reclus E., *La Terre, description des phénomènes de la vie du globe*, 2 vol., Hachette, Paris, 1868-1869.
Reclus E., *Nouvelle Géographie universelle. La Terre et les Hommes*, 19 vol., Hachette, Paris, 1877.
Reclus E., *L'Homme et la Terre*, 6 vol., Librairie Universelle, Paris, 1905-1908.（邦訳『地人論』、石川三四郎訳、春秋社、1930 年）
Ritter K., *Erdkunde*, Berlin, 1822.
Ritter K., *Géographie générale comparée*, Paulin, Paris, 1836.
Ratzel F., *Anthropogéographie*, Stuttgart, 1891.（邦訳『人類地理学』、由比濱省吾訳、古今書院、2006 年）
Sanguin A.-L., «En relisant Ratzel», *Annales de géographie*, n°555, septembre-octobre 1990, pp. 579-594.
Vidal de La Blache P., *Principes de géographie humaine*, Librairie Armand Colin, Paris, 1922.

■第 10 章
Berthelot M., *La Révolution chimique*, Lavoisier, 1890, rééd., Albert Blanchard, Paris, 1964.
Blondel-Mégrelis M., «Agriculture et équilibres au XIX$^e$ siècle», *La Maîtrise du milieu*, Vrin, Paris-Lyon, 1994, pp. 15-38.
Boulaine J., *Histoire de l'agronomie en France*, Tec & Doc, Londres-Paris-New York, 1992.
Boussingault J. B., «Recherches sur la végétation», *Comptes Rendus de l'Académie des Sciences*, 38, 1854, pp. 580-606.
Dagognet F., *Des Révolutions vertes. Histoire et principes de l'agronomie*, Hermann, Paris, 1973.
Dumas J.-B., *Essai de statique chimique des êtres organisés*, Fortin, Masson et Cie, Paris, 1841.
Kuhn T. S., *La Structure des révolutions scientifiques*, Flammarion, Paris, 1972.（邦訳『科学革命の構造』、中山茂訳、みすず書房、1971 年）
Liebig J., *Lettres sur la chimie et ses applications à l'industrie, à la physiologie et à l'agriculture*, Charpentier et Fortin, Masson et Cie, Paris, 1845.
Müntz C. A. & Girard S., *Les Engrais*, Firmin Didot, Paris, 1893-1895.
Saussure T. de, *Recherches chimiques sur la végétation*, Paris, 1804.

*Annales de la Société d'agriculture de l'Indre*, 1867. *Annales de la Société d'agriculture, sciences, arts et belles-lettres du département d'Indre-et-Loire*, 1825, 1832, 1869, 1870 et 1871. *Bulletin de la Société d'études scientifiques d'Angers*, 1873. *Bulletin de la Société des naturalistes de l'Ain*, 1902. *Revue scientifique du Limousin*, 1899-1900. *Société académique du département de la Loire-Inférieure*, 1848 et 1877.

■第 11 章
*Actes de la Société linnéenne de Bordeaux*, 1880, T. LXXXIV.

Allen D. E., *The Naturalist in Britain, A Social History*, Princeton University Press, Princeton, New Jersey, 2ᵉ édition, 1994.

Blanc L., «Questions techniques de cartographie», *Bulletin de la Société botanique de France*, tome 52, 4ᵉ série, t. V, 1905, pp. 67-68.

Carpine-Lancre J., «La Société d'océanographie du golfe de Gascogne», *L'Aventure maritime, du golfe de Gascogne à Terre-Neuve*, Éditions du CTHS, Paris, 1995, pp. 31-42.

Coste V., *Instructions pratiques sur la pisciculture*, Masson, Paris, 1853.

Dajoz R., *Précis d'écologie*, 2ᵉ édition, Dunod, Paris-Bruxelles-Montréal, 1971.

Dohrn A., «Bericht über die Zoologische Station während der Jahre 1879 und 1880», *Mittheilungen aus der Zoologischen Station zu Neapel* 2, pp. 495-515.

Fischer J.-L., «Stations maritimes», *Dictionnaire du XIXᵉ siècle européen*, M. Ambrière (dir.), PUF, Paris, 1997, pp. 1128-1129.

Fischer P.-H., *Faune conchyliologique marine du département de la Gironde*, 1865-1869.

Fischer P.-H., *Cétacés du Sud-Ouest de la France*, 1881.

Folin L. de, *Bateaux et Navires : progrès de la construction navale, à tous les âges et dans tous les pays*, Quatre Seigneurs 版 , Grenoble, 1978. "Bibliothèque scientifique contemporaine" 集成に旧版あり。J.-B. Baillière et Fils, 1892.

Forbes E., «On the light thrown on geology by submarine researches», *The Edinburgh New Philosophical Journal*, 36, avril 1844, pp. 318-327.

Merriman D., Sears M., *Oceanography, The Past*, Springer, New York-Berlin, 1980.

*Notice sur les travaux scientifiques de M. Georges Pruvot*, Typographie Philippe Renouard, Paris, 1901.

Petit G., *L'Histoire de la biologie marine en France, et la création des Laboratoires maritimes*, Université de Paris, Palais de la Découverte, 1962.

Patit G., Théodorides J., *Histoire de la zoologie*, Paris, 1966.

Pruvot G., «Coup d'œil sur la distribution générale des invertébrés dans la région de Banyuls», *Archives de zoologie expérimentale*, 3ᵉ série, t. III, 1895, pp. 629-660.

Pruvot G., «Essai sur les fonds et la faune de la Manche occidentale (côtes de Bretagne) comparés à ceux du golfe du Lion», *Archives de zoologie expérimentale*, 3ᵉ série, t. V, 1897, pp. 511-616.

Pruvot G., «Sondages exécutés d'août à octobre 1893, à bord du *Roland*, navire du laboratoire Arago», *Annales hydrographiques*, 1894.

Riedl R., «Marine ecology - A century of changes», *Marine Ecology*, Pubblicazioni della Stazione Zoologica di Napoli, vol. 1 (1), 1980, pp. 3-46.

Taillemite E., *Sur des mers inconnues, Bougainville, Cook, Lapérouse*, Découverte Gallimard, Paris, 1987.

Théodorides J., «Les débuts de la biologie marine en France : Jean Audouin et Henri Milne-Edwards (1826-1829)», Premier congrès international d'histoire de l'océanographie, Monaco, 1966, *Bulletin de l'Institut océanographique*, n° spécial 2, 1968.

Vanney J.-R., *Le Mystère des abysses, Histoires et découvertes des profondeurs océaniques*, Le Temps des Sciences, Fayard, Paris, 1993.

Weill R., *La Station biologique d'Arcachon 1867-1968*, édité à l'occasion du III$^e$ symposium européen de biologie marine, Arcachon, 2-7 septembre 1968, 14 p. Les actes de ce symposium ont été publiés dans *Vie et Milieu, Bulletin du laboratoire Arago, Banyuls-sur-Mer*, avec le concours du CNRS, vol. 1, supplément n° 22, Masson et Cie, Paris, 1971.

■第12章

Arrhenius S., «On the influence of carbonic acid in the air upon the temperature of the ground», *Philosophical Magazine*, 41, 1896, pp. 237-275.

Boulaine J., «Pédologie», *Dictionnaire du XIX$^e$ siècle européen*, M. Ambrière (dir.), PUF, Paris, 1997, pp. 892-893.

Boulaine J., *Histoire des pédologues et de la science des sols*, INRA, Paris, 1989.

Demolon A., *La Génétique des sols*, PUF, Paris, 1949.

Fourier J., «Mémoire sur les températures du globe terrestre et des espaces planétaires», *Mémoire de l'Académie royale des sciences*, 1827.

Lotka A. J., *Elements of Physical Biology*, Williams & Wilkins Company, Baltimore, 1925.

Vernadsky V. I., *La Biosphère*, Paris, 1929.

■第13章

Acot P., «Le colloque international du CNRS sur l'écologie (Paris, 20-25 février 1950)», *Les Sciences biologiques et médicales en France, 1920-1950*, CNRS éditions, Paris, 1994, pp. 233-240.

Acot P., «La phytosociologie de Zürich-Montpellier dans l'écologie française de l'entre-deux-guerres», *Bulletin d'écologie*, t. 24 (1), 1993, pp. 52-56.

Baichère A., «Contributions à la flore du bassin de l'Aude et des Corbières», *Bulletin de la Société d'études scientifiques de l'Aude*, 1891.

Braun-Blanquet J., Furrer E., «Remarques sur l'étude des groupements de plantes», *Bulletin de la Société languedocienne de géographie*, Montpellier, 1913, pp. 20-41.

Braun- Blanquet J., Pavillard J., *Vocabulaire de sociologie végétale*, Montpellier, 1922. (邦訳『植物社会学語彙』、郷土教育聯盟訳、刀江書院、郷土科学叢刊、1934年)

Du Rietz G. E., Fries T. E., Oswald H., Tengwall T. A., «Gesetze der Konstitution natürlicher Pflanzengesellschaften», *Med. Abisko Nat. Station*, 3, Stockholm et Uppsala, 1920.

Du Rietz G. E., «Classification and nomenclature of vegetation», *Svensk Botanisk Tidskrift*, 24, 1930, pp. 489-503.

Flahault C., *La Distribution géographique des végétaux dans la région méditerranéenne française*, 1897 (死後刊行版は1937年、H. Gaussen, Encyclopédie Biologique XVIII, Paul Lechevalier, Paris).

Flahault C., Durand, «Les limites de la végétation méditerranéenne en France», *Bulletin de la Société botanique de France*, t. XXXIII, 1886, pp. 24-33.

Flahault C., «Projet de nomenclature phytogéographique», *Actes du 1$^{er}$ congrès international de botanique tenu à Paris à l'occasion de l'Exposition universelle de 1900*, Lons-le-Saunier, 1900, pp. 427-450.

Gautier G., *Catalogue raisonné de la flore des Pyrénées-Orientales*, 1898.
Lahondère C., « Initiation à la phytosociologie sigmatiste », *Bulletin de la Société botanique du Centre-Ouest*, n° spécial 16, 1997.
Loret H., Barrandon A., *Flore de Montpellier ou Analyse descriptive des plantes vasculaires de l'Hérault*, Montpellier, 1870 (2$^e$ édition 1876).
Margalef R., *Perspectives on Ecological Theory*, University of Chicago Press, 1968.（邦訳『将来の生態学説：サイバネティック的生態学』、森主一他訳、築地書院、1972年）
Matagne P., « L'écologie en France au XIX$^e$ siècle : résistances et singularités », *Revue d' histoire des sciences*, 1996, 49/1, pp. 99-111.
Matagne P., « The taxonomy and nomenclature of plant groups », *The European Origins of Scientific Ecology*, P. Acot (ed.), G. & B., E.A.C., Amsterdam, 1998, pp. 427-437.
Puyo J.-Y., « L'affrontement phytogéographie-phytosociologie vu par les forestiers français (1920-1940) », *Écologie*, t. 28, (2), 1997, pp. 167-177.
Revol J., *Catalogue des plantes vasculaires du département de l'Ardèche*, 1910.

# ■第14章

Acot P., Drouin J.-M., « L'introduction en France des idées de l'écologie scientifique américaine dans l'entre-deux-guerres », *Revue d'histoire des sciences*, 50/4, 1997, pp. 461-479.
Allorge P., *Les Associations végétales du Vexin français*, Imprimerie A. Lerot, Nemours, 1922.
Adams C. C., « The postglacial dispersal of american biota », *Biological Bulletin of the Marine Biological Laboratory*, juin 1905, pp. 53-71.
Candolle A., *Origine des plantes cultivées*, J.-B. Baillière, Paris, 1883（復刻版1984年）.（邦訳『栽培植物の起原』、田中正武訳、日本放送出版協会、NHKブックス、1975年）
Candolle A.-P., « Géographie botanique », F. Cuvier (dir.), *Dictionnaire des sciences naturelles*, Levrault, Paris-Strasbourg, 1820, pp. 359-422.
Clements F. E., *Plant Succession*, Carnegie Institution, Washington, 1916.
Clements F. E., *Research Methods in Ecology*, Lincoln, Nebraska, 1905.
Cowles H. C., *The Ecological Relations of the Vegetation on the Sand Dunes of Lake Michigan*, The University Press, Chicago, 1899, pp. 353-381.
Cowles H. C., « The physiographic ecology of Chicago and vicinity ; a study of the origin, development, and classification of plant societies », *The Botanical Gazette*, vol. XXXI, n° 2, 1901, pp. 73-108, 145-182.
Drouin J.-M., « Histoire et écologie végétale : les origines du concept de succession », *Écologie*, t. 25, (3), 1994, pp. 147-155.
Drouin J.-M., « Un équilibre controversé. Contribution à l'histoire du climax », Theys J. (dir.), *Environnement, science et politique*, Germes, Paris, 1991, pp. 109-122.
Dureau de la Malle A., « Mémoire sur l'alternance ou sur ce problème : la succession alternative dans la reproduction des espèces végétales vivant en société est-elle une loi générale de la nature ? », *Annales des sciences naturelles*, 5, 1825, pp. 353-381.
Elton C., *Animal Ecology*, Sidgwick & Jackson, Londres, 1927.（邦訳『動物の生態学』、渋谷寿夫訳、科学新興社、1968年）

Elton C., *The Ecology of Animals*, Methuen & Co., Londres, 1933. (邦訳『動物の生態』、川那部浩哉他訳、思索社、1978 年)
Gadeceau É., *Essai de géographie botanique sur Belle-Île-en-Mer*, Nantes, 1903.
Gadeceau É., *Le Lac de Grand-Lieu. Monographie phytogéographique*, Nantes, 1909.
Gleason H. A., «The individualistic concept of the plant association», *Bulletin of the Torrey Botanical Club*, 53, 1926, pp. 7-26.
Kerner von Marilaün A. J. R., *Das Pflanzenleben der Donaulaender*, Wagner, Innsbrück, trad. H. S. Conard, *The Background of Plant Ecology. The Plants of the Danu Basin*, Iowa State University Press, 1951.
Lecoq H., *Traité des plantes fourragères*, Paris, Cousin, 1844.
Lloyd J., *Flore de la Loire-Inférieure*, Nantes, 1844.
Lloyd J., *Flore de l'Ouest de la France ou Description des plantes qui croissent spontanément dans les départements de la Charente-Inférieure, Deux-Sèvres, Vendée, Loire-Inférieure, Morbihan, Finistère, Côtes-du-Nord, Ille-et-Villaine*, Nantes, 1854.
Matagne P., «L'écologie en France au $XIX^e$ siècle : résistances et singularités», *Revue d'histoire des sciences*, 49/1, 1996, pp. 99-111.
Perrein C., «Émile Gadeceau (1845-1928) et la naissance de l'écologie», *La Bretagne des savants et des ingénieurs 1825-1900*, J. Dhombres (dir.), Rennes, 1994.
Perrein C., *Émile Gadeceau (Nantes 1845-Neuilly-sur-Seine 1928), phytoécologue et biohistorien*, thèse de doctorat, J. Dhombres (dir.), Nantes, 1995.
Pound R., Clements F. E., *The Phytogeography of Nebraska*, Lincoln, Nebraska, 1898-1900.

## ■第 15 章

Alexander S., *Space, Time and Deity*, 2 vol., MacMillan Company, Londres, 1920.
Allee W. C., *Principles of Animal Ecology*, avec A. Emerson, T. Park, O. Park, K. Schmidt, Philadelphie, 1949.
Bergandi D., «Les métamorphoses de l'organicisme en écologie : de la communauté végétale aux écosystèmes», *Revue d'histoire des sciences*, 52/1, 1999, pp. 5-31.
Bichat M. F. X., *Recherches physiologiques sur la vie et la mort*, 1800.
Burgess E. W., *La Croissance d'une ville, L'École de Chicago*, Éditions du Champ urbain, Paris, 1979.
Canguilhem G., *La Connaissance de la vie*, Librairie philosophique J. Vrin, Paris, 1992.
Dupouey P., *Épistémologie de la biologie*, coll. «Repères philosophiques», Nathan, 1990.
Gleason H. A., «The individualistic concept of the plant association», *Bulletin of the Torrey Botanical Club*, vol. 53, 1926, pp. 7-26.
Julia D., *Dictionnaire de la philosophie*, Références Larousse, Paris, 1992. (邦訳『ラルース哲学事典』、片山寿昭他訳、弘文堂、1998 年)
Morgan C. L., *Emergent Evolution*, Henri Holt & Cie, Londres, 1923.
Odum E. & H., *Fundamentals of Ecology*, Saunders, Philadelphie, 1953.
Rosnay J. de, *Le Macroscope. Vers une vision globale*, Éditions du Seuil, Paris, 1975.
Shelford V. E., «Some concepts of bioecology», *Ecology*, 12, 1931, pp. 455-467.
Spencer H., *The Principles of Biology*, 2 vol., Williams & Norgate, Londres, 1864-1867

(仏訳 *Principes de biologie*, Félix Alcan, Paris, 1893).

Tansley A. G., «The use and abuse of vegetational concepts and terms», *Ecology* (16), 1935, pp. 284-307.

Wheeler W. M., «Emergent evolution of the social», *Proceedings of the Sixth International Congress of Philosophy*, New York, 1927.

Wheeler W. M., *Essays in Philosophical Biology*, Cambridge, Massachusetts, 1939.

Wheeler W. M., *Foibles of Insects and Men*, New York, 1928.

Whitehead A. N., *Science and the Modern World*, MacMillan Company, New York, 1925 (仏訳 *La Science et le Monde moderne*, Payot, Paris, 1930).

■第16章

Drouin J.-M., *La Naissance du concept d'écosystème*, Thèse de doctorat, Université Paris I, 1984.

Elton C. S., *Animal Ecology*, Sidgwick & Jackson, Londres, 1927. (邦訳『動物の生態学』、前掲)

Forbes S. A., «The lake as a microcosm», *Bulletin of the Peoria Scientific Association*, 1887.

Forel F. A., *Le Léman. Monographie limnologique*, 3 vol., F. Rouge, Lausanne, 1892-1901.

Gause G. F., «The principles of biocenology», *Quartely Review of Biology*, 11, 1936, pp. 320-335.

Gause G. F., *Vérifications expérimentales de la théorie de la lutte pour la vie*, Hermann, Paris, 1935.

Juday C., «Annual energy budget of an inland lake», *Ecology*, 21, 1940, pp. 438-450.

Lindeman R. L., «Seasonal food-cycle dynamics in a senescent lake», *The American Midland Naturalist*, 26, 1941, pp. 636-673.

Lindeman R. L., «The trophic-dynamic aspect of ecology», *Ecology*, 23, 1942, pp. 399-418.

Möbius, K., *Die Auster und die Austernwirtshaft*, Berlin, 1877.

Odum E. P., *Fundamentals of Ecology*, Saunders, Philadelphie, 1953. (邦訳『生態学の基礎』、三島次郎訳、培風館、1974年)

Shelford V. E., «Ecological succession», I, II, III, IV, V, *Biological Bulletin*, 21, 22 et 23, 1911-1912.

Shelford V. E., «† Some concepts of bioecology», *Ecology*, 22, 1931, pp. 455-467.

Semper K., *The Natural Conditions of Existence as They Affect Animal Life*, Kegan Paul & Co., Londres, 1874.

Tansley A. G., «The use and abuse of vegetational concepts and terms», *op. cit.*

Volterra V., d'Ancona U., *Les Associations biologiques étudiées du point de vue mathématique*, Hermann & Cie, Paris, 1935.

■第17章

Birge E.-A., Juday C., «The inland lakes of Wisconsin : the disolved gases of the water and their biological significance», *Wisconsin Geological and Natural History Sur-*

vey Bulletin, 22, 1911.

Birge E.-A., Juday C., « Transmission of solar radiations by the water of inland lakes », *Transactions Wisconsin Academy of Science*, 24, 1929, pp. 509-580.

Duvigneaud P., *La Synthèse écologique*, Doin, Paris, 1974.

Grinevald J., « Note sur le terme biosphère », *Stratégies énergétiques, Biosphère & Société*, n° 1/2, 1991, pp. 61-62.

Hutchinson G. E., « Limnological studies in Connecticut : IV. Mechanism of intermediary metabolism in stratified lakes », *Ecological Monography*, 11, 1941, pp. 21-60.

Hutchinson G. E., *The Biosphere*, A Scientific American Book, Freeman, San Francisco, 1970.

Hutchinson G. E., *The Ecological Theater and the Evolutionnary Play*, Yale University Press, New Haven, 1965.

Hutton J., *Theory of the Earth, with Proofs and Illustrations*, Londres,1795.

Juday C., « The annual energy budget of an inland lake », *Ecology*, 21, 4, 1940, pp. 438-450.

Lindeman R. L., « The trophic-dynamic aspects of ecology », 前掲

Lotka A., *Elements of Physical Biology*, Dover, New York, 1956 (1e éd., 1925).

Lovelock J. E., « Hands up for the Gaïa hypothesis », *Nature*, 344, 1990, pp. 100-102.

Lovelock J. E., *La terre est un être vivant : l'hypothèse Gaïa*, éd. du Rocher, Monaco, 1986. (邦訳『ガイア：地球は生きている』、竹田悦子訳、産調出版、2003年)

Lovelock J. E., *The Ages of Gaïa : a Biography of our Living Earth*, Oxford University Press, Oxford, 1988 (仏訳 *Les Âges de Gaïa*, Robert Lafond, Paris, 1990). (邦訳『ガイヤの時代：地球生命圏の進化』、スワミ・プレム・プラブッダ訳、工作舎、1990年)

Odum E. P., *Fundamentals of Ecology, op. cit.* (邦訳『生態学の基礎』、前掲)

Odum H. T., « Trophic structure and productivity of Silver Springs, Florida », *Ecological Monography*, vol. 27, 1, 1957, pp. 55-112.

Prigogine I., « La thermodynamique de la vie », *La Recherche*, 24, 1972.

Schrödinger, *Q u'est-ce que la vie ?*, Éditions de la Paix, Paris, 1951 (初版 1945 年)、(邦訳『生命とは何か：物理的に見た生細胞』、岡小天他訳、岩波書店、岩波新書、1996年)

Transeau N. E., « The accumulation of energy by plants », *The Ohio Journal of Science*, 26, 1926, p. 1-10.

## ■第18章

Allègre C., *Économiser la planète*, Fayard, Paris, 1990.

Leopoldo A., *Game Management*, New York, 1933.

Mongin, P., « Les organismes génétiquement modifiés », *Covalences, Bulletin de promotion du CCSTI en région Centre*, n°30, hiver 1998-99, pp. 12-15.

Ramade F., *Éléments d'écologie appliquée*, Édiscience-McGraw Hill, Paris, 1974.

*Rapport général de la commission d'étude de la DGRST sur la lutte biologique*, DGRST, Paris, 1965.

Stern V. M., Smith A. F., Van den Bosch A., Hagen K. S., « The integrate control concept », *Hilgardia*, vol. 29, n°2, 1959, pp. 81-97.

Tschirley F. H., « Defoliation in Viet-Nam », *Science*, vol. 163, 1969.

■第 19 章

Beauvais J.-F., «L'origine de la biodiversité au Costa Rica», *Bulletin de la Société botanique du Centre-Ouest (SBCO)*, nouvelle série, t. 28, 1997, pp. 165-169.

Beauvais J.-F., «L'approche parataxinomique en dendrologie néotropicale du Centre scientifique de San José au Costa Rica : la formation du Dr Humberto Jiménez Saa», *Bulletin de la Société botanique du Centre-Ouest (SBCO)*, nouvelle série, t. 28, 1997, pp. 170-176.

Beauvais J.-F., Matagne P., «Le système des "zones de vie" du Dr Leslie R. Holdridge et l'essor d'une École d'écologie tropicale», *Bulletin de la Société botanique du Centre-Ouest (SBCO)*, nouvelle série, t. 29, 1998, pp. 89-94.

Beauvais J.-F., Matagne P., «Le concept de "zone de vie" de Holdridge : un point de vue tropical en écologie», *Écologie*, t. 29 (4), 1998, pp. 557-564.

Croizat L., *Panbiogeography*, vol. 1, Caracas, 1958.

Demangeot J., *Les Espaces naturels tropicaux : essai de géographie physique*, Masson, collection «Géographie», Paris-New York-Barcelone, 1976.

Gaussen H., *Géographie des plantes*, A. Colin, Paris, 1933.

Gill, «Principles of Zoogeography», *Proceedings of the Biological Society of Washington*, vol. II, 1884, pp. 1-39.

Guillaumet J.-L., *Colloque international de phytogéographie tropicale*, 1993, ORSTOM éditions, Paris, 1993.

Holdridge L. R., *The Pine Forest and Adjacent Mountains Vegetation of Haïti, Considered from the Standpoint of a New Climatic Classification of Plant Formations*, Ph. D. dissertation, University of Michigan, 1947.

Holdridge L. R., *Curso de ecología vegetal*, San José, Costa Rica, 1953.

Holdridge L. R., «Determination of world plant formations from simple climatic data», *Science*, 105, 1947, pp. 367-368.

Holdridge L. R., *Curso de ecología vegetal. Programa de cooperación técnica*, Instituto Interamericano de Ciencias Agrícolas, San José, Costa Rica, 1953.

Holdridge L. R., «The life zone system», *Adansonia*, VI, 2, 1966, pp. 199-203.

Holdridge L. R., *Life Zone Ecology*, édition revue, Tropical Science Center, San José, Costa Rica, 1967.

Holdridge L. R., Grenke W. C., Hatheway W. H., Liang T., Tosi J. A., *Forest Environments in Tropical Life Zones. A Pilot Study*, Pergamon Press, Oxford-New York-Toronto-Sydney-Braunschweig, 1971.

Jennings M., *Use of the Holdridge Life Zone System*, Environmental Research Center, Washington State University, Pullman, Washington, 1986.

Jiménez Saa, H., *Anatomía del sistema de ecología basada en zonas de vida de L.R. Holdridge*, CCT, San José, Costa Rica, 1993.

Köppen W. P., «Versuch einer Klassifikation der Klimate, vorzugsweise nach ihren Beziehungen zur Pflanzenwelt», *Geographical Zoology*, 6, 1900, pp. 593-611.

Köppen W. P., *Handbuch der Klimatologie*, Borntraeger, Berlin, 1930.

Margalef R., *Perspectives on Ecological Theory*, University of Chicago Press, 1968. (邦

訳『将来の生態学説：サイバネティック的生態学』、前掲）
Merriam C. H., *The Geographic Distribution of Life in North America*, Proceeding Biological Society, Washington, 1892.
Oldemann R. A. A., Halle F., *Essai sur l'architecture et la dynamique de croissance des arbres tropicaux*, Masson et Cie, Paris, 1970.
Ozenda P., *Biogéographie végétale*, Doin-Deren, Paris, 1964.
Ozenda P., *La Chaîne alpine dans l'espace montagnard européen*, Masson, Paris-New York-Barcelone, 1985.
Ozenda P., *Les Végétaux dans la biosphère*, Doin, Paris, 1982.
Ozenda P., *Végétation du continent européen*, Delachaux et Niestlé, Lausanne-Paris, 1994.
Pelton W. L., King K. M., Tanner C. B., «An evaluation of the Thornthwaite and mean temperature methods of determining potential evapotranspiration», *Agronomical Journal*, 52, 1960, pp. 387-395.
Penman H. L., «Evaporation : an introductory survey», *Journal of Agricultural Science*, 130, 1959.
Richards P. W., *The Tropical Rain Forest*, Cambridge University Press, 1964, 1$^e$ éd. 1952.
Sawyer J. O., *The Holdridge System of Bioclimatic Formations Applied to the Eastern and Central United States*, Thèse, Purdue University Master of Science, 1963.
Steila D., «An evaluation of the Thornthwaite and Holdridge classifications an applied to the mediterranean borderland», *The Professional Geographer*, XVIII, 6, 1966, pp. 358-364.
Thompson, P. T., «A test of the Holdridge model in midlatitude mountains», *The Professional Geographer*, XVIII, 5, septembre 1966, pp. 286-292.
Thornthwaite C. W., «The climates of North America according to a new classification», *Geographical Revue*, 21, 1931.
Thornthwaite C. W., «An approach toward a rational classification of climate», *Geographical Revue*, 38, 1948.
Trewartha G. T., *An Introduction to Climate*, Mac Graw Hill, New York, 1980.
Tosi J. A., *Mapa Ecológico de Costa Rica*, San José, Instituto Geográfico Nacional, échelle 1/750 000, 1969.
Tosi J. A., «Climatic control of terrestrial ecosystems : a report on the Holdridge model», *Economic Geography*, 40, 2, 1964.
Tosi J. A., *Estudio ecológico integral de las zonas de afectación del proyecto Arenal*, Centro Científico Tropical, janvier 1980.
Van Steenis C. G. G. J., «De invloed van den mensch op het bosch», *Tectona*, 30, 1937, pp. 634-652.
Van Wijk, W. R., De Vries D. A., «Evapotranspiration», *Journal of Agricultural Science*, 2, Pays-Bas, 1954.

■第20章
Entretiens réalisés en août 1995 par J.-F. Beauvais et P. Matagne avec Juan Rafael

Marin Quiros, directeur exécutif d'AGUADEFOR, Gerardo Quesada, producteur de café écologique et Luis Salazar, comptable de Coocafé.

Barrantes Quiros E., *ACA News*, vol. 2, n°1, mars 1993.

Barrantes Quiros E., *Informe departamento desarrollo industrial a la junta directiva de aguadefor*, juillet 1995.

Beauvais J.-F., «L'origine de la biodiversité au Costa Rica», 前掲

Bequette F., «Les enjeux du changement climatique», *Courrier de l'UNESCO*, décembre 1997.

Bonilla Duran A., *Crisis ecológica de América central*, 1988.

Bonilla Duran A., Meza Ocampo T. A., *Problemas de desarrollo sustenable en América central : el caso de Costa Rica*, 1994.

Boyce J. K., Gonzalez A. F., Fürst E., Segura Bonilla O., *Café y desarrollo sostenible, del cultivo agroquímico a la produción orgánica en Costa Rica*, EFUNA, Heredia, Costa Rica, 1994.

Bruntland G., *Notre Avenir pour tous*, Montréal, 1988.

«Costa Rica. Enjeu politique et cas d'école», *Courrier international*, n° 195, 28 juillet-17 août 1992.

Cleveland C. J., «Energy quality and energy surplus in the extraction of fossil fuels in the US», *Ecological Economics*, 6, 1992, pp. 139-162.

Costanza R., «What is ecological economics?», *Ecological Economics*, 1, (1), 1989, pp. 1-8.

Dabène O., *L'Amérique latine au $XX^e$ siècle*, Armand Colin, Paris, 1994.

*Enlace verde*, rapport annuel de 1994.

Faucheux S., Noël J.-F., *Économie des ressources naturelles et de l'environnement*, Armand Colin, collection «U», série Économie, Paris, 1995.

Fournier L. A., *Desarrollo y perspectiva del movimiento conservacionista costarricense*, 1991.

Guindon C., «Forest remnants and corridors», *Tapir Tracks*, vol. 9, n° 1, mars 1994.

Gomez L. D., «La biodiversidad de Costa Rica», *Biodiversidad, políticas y legislación a la luz del desarrollo sostenible*, Salazar R., Cabrera Medaglia J. A., Lopez Mora A., Fundación ambio, Escuela de relaciones internacionales, Universidad Nacional, 1994.

*Informe departamento desarrollo industrial a la junta directiva de AGUADEFOR*, juillet 1995.

Lindberg K., Hawkins D. E., *Ecotourism : a Guide for Planners & Managers*, The Ecotourism Society, North Bennington, Vermont, 1993.

Matagne P., «Les paradoxes de l'écotourisme au Costa Rica», *Écologie et Politique*, 15, 1995, pp. 95-102.

Meléndez C., *Historia de Costa Rica*, Universidad Estatal a Distancia, San José, Costa Rica, 1991.

Mendenhall M., *Canadian Quaker Pamphlet Series*, Monteverde, n° 42, 1995.

Meza T., Bonilla A., *Areas naturales protegidas de Costa Rica*, Editorial Tecnológica de Costa Rica, Cartago, 1993.

Peet J., «Input-output methods of energy analysis», *International Journal of Global*

*Energy Issues*, 5, 1993, pp. 10-18.

*Perfil 1994*, document d'information d'AGUADEFOR.

*Programa de desarrollo rural*, Gouvernement du Costa Rica, 1994.

Salazar R. (*et al.*), *Diversidad biológica y desarrollo sostenible*, Fundacion ambio, Euroamericana de Ediciones, San José, 1993.

Seitenfus R., « Les dilemmes de l'intégration latino-américaine. Washington manœuvre contre le Mercosur », *Le Monde diplomatique*, février 1998, p. 8.

Rens I. (dir.), *Le Droit international face à l'éthique et à la politique de l'environnement*, SEBES, Georg Éditeur, Genève, 1996.

Van Bogaert O., « Foresta, un concept social et écologique : la nature dans votre tasse de café ! », et « Coopepilangosta lave plus propre ! », *Panda Nouvelles*, 1993.

Wallach L. M., « Élaboré au sein de l'OCDE, à l'insu des citoyens. Le nouveau manifeste du capitalisme mondial », *Le Monde diplomatique*, février 1998.

## ■第21章

Agostini F., Chibret R.-P., Fabiani J.-L., Maresca B., *La Dynamique du mouvement associatif dans le secteur de l'environnement. État de la question et monographies régionales*, 3 vol., CREDOC, Paris, 1995.

Barthélemy M., *Associations : un nouvel âge de la participation ?*, Presses de Sciences-Po, Paris, 2000.

Claval P., *La Nouvelle Géographie*, Paris, PUF, 1982.

Charvolin F., *L'Invention de l'environnement en France (1960-1971). Les Pratiques documentaires d'agrégation à l'origine du ministère de la Protection de la Nature et de l'Environnement*, thèse de sociologie et de sciences politiques, Université Pierre-Mendès-France, CSI-École des Mines, 1993.

Coing H., « L'environnement, une nouvelle mode ? », *Projet*, n°48, 1970, pp. 901-911.

Dreyfus J., « Les ambiguïtés de la notion d'environnement », *Bulldoc*, n° 25-26, 1970, pp. 3-13.

Fabiani J.-L., « La nature, l'action publique et la régulation sociale », *De la nature à l'environnement*, Matthieu N., Jollivet M. (dir.), L'Harmattan, Paris-Aix-en-Provence, 1989.

Jouvenel B. de, « Le thème de l'environnement », *Analyse et Prévision*, n°10, 1970, pp. 517-533.

Georges P., *L'Environnement*, PUF, Paris, 1971.

Lecourt D., « Environnement : histoire d'un concept, analyse d'un mot », *La Lettre de la Nouvelle Encyclopédie Diderot*, n°3, 1993.

Maresca B., « L'environnement : une grande cause... locale », *Consommation et Modes de vie*, CREDOC, février, n°105, 1995.

Micoud A., « De la diversité des modes d'engagement des personnes dans la nébuleuse écologique : tentative de réduction », *L'Écologisme à l'aube du XXI$^e$ siècle, De la rupture à la banalisation ?*, J.-P. Bozonnet, J. Jakubec (dir.), Georg, collection « Stratégies énergétiques, Biosphère & Société », 2000, pp. 237-254.

Matagne P., « L'homme et l'environnement », *Les Sources de l'histoire de l'environne-*

ment. *Le XIX$^e$ siècle, op. cit.*, pp. 71-83.

Micoud A., *La Dynamique des associations de Nature et d'Environnement*, Rapport de synthèse rédigé avec la collaboration de F. Charvolin et T. Regazzola, ministère de l'Environnement DGAD/SRAE, Crésal-CNRS, Saint-Étienne, mars 2000. Travaux de : O. Baisnée, C. Bouni, P. Brunet, G. Calmettes, F. Charvolin, R.-P. Chibret, I. Dubien, L. Etiembre, S. Garcia, M. Leborgne, F. Maleyson, B. Maresca, P. Matagne, A. Micoud, C. Mougenot, A.-L. Neyme, F. Ogé, S. Ollitrault, T. Regazzola, E. Rémy, R. Roland, A. Veitl, O. Zentay.

Rens I., «Bertrand de Jouvenel (1903-1987), pionnier méconnu de l'écologie politique», *Le Droit international face à l'éthique et à la politique de l'environnement, op. cit.*

Robic M.-C., *Du milieu à l'environnement. Pratiques et représentations du rapport homme/nature depuis la Renaissance*, Economica, Paris, 1992.

## ■第22章

Acot P., «Dictionnaire d'histoire et philosophie des sciences», *Écologie*, D. Lecourt (dir.), PUF, Paris, 1999, pp. 317-321.

Acot P., «Le colloque international du CNRS sur l'écologie (Paris, 20-25 février 1950)», 前掲、pp. 233-240.

Dorst J., *Avant que Nature meure*, Delachaux et Niestlé, Neuchâtel, 1965.

Dorst J., *La Force du vivant*, Flammarion, Paris, 1979.

Grinevald J., «Note sur le terme biosphère», *Stratégies énergétiques, Biosphère & Société*, n° 1/2, 1991, pp. 61-62.

«L'homme est-il l'ennemi des autres espèces?», *La Recherche*, spécial Biodiversité, n° 333, juillet-août 2000.

«Les naturalistes sont-ils superflus?», entretien réalisé par J.-J. Perrier, *La Recherche*, n° 225, vol. XXI, 1990, pp. 1150-1152.

May R., «Simple mathematical models with very complicated dynamics», *Nature*, vol. 261, 1976, pp. 459-467.

Pearson I. (dir.), *Atlas du xxe siècle. Quelle société, quelle planète, demain, pour nous et nos enfants?*, Autrement, collection «Atlas/Monde», Paris, 1998.

Ponting C., *Le Viol de la Terre. Depuis des siècles, toutes les civilisations sont coupables*, NIL Éditions, Paris, 2000.

Wilson E. O., *The Theory of Island Biogeography*, Princeton University Press, 1967.

## ■結び

*Le Point*, n°1348, juillet 1998.

*Sciences et Avenir*, n°544, juin 1992.

## 訳者あとがき

　本書は、《*Comprendre l'écologie et son histoire : Les origines, les fondateurs et l'évolution d'une science*》の全訳である。

　著者パトリック・マターニュは、1955年に北フランス、アルデンヌ県のシャルルヴィル・メジエールに生まれた。この町は、運河によってセーヌ川と結ばれているムーズ川の河畔にあり、詩人ランボーの生地としても知られる。
　フランスの高等教育課程で、生命・地球科学（SVT：Science de la Vie et de la Terre）の教師を長く務めた著者は、その後ベルギー国境に近いノール県とパ・ド・カレ県で、教員養成大学院の科学論・科学史助教授となり、現在にいたっている。
　こうした著者の経歴によるものだろうか、本書はエコロジーの起源と成り立ちと歩みについて、きわめて平明に説き明かしたテキストとなっている。フランスでは、学生や教員はもちろん、研究者、ナチュラリスト、エコロジスト、そして一般読者のあいだで幅広く読まれている。
　本書の冒頭で著者も述べているように、科学史の視点からエコロジーの歴史を説いた書物は世界的に少なく、生態学史研究のさかんなフランスでも、本書を含めてわずか4冊にすぎない。すでに本書の人名注で、先行する3人の著者と書名は紹介したが、ここにそれぞれの特色を記しておこう。
　生態学史の草分けともいえるパスカル・アコは、エコロジーの起源やインスティテューション化（訳注第5章9参照）、生態学学派の誕生などをくわしくまとめている（1988年）。次いで、ジャン＝マルク・ドゥルアンは、生態学の概念的な歴史をだどり（1991年）、ジャン＝ポール・ドレアージュは、自然史

的なアプローチを排して農業化学的・物理学的な生態学史を展開した（1991年）。なお、軍人でもあるドレアージュは、ロシアの文献も駆使しながら、バイオスフィアにおける生物地化学循環の解明にも光を当てている。

こうした先例をふまえて書かれたのが本書である。だが、単なる"synthèse"（合成論文）のたぐいではなく、新たに自然史、海洋生態学、熱帯生態学、持続可能な開発といった分野も取り込み、さらに資料も豊富に盛り込んで、前3冊よりも広範かつ充実した内容の生態学史テキストとなっている。

なかでも本書の特徴をきわだたせているのが、自然史と生態学のかかわりを丹念に読み解いていくくだりだろう（第5章「博物学者と生態学」）。これについて、日本語版に関する訳者とのやりとりのなかで、著者は次のように述べている。

「科学と歴史。私はこの両分野で仕事をしてきました。19世紀の自然史学会について調べていたとき、私はほとんど偶然、過去の自然史家たちが生態学の形成に寄与していたことを知りました。それがこの本を書いた理由であり、生態学史という分野に力を入れるようになったきっかけです」

たとえば第14章に、エミール・ガドソーというワイン商が登場する。この人物は、自然史研究家でもあり、ほとんど無名の存在にもかかわらず、歴史家アラン・コルバンの『記録を残さなかった男の歴史』に出てくる木靴職人のように、生前の軌跡がつぶさに洗い出されている。そこで強調されているのは、在野の研究者が学会の基盤づくりにたずさわったという事実であり、反・制度的な科学を制度的な枠の内側に取り込みながら発展してきた生態学の特質が、こういうところにも見られることである。

また、本書の前半で、「生態学の先駆者は誰か」という問いが仔細に検討されている。その答えをここで振り返っておくと、生態学の先駆者はアリストテレスでもリンネでもなく、植物地理学を根づかせたデンマークのヴァーミング、そして南仏モンペリエのシャルル・フラオーということになる。種の体系化に注力してきたヨーロッパの植物学者たちは、以来、植生全体や個体と群集のかかわり、そして環境条件への適応などに目を向け始める。近代生態学の歴史はそこから始まるが、同時に、フンボルトやド＝カンドル、すなわち従来の

自然史的関心から出発した人々の生み出した近代的な手法やコンセプトも、エコロジーの確立に大きく寄与している。

　その後、アメリカでクレメンツが生態遷移の理論を確立すると、旧大陸の「静態的生態学」に対する新大陸の「動態的生態学」という構図が生まれる。そこへ遺伝学やシステム・サイエンスなどのアプローチも加わって、現代のグローバル・エコロジーが形成されていく。それが本書後半の内容である。
　とはいえ、近代生態学のもうひとつの基礎をなすラマルキズムやダーウィニズムも、べつの意味で「動態的」と呼べないことはなく、もちろん彼らもヨーロッパの自然史的伝統と切り離せないことを考えれば、じつは著者の自然史重視は、著者自身の示唆する範囲を超えて、科学史のもっと大きな流れに逢着する可能性も出てくる。
　ここに訳者の主観的な考えをさしはさむことは控えるが、一言だけ事実をいえば、近代科学の要素還元主義に対する反省から、ホーリスティック・サイエンスとしての生態学や環境科学の流れを再検証しようとするとき、その形成や発展に自然史的な物の見方が果たした功績は大いに注目される。ただし、その検証には、19世紀の時代精神や社会情勢など、科学以外の動きにも十分な考察を加える必要があるだろう。

　その自然史に絡めていえば、中国や日本の本草学に代表される東洋の研究も決して無視できないが、本書では東洋のエコロジーについてはいっさい述べられていない。一般に「博物学」と呼ばれる自然史研究では、すでに東西の成果を融合した年代史的な研究も行なわれているだけに、東洋における生態学の成り立ちと進展をひもとくことは、今後のグローバルな生態学史の展開にとって、ひとつの課題といえるだろう。
　ただし本書のなかで、著者は少なくともヨーロッパのキリスト教至上主義や、フランス中心の歴史観にだけは陥らないよう努めている。マターニュが「科学知としてのはっきりした基準を定めなければなりません」（p.17）と語るとき、自然を「神の創造物」ととらえたリンネの分類体系は恣意的なものとして除外されているし（p.60）、普仏戦争後のフランスにおける環境意識の高まりも、国威発揚のためのプロパガンダとして度外視されている（p.36-37）。

このように純粋な科学史的アプローチを取っているため、本書のもうひとつの特徴として、思想史や環境保全史にかかわる記述は相対的に少なくなっている。ただし、社会経済的に見たエコロジーの展開については、植民地支配、産業革命、持続可能な開発など、要所要所で取り上げている。経済発展との両立、あるいは開発事業への厳しい検証なくしてエコロジーが用をなさないことには多言を要しないが、この点、中米への数度にわたる調査の成果だという第20章のケース・スタディーなどでは、著者のジャーナリスティックともいえる検証スピリットを垣間見ることができる。

　いずれにせよ、本書はわが国で初めての生態学史テキストであり、ジュール・ミシュレやピエール・ガスカールらの自然文学にも内容の点で引けをとらない読み物である。

　最後に私事となるが、訳者がこうした分野に関心をもつようになったのは、いまから20年近くもまえになる。初めてパリを訪れた20代のある日、真っ先に足を向けたのが国立自然史博物館だった。「自然史とは"自然の歴史"ではなく、自然について記録されたあらゆるものの総称である」ということをそのときに知った。自然を1冊の巨大な書物に喩え、生きとし生けるものを体系化しようと企ててきた人類の、知的野心の一端にふれた思いがした。

　その後、こうした関心は誰にでもあり、自分のなかにもくすぶっていることに気づいたとき、それを実社会に役立てるシステムとして、「環境」をとらえ直そうと思った。当時、すでに環境・開発分野の記者をしていた私が、退職してパリ大学大学院人間生態学科に留学するという暴挙に出たのも、そんないきさつからである。

　そこでの講義で最も強く印象に残ったのが、さまざまな科学知を総動員して繰り広げられる生態学史だった。それはもはや「理文融合」などという次元ではなく、森羅万象に対峙してきた人間の来歴が、思考のあらゆる手段を用いて解き明かされるプロセスそのものだった。講義は国立森林公社（ONF）のThierry Corn という名講師が担当され、ドゥルアンのテキストを使用していたが、その何とも名状しがたいダイナミズムは、よりソフトな形ではあるものの、マターニュの各著作にもやはり共通している。

　それから幾年が過ぎ、最新版の生態学史を訳すこととなった。すでに述べ

たように、本書はそれ自体、刺激的な読み物であるが、同時に自由闊達な講義に近いスタイルも兼ね備えている。それを少しでも忠実に再現したいという思いから、資料を除く文体は敬体で統一した。なにぶん広範な地域と時代を扱う書物なので、訳や説明に万一至らぬ点があった場合は、大いに読者の叱正を仰ぎたい。

　さて、翻訳をひととおり終えたいま、ようやく初期の思いが実を結び始めたと感じている。「環境」という目に見えない書物と向き合うための貴重な手引きとなる本書を、こうして読者やパトリック・マターニュと共有できたから──。今後、この分野の研究や執筆は、私のライフワークになると考えている。

　翻訳の機会を与えてくださった緑風出版の高須次郎編集長、そして膨大な編集作業を引き受けてくださったスタッフの皆さんに、心からお礼を申し上げたい。

2006年7月5日

門脇　仁

# 本文索引

- 人名は姓をカタカナで記し、括弧内に姓・名（頭文字のみ）の順でアルファベットを付した。
- 原典の索引をもとに項目を選び、若干の生態学用語を補完した。
- 事項索引は太明朝体、人名索引は明朝体で記した。
- 資料ページは含まない。

## 【ア行】

アガシ（Agassiz J.-L.）146
アキナス（Thomas d'Aquin）184
アコ（Acot P.）12, 21, 64, 117, 118, 120, 121, 122, 128, 129, 190
アダムズ（Adams C.C.）178
アリー（Alee W.C.）187, 188
アリストテレス（Aristote）18, 19, 20, 21
**アルカディア** 47, 49
アルベール（Albert A.）167
アレクサンダー（Alexander S.）138, 175, 185, 214
アレニウス（Arrhenius S. A.）163
アレン（Allen D. E.）82, 85, 95
アロルジュ（Allorge P.）91, 180
アンソン（Anson G.）55
アンダーソン（Anderson A.）29
**遺伝学** 113, 160, 206
**遺伝子組換え** 206, 207, 208, 209

**イオウの循環** 131
ヴァーミング（Warming J. E. B.）63, 64, 65, 66, 71, 72, 74, 77, 78, 100, 118, 169, 176, 177, 179, 214
ヴァンクーヴァー（Vancouver G.）55
ヴィーニュ（Vignes P.）157
ヴィオレ＝ル＝デュック（Viollet-le-Duc E. E.）45
ウィザビー（Witherby）92
ヴィダル・ド・ラ・ブラーシュ（Vidal de la Blache P.）126
ウィノグラドスキー（Winogradsky S.-N.）161
ヴィラノヴァ（Vilanova J.）52
ヴィル（Ville G.）136
ウィルソン（Wilson E. O.）241, 243
ウィルソン（Wilson J. F.）30
ウィルソン（Wilson S.）30
ウーダン（Oudin A.）160
ヴェスク（Vesque J.）118

ヴェルギリウス（Virgile）18, 19
ヴェルナツキー（Vernadsky V.）98, 131, 159, 161, 162, 194, 202, 244
ヴェルヌ（Verne J.）145
ヴェルハルスト（Verhulst P. F.）105, 106
ウォースター（Worster D.）48, 115, 116, 177, 187, 188
ウォータートン（Waterton C.）94
ウォーレス（Wallace A. R.）116
ウォリス（Wallis S.）55
ウォリントン（Warington R.）159
ヴォルテラ（Volterra V.）106, 107, 191
ウォルニー（Wollny）159
ウプサラ学派 168, 169
エーリック（Ehrlich P.）10, 107
栄養段階 190, 193, 194, 200
エコシステム 92, 9, 100, 128, 129, 161, 186, 187, 190, 192, 193, 194, 200, 201, 243
エコシステム理論 161, 189, 190, 192, 244
エコスフィア 100
エコロジー運動 37
エコロジー活動 25, 52, 233, 237
エコロジー思想 21
エコロジー戦争（生態学戦争、生態系戦争）10, 205
エコロジーの時代 9, 183, 188
エネルギー・フロー（エネルギーの流れ）101, 126, 127, 188, 195, 197, 199, 200, 201, 202
エマーソン（Emerson R. W.）51
エリー・ド・ボモン（Elie de Beaumont L.）114

エリボー・ジョセフ（Héribaud-Joseph）93
エルトン（Elton C. S.）93, 178, 191
エントロピー 201
オーウェン（Owen R.）49
オードゥアン（Audouin J.-V.）148, 149, 156
汚染 9, 10, 11, 24, 46, 107, 108, 124, 207, 208, 223, 225, 232, 236, 238, 245
オダム（Odum E. P.）195, 202
オダム（Odum H. T.）195, 197, 201, 202
オッペンハイマー（Oppenheimer J. R.）9
オトルー（Hautreux A.）146
温室効果 30, 162, 163, 218, 223, 232
オントジェニー 99

【カ行】
カーソン（Carson R.）10, 188
カーペンター（Carpenter W. B.）146
ガイア仮説 202
海洋学 141, 142, 143, 144, 145, 146, 147, 154
海洋生態学 141, 142, 143, 147, 158
海洋生物学 92, 97, 141, 147, 148, 149, 150, 152, 153, 157
海洋動物学 141, 142
回廊（回廊林、コリドール）227, 228, 229, 242
ガウゼ（Gause G. F.）106, 107, 191, 192
ガウゼの原理 191
カオス理論 243
核（原子力）9, 201, 209, 224, 237, 238
学術団体 42, 80, 81
ガスク（Gasc J.-P.）243

カスタネーダ (Castañeda F.) 214
ガゼル (Gazel Larambergue J.-H. D. de) 89
ガドソー (Gadeceau É.) 179, 180
可能蒸発散量 215, 216
カブレラ (Cabrera A.) 52
カルデロン (Calderón S.) 52
環境 9, 10, 11, 12, 17, 18, 19, 23, 24, 25, 27, 29, 30, 36, 50, 51, 52, 56, 57, 63, 65, 68, 71, 73, 74, 75, 76, 77, 86, 87, 88, 89, 90, 99, 100, 105, 106, 107, 108, 111, 113, 115, 116, 117, 118, 120, 122, 123, 124, 125, 128, 129, 130, 141, 142, 149, 156, 157, 165, 166, 170, 171, 176, 183, 184, 189, 199, 202, 203, 205, 207, 211, 214, 216, 221, 222, 223, 224, 231, 233, 234, 235, 236, 237, 238, 239, 241
環境条件 57, 65, 74, 77, 87, 113, 186
環境破壊 9, 11, 27, 30, 222
環境配慮 223, 237
カンドル (Candolle A. de) 75, 76, 77, 87, 117, 136, 175
カンドル (Candolle A. P. de) 72, 73, 74, 75, 136, 166, 175
管理生態学 203, 206, 241
キケロ (Cicéron) 18, 19
気候的極相 174, 178
気候変動 30, 213, 223, 244
寄生 57, 65, 190, 206
ギゾー (Guizot F.) 45
キャトルファージュ (Quatrefage de Bréau J.-L.-A. de) 147, 149, 152
キュヴィエ (Cuvier F.) 73
キュヴィエ (Cuvier G.) 113, 114
共用防除 203, 206

居住環境 36, 233
ギルバート (Gilbert J.-H.) 135, 159
ギルバートホワイト (Gilbert W.) 50, 55, 59
キロス (Quirós B. de) 52
クーパー (Cooper J. F.) 51
クーリエ (Courier P. L.) 45
クーン (Kuhn T. S.) 133
クック (Cook J.) 55, 142, 143, 144, 145
クライマックス (極相) 57, 58, 174, 175, 178, 179, 180, 183, 216
グラウバー (Glauber J.) 47, 49
グラモン (Grammont D.) 40
グランドー (Grandeau L.) 137, 159
クリーヴランド (Cleveland C. J.) 222
グリーゼバッハ (Grisebach A. H. R.) 75, 76, 117, 169
グリーソン (Gleason H. A.) 186, 187
クレメンツ (Clements F. E.) 118, 177, 178, 180, 183, 184, 186, 192
クロ (Clos D.) 89
クロイツァ (Croizat L.) 212
クロスリー (Crossley C.) 82
クロロジー 99
景観保護 45, 46, 47
景観保護協会 238
経済地理学 124
系統学 74
ゲッデス (Geddes P.) 85, 126, 127
ケトレ (Quételet A.) 105
ゲノム 207, 209
ケルナー・フォン・マリラウェン (Kerner von Marilaün A. J. R.) 76, 169
原子論的アプローチ 186
国際自然保護連合 222

ゴーチェ（Gautier G.）167
ゴーチェ（Gautier T.）40
コールズ（Cowles H. C.）175, 177, 178, 179, 180
光合成 131, 134, 192, 194, 198, 216, 218
恒存種 169, 170
黒色土 160
ゴサン（Gaussen H.）180
コスタンツァ（Costanza R.）222
コスティチェフ（Kostychev P. A.）159, 160, 161
コスト（Coste H.）93
コスト（Coste V.）151
個生態学 89, 136
古生物学 73, 77, 111, 113, 114, 150
個体数 58, 103, 106, 107, 113, 115, 123, 128, 154, 190, 193, 204, 241
コメルソン（Commerson P.）23, 29
ゴルトン（Galton F.）30

【サ行】
サクセッション（遷移、生態遷移、植物遷移）57, 86, 118, 138, 173, 174, 175, 176, 177, 178, 179, 180, 192, 194, 216
最小の法則（リービッヒの最小律）135
最小面積 169, 170
サイバネティックス 162, 195
砂漠化 37, 103
シェリング（Schelling F. W. J. von）49
シェルフォード（Shelford V. E.）178, 187, 192
ジェントリー（Gentry A. H.）213
シカゴ学派 129, 178, 188, 192
シグマニスト 171

自然史 52, 84, 122
自然史博物館 20, 29, 43, 59, 66, 72, 81, 97, 111, 112, 119, 151, 175, 214
自然神学 60
自然選択（自然淘汰）30, 49, 105, 113, 114, 117
自然地理生態学 178
自然の経済 57, 58, 175, 244
自然の摂理 55, 59, 97, 100, 115
自然発生 111, 113
自然保護 17, 18, 23, 25, 28, 39, 45, 51, 52, 63, 73, 93, 217, 218, 228, 229, 230, 235, 236, 239, 242
持続可能な開発 109, 214, 221, 222, 223, 225, 226, 229, 230, 231, 238
実証主義 184, 188
自滅的防除 204, 205
ジャール（Giard A.）151
シャトーブリアン（Chateaubriand F. R. vicomte de）45
ジャンディエ（Jahandiez E.）167
ジュヴァンタン（Jouventin P.）243
ジュース（Suess E.）98, 99, 100, 161
ジュヴネル（Jouvenel B. de）235
重農主義 23, 127
種間の関係 205
ジュシュー（Jussieu A. L. de）56, 87
ジュデー（Juday C.）193, 198, 199
シュレーザン（Schloesing J.-J. T.）159
シュレーター（Schröter C.）168, 171
馴化 87
ショウ（Schouw J.-F.）75
ジョーダン（Jourdain）92
蒸発散 35, 215, 216
消費者 200, 209, 223

食植性昆虫 192, 193
植生景観 72
植生生物学研究所 84, 85
植物園 28, 36, 86, 87, 88, 166
植物群落 58, 63, 65, 71, 75, 76, 86, 89, 90, 91, 92, 93, 115, 142, 168, 169, 170, 178, 179, 180, 183, 186
植物社会学 75, 76, 78, 88, 91, 117, 156, 165, 170, 171, 176, 180, 241
植物生態学 73, 78, 93, 122, 138, 176, 214
植物生理学 28, 72, 74, 75, 77, 137, 138
植物相の保護 44
植物地理学 63, 64, 65, 67, 71, 73, 74, 75, 76, 78, 85, 87, 88, 89, 90, 91, 95, 98, 100, 116, 117, 118, 120, 128, 131, 136, 156, 165, 166, 167, 168, 171, 176, 179, 180
食物網 17, 192, 193, 194, 198
食物連鎖 19, 56, 57, 100, 126, 190, 192, 199, 200, 204, 208
除草剤 10, 204, 206, 207, 208
ジョフロワ・サンチレール（Geoffroy Saint-Hilaire E.）113
ジョルジュ（Georges P.）234
ジリック（Jirik F.）214
ジル（Gill, Pr）214
進化論 97, 98, 100, 111, 113, 114, 115, 116, 117, 118, 119, 120, 121, 122, 123, 146, 184
人口 10, 12, 27, 100, 103, 104, 105, 106, 107, 108, 109, 115, 129, 207, 162
人口学 10, 103, 106, 107, 108, 161, 162
シンパー（Schimper A. F. W.）77, 78
人口爆発 12, 103, 107, 108
人文地理学 36, 74, 122, 125, 128

新マルサス主義 10, 104, 108
森林開発 213, 223, 225
森林破壊 22, 28, 30, 32, 36, 37, 51, 103, 123, 128, 217, 224, 225, 226
森林伐採 24, 33, 35, 37, 173, 230
人類学 67, 90, 121
人類生態学 241
スーシェ（Souché B.）44, 83
数学的生態学 106
スタンダール（Stendhal H. B.）39
ストーフェ（Stauffer R. C.）116
スパランツァーニ（Spallanzani L.）147, 148
スペンサー（Spencer H.）184, 186
斉一説 114
生活帯 211, 213, 214, 215, 216, 217, 218, 219
生気論 133, 134
制限要因 Facteur limitant 135, 136, 138, 199
生産者 190, 192, 193, 200, 223, 225, 226
政治的エコロジー 235
生息環境（生活環境）17, 19, 100, 187
生存競争 105, 115
生態学者 12, 18, 41, 57, 60, 61, 64, 66, 78, 88, 91, 98, 100, 101, 103, 107, 112, 117, 118, 128, 129, 141, 157, 162, 165, 168, 176, 177, 178, 179, 183, 184, 191, 193, 195, 197, 204, 212, 234, 235, 239, 242, 243, 244, 245
生態系 9, 10, 11, 22, 33, 35, 37, 39, 44, 57, 58, 60, 63, 94, 98, 99, 100, 108, 117, 124, 129, 131, 142, 161, 165, 173, 174, 178, 187, 188, 189, 194, 197, 200, 201, 202, 203, 205, 206, 211, 212, 221, 222,

索引 311

224, 225, 226, 229, 231, 234, 236, 241, 242, 243
生態勾配　176, 177
生態的地位（ニッチ）　107, 117, 178, 191, 192
生態ピラミッド　58, 130, 190, 193
成長モデル　11
生物温度　215, 216
生物季節学　56
生物群集　17, 64, 99, 100, 115, 117, 142, 161, 178, 183, 184, 186, 187, 189, 191, 192, 203, 216, 241, 242
生物群集学　115
生物生産力　200
生物多様性　22, 37, 56, 221, 223, 224, 225, 230, 241, 242, 243, 244
生物地化学的循環　131, 133, 162
生物地理学　36, 97, 98, 115, 116, 119, 121, 122, 128, 130, 154, 219, 225, 242
生理的乾燥　77, 78
世界自然保護基金　228
絶滅　24, 28, 30, 31, 32, 42, 242
摂理主義　60
先駆種　173
センパー（Semper K. G.）189
漸進主義者　114
ソープ（Thorpe W. H.）93
ソーンスウェイト（Thornthwaite C. B.）216
創造説　113, 114
創発　185, 187
相利共生　65
ソシュール（Saussure N.-T. de）134
ゾラ（Zola E.）48
ソロー（Thoreau H. D.）50, 51

【タ行】
ダーウィニスト　116
ダーウィニズム　50, 51, 82, 97, 99, 113, 115, 116, 117, 120, 122, 124, 142, 165
ダーウィン（Darwin C.）30, 32, 77, 98, 99, 105, 111, 113, 114, 115, 116, 117, 118, 119, 120, 122, 123, 157, 206
ダーウィン（Darwin E.）157
ターエル（Thaer A.）134
ダーハム（Derham W.）60
退行現象　173
タイスハースト（Ticehurst）92
ダジョズ（Dajoz R.）141
ダソノミー　212, 213
タッカー（Tucker）92
タンスレー（Tansley A. G.）92, 186, 187, 192, 193, 194
炭素循環　131, 133
地球化学 Géochimie　98, 101, 131, 159
地質学　30, 51, 67, 98, 113, 114, 116, 137, 161
地層　76, 114
窒素循環　131, 133, 134
中生植物　174, 180
チューリヒ＝モンペリエ学派　156, 165, 167, 170
テヴェ（Thevet A.）21, 22
テーヌ（Taine H.）45, 48
テオフラストス（Théophraste）18, 20, 21
デカルト（Descartes R.）82, 133
定量化　190, 191
適応　63, 65, 75, 77, 78, 88, 112, 113, 116, 118, 120, 123, 124, 158, 226

デュ・リエッツ（Du Rietz G. E.）76, 169, 170
デュアメル・デュ・モンソー（Duhamel du Monceau H.L.）33
デュシャルトル（Duchartres P.）166
デュナル（Dunal）166
デュフール（Duffour L.）44
デュリュイ（Duruy V.）137
デュロー・ド・ラ・マル（Dureau de la Malle A.）175, 176, 177
天然資源 22, 24, 36, 123, 160, 213
天変地異説 113, 114
ドーレン（Dohrn F. A.）142, 151, 152, 154
トゥーレ（Thoulet J.）145, 146
動態的生態学 78, 186
動物学 20, 21, 36, 63, 99, 118, 121, 122, 127, 150, 151, 152, 154, 178, 187, 189, 191, 214, 234
動物学研究所 84, 85, 87, 142, 145,
動物行動学 150, 157
動物生態学 18, 64, 93, 122, 138, 158, 187, 191
動物相の保護 44
ドゥモロン（Demolon A.）160
ドゥルアン（Drouin J.-M.）12, 13, 116, 149, 175
トゥルヌフォール（Tournefort J. P. de）55, 87, 166
ドエラン（Dehérain P.-P.）159
ドクチャエフ（Dokouchaev I. I.）159, 160, 161
トシ（Tosi J. A.）213, 214, 218, 219
土壌学 137, 159, 160, 161
ドニ（Denis M.）91

トムソン（Thompson A.）85, 86
トムソン（Thompson W. R.）106
トムソン（Thomson C. W.）146
トランソー（Transeau E. N.）197, 198
ドルスト（Dorst J.）243
ドルビニー（d'Orbigny A.）114
ドレアージュ（Deléage J.-P.）12, 67, 116, 121, 126, 162, 197

【ナ行】
二名法 56, 60
ニュートン（Newton I.）82, 190
人間生態学 85, 121, 122, 124, 126, 127, 128, 130, 187, 195
ネオロジー 99
熱帯生態学派 72, 211, 219
熱力学 162, 195, 200, 201
ノヴァーリス（Novalis F.）49
農業化学 135, 137
農業研究所 137, 207
農業生態学 138
農業生態系 202, 203, 226
農薬 10, 209, 224, 225

【ハ行】
ハーヴェー（Harvey W.）82
バージェス（Burgess E. W.）187
ハートショーン（Hartshorn G.）213
パール（Pearl R.）106
バイオーム 161, 187
バイオシノーシス 99, 100, 127, 128, 129, 142, 186, 189, 190, 192, 193
バイオスフィア（生物圏）98, 99, 100, 131, 159, 161, 162
バイオノミー 157

バイオフォア 184
パヴィヤール（Pavillard J.）100, 168
博物学 19, 20, 21, 22, 24, 27, 28, 30, 42, 43, 44, 45, 48, 50, 52, 55, 56, 57, 59, 60, 69, 71, 78, 79, 80, 81, 82, 83, 84, 85, 86, 87, 88, 89, 91, 92, 93, 94, 95, 97, 100, 104, 106, 111, 113, 116, 118, 120, 128, 130, 131, 134, 136, 137, 138, 145, 146, 147, 148, 150, 151, 152, 161, 162, 166, 175, 176, 197, 202, 204, 241, 242, 243
博物学会 79, 81, 84, 100
パスカル（Pascal B.）82
ハックスリー（Huxley T. H.）152
発生学 97, 154
ハッチンソン（Hutchinson G. E.）10, 117, 162, 193, 195, 197, 200, 244
ハットン（Hutton J.）202
バランドン（Barrandon A.）89, 166, 167
パリシー（Palissy B.）33
ハンター（Hunter R.）214
ピート（Peet J.）222
ビオトープ 73, 99, 100, 142, 193
ピダル（Pidal P.）52
ヒポクラテス（Hippocrate）18
ビュフォン（Buffon G. L. L. comte de）21, 33, 55
ブーガンヴィル（Bougainville L. A. de）23
フーリエ（Fourier J.）163
ファーブル（Fabre G. A.）36, 37
ファイトシノーシス（植物共同体）99, 171
ファロウ（Fallou A.）159
ファン・ステイニス（Van Steenis C. G. G. J.）211
フィッシェル（Fischer P.-H.）146, 147
フィリップス（Phillips J.）183
フィロジェニー 99
風土 73
フォークト（Vogt K.）41, 150
フォーブズ（Forbes E.）92, 146, 149
フォーブズ（Forbes S. A.）129, 189, 192
フォラン（Folin L. A. G. de）136, 147
フォレル（Forel F. A.）192, 193
ブサンゴー（Boussingault J.-B.）134, 136
腐植栄養説 134, 138
物質フロー 195, 199, 200, 201, 202
物理地理学 74, 126
プティ（Petit G.）141, 142
フュレ（Furrer E.）91, 170
ブラウン＝ブランケ（Braun-Blanquet J.）91, 165, 170, 172
フラオー（Flahault C.）36, 37, 39, 77, 90, 91, 93, 100, 128, 167, 168, 171, 179
プラトン（Platon）18, 184
ブラン（Blanc L.）141
プランゲ（Plinguet）33, 34
ブランシャール（Blanchard É.）150
ブランド（Brand W.）92
フリッシュ（Fliche P.）35
プリニウス（Pline l'Ancien）18, 20
プリュヴォ（Pruvot G.）154, 156, 157
プリューシュ（Pluche abbé）60
プルタレス（Pourtalès L.-F.）146
プレイス 117
ブレーヌ（Boulaine J.）134
ブロック（Brock S. E.）93
ブロン（Belon P.）20, 21

ブロンニャール（Brongniart A.）114
分子生物学 161, 243
フンボルト（Humboldt A. von）24, 30, 67, 68, 69, 70, 71, 72, 74, 75, 116, 149, 169, 175, 214
ヘーゲル（Hegel G. W. F.）184
ベシェール（Baichère E.）167
ヘシオドス（Hésiode）202
ヘッケル（Haeckel E.）97, 98, 99, 100, 105, 117
ベッス（Besse J.-M.）46
ベナール（Bénard C.）146
ベネデン（Beneden P.-J. van）150
ベルガンディ（Bergandi D.）125, 126
ベルグソン（Bergson H.）133
ベルトロー（Berthelot M.）136
ベルナルダン・ド・サン゠ピエール（Bernardin de Saint-Pierre J. H.）23, 24, 39, 45,
ヘルリーゲル（Hellriegel H.）136, 159
変移説 77, 111, 112, 118, 120
ヘンリー（Henry E.）35
片利共生 19, 65
ホールドリッジ（Holdridge L. R.）211, 212, 213, 214, 215, 216, 218, 219
ホイーラー（Wheeler W. M.）183, 184, 185
ポヴェーダ（Poveda L.）213
ボスク（Bosc G.）44
ポドゾル化 173
ポドリンスキー（Podolinsky S.）126, 127
ボニエ（Bonnier G.）77, 118
ボビエール（Bobierre）137
ボロー（Boreau A.）93

ポワーヴル（Poivre P.）23, 29
ホワイト（White G.）50, 55, 56, 59, 60, 61
ホワイトヘッド（Whitehead A. N.）184, 185
ボワシエ・ド・ソバージュ（Boissier de Sauvage F.）166
ボワタール（Boitard P.）44
ボンプラン（Bonpland A.）67, 68, 69

【マ行】
マイヤー（Mayer J.-R.）134
マイヤー（Mayr E.）116
マクミラン（McMillan C.）177, 178
マシュー（Mathieu A.）35
マッカーサー（MacArthur R. H.）241
マッケンジー（Mac Kenzie R. D.）129
マニョル（Magnol P.）166
マルガレフ（Margalef R.）165, 166, 212
マルサス（Malthus T. R.）104, 105, 107, 109, 115, 116
マルサス主義 10, 104, 105, 107, 108, 109
マルシグリ（Marsigli L.-F. de）143
マルトンヌ（Martonne E. de）180
ミクー（Micoud A.）239
ミクロコスモス 189, 190, 191, 192
ミシュレ（Michelet J.）39, 45, 82, 145
水循環 35, 57, 60, 132
ミュンツ（Müntz A.）159
ミルヌ゠エドワール（Milne-Edwards A.）145, 146, 148
ミルヌ゠エドワール（Milne-Edwards H.）148, 149, 150, 152, 156
無機栄養説 135, 138
メイビー（Mabey R.）61

メッケル（Meckel J. F.）113
メドウズ（Meadows D.）107
メビウス（Möbius K.）99, 100, 127, 128, 142, 189
メリアム（Merriam C. H.）214
メリーヌ（Méline J.）137
メリメ（Mérimée P.）45
メロベール（Mérobert）145
モーガン（Morgan C. L.）185
モーパッサン（Maupassant G. de）48
目的因論 20
モケン＝タンドン（Moquin-Tandon）166
モノー（Monod J.）243
モリニエ（Molinier R.）157
モンタランベール（Montalembert C. F. comte de）39, 45

【ヤ行】

唯物論 20, 133
有機化学 132
有機体論 181, 183, 184, 185, 186, 187, 188, 197, 241
ユゴー（Hugo V.）36, 39, 45, 145
用不用説 111
要素還元論 188, 241, 243
予防原則 208, 209, 224

【ラ行】

ライエル（Lyell C.）30, 113, 114, 116
ライプニッツ（Leibniz W. G.）133
ラヴォワジェ（Lavoisier A.-L.）132, 133
ラカゼ＝デュティエ（Lacaze-Duthiers H.）149, 151, 154
ラック（Lack D. L.）241

ラッツェル（Ratzel F.）36, 122, 123, 124, 125, 126, 128
ラブロック（Lovelock J.）202
ラマド（Ramade F.）204, 243
ラマルキズム 113, 115, 118, 120
ラマルク（Lamarck J. B. de）28, 73, 77, 82, 111, 112, 113, 114, 117, 118, 120
ラマルティーヌ（Lamartine A. de）45
ラマン（Ramann）159
ラモン・ド・カルボニエール（Ramond de Carbonnières L.）45
ランケスター（Lankester C.）214
ランケスター（Lankester R.）152
リード（Reed L. J.）106
リードル（Riedl R.）142
リービッヒ（Liebig J. von）134, 135, 137, 138
リヴィングストン（Livingstone D.）30
陸水学者 192, 197
リチャーズ（Richards P. W.）212
リッター（Ritter K.）36, 122, 125, 126
略奪経済 36, 49, 122, 123, 124, 127, 128
リュケ（Luquet A.）92
リンデマン（Lindeman R.）189, 193, 194, 195, 197, 200, 201
リンネ（Linné C. von）51, 55, 56, 57, 58, 59, 60, 81, 87, 97, 111, 115, 175 244
リン循環 131
ルクトゥー（Lecouteux E.）138
ルクリュ（Reclus É.）125, 126
ルコック（Lecoq H.）175, 176
ルソー（Rousseau J.-J.）23, 45, 49
レイ（Ray J.）60
レーウェンフック（Leeuwenhoeck A. van）104

レオポルド（Leopold A.）203, 204
連続説　114
ロイド（Lloyd J.）93, 179
ローラン（Laurent G.）111
ロジスティック曲線　105, 106, 107
ロトカ（Lotka A. J.）106, 107, 159, 162, 191, 192, 201
ロマン主義　23, 39, 49, 51
ロレ（Loret H.）89, 166, 167

【ワ行】
ワトソン（Watson H. C.）92
ワトソン（Watson J. D.）243

[著者略歴]

パトリック・マターニュ（Patrick Matagne）

1955年生まれ。ノール・パ・ド・カレ教員養成大学院科学論・科学史助教授。
主要著書：
*Les enjeux du développement durable*（Harmattan, 2005）
*Les mécanismes de diffusion de l'écologie en France de la Révolution française à la première guerre mondiale*（ANRT, 1997）
*Aux origines de l'écologie: Les naturalistes en France de 1800 à 1914*（CTHS, 1999）

[訳者略歴]

門脇　仁（かどわき　ひとし）

1961年生まれ。慶應義塾大学仏文科卒、パリ第8大学大学院応用人間生態学科上級研究課程修了。
出版社、研究機関を経て、現在生態学史研究者、環境ジャーナリスト。
主要著書：
『環境問題の基本がわかる本――地球との共生と持続可能な発展』（秀和システム、2006年）
『動き出す「逆モノづくり」』（日刊工業新聞社、2003年）
『終りなき狂牛病――フランスからの警鐘』（訳書、緑風出版、2002年）
『主要先進国の最新廃棄物法制』（共訳、商事法務研究会、1998年）
主要論文：
《*Conservation de l'Ecosystème Forestière: Etude Comparative des Systèmes Sylvicoles Français et Japonais*》（DESU Université Paris Ⅷ Vincennes-Saint-Denis）
メールアドレス：jin.k@cello.ocn.ne.jp

## エコロジーの歴史

2006年8月1日　初版第1刷発行　　　　　定価3200円＋税

著　者　パトリック・マターニュ
訳　者　門脇　仁
発行者　高須次郎
発行所　緑風出版 ©
　　　　〒113-0033　東京都文京区本郷2-17-5　ツイン壱岐坂
　　　　[電話] 03-3812-9420　[FAX] 03-3812-7262
　　　　[E-mail] info@ryokufu.com
　　　　[郵便振替] 00100-9-30776
　　　　[URL] http://www.ryokufu.com/

装　幀　堀内朝彦
制　作　R企画　　　　　印　刷　モリモト印刷・巣鴨美術印刷
製　本　トキワ製本所　　用　紙　大宝紙業　　　　　　　　　E2000

〈検印廃止〉乱丁・落丁は送料小社負担でお取り替えします。
本書の無断複写（コピー）は著作権法上の例外を除き禁じられています。なお、複写など著作物の利用などのお問い合わせは日本出版著作権協会（03-3812--9424）までお願いいたします。

Printed in Japan　　　ISBN4-8461-0609-8　C0040

**JPCA** 日本出版著作権協会
http://www.e-jpca.com/

＊本書は日本出版著作権協会（JPCA）が委託管理する著作物です。
　本書の無断複写などは著作権法上での例外を除き禁じられています。複写（コピー）・複製、その他著作物の利用については事前に日本出版著作権協会（電話 03-3812-9424, e-mail:info@e-jpca.com）の許諾を得てください。

## ◎緑風出版の本

### 緑の政策宣言
フランス緑の党著／若森章孝・若森文子訳

四六版上製
二八四頁
2400円

フランスの政治、経済、社会、文化、環境保全などの在り方を、より公平で民主的で持続可能な方向に導いていくための指針が、具体的に述べられている。今後日本のあるべき姿や政策を考える上で、極めて重要な示唆を含んでいる。

### 緑の政策事典
フランス緑の党著／真下俊樹訳

A5判並製
三〇四頁
2500円

開発と自然破壊、自動車・道路公害と都市環境、原発・エネルギー問題、失業と労働問題など高度工業化社会を乗り越えるオルタナティブな政策を打ち出し、既成左翼と連立して政権についたフランス緑の党の最新政策集。

### 政治的エコロジーとは何か
アラン・リピエッツ著／若森文子訳

四六判上製
二三二頁
2000円

地球規模の環境危機に直面し、政治にエコロジーの観点からのトータルな政策が求められている。本書は、フランス緑の党の幹部でジョスパン政権の経済政策スタッフでもあった経済学者の著者が、エコロジストの政策理論を展開。

### 政治的エコロジーの歴史
ジャン・ジャコブ著／鈴木正道訳

四六判上製
四九二頁
3400円

自然保護運動から政権の一翼を担うまでになった現代の政治的エコロジー思想——それはどのように生まれ、どのように発展してきたのか？ 本書はフランスのエコロジーの思想的流れを通して、その思想と運動を歴史的に検証。

■全国どの書店でもご購入いただけます。
■店頭にない場合は、なるべく書店を通じてご注文ください。
■表示価格には消費税が加算されます。